现场施工监理工作常见问题及解决方法

赵文起　黄德仁　编著

U0281682

中国建筑工业出版社

图书在版编目（CIP）数据

现场施工监理工作常见问题及解决方法/赵文起，
黄德仁编著．—北京：中国建筑工业出版社，2017.4
ISBN 978-7-112-20609-4

Ⅰ.①现… Ⅱ.①赵…②黄… Ⅲ.①建筑施工-施
工监理 Ⅳ.①TU712.2

中国版本图书馆 CIP 数据核字（2017）第 056655 号

　　本书基于多年现场施工监理的实践，重点讲述了施工监理工作常见问题，并给出解决方法，同时对监理行业存在的诸多问题进行了深层次思考并提出了改进和完善建议。书中精选现场常见的各种不同的质量安全典型案例19篇，供读者查阅借鉴。

　　本书共分六部分：第一部分，监控技术质量常见问题解决方法；第二部分，监控安全文明施工常见问题解决方法；第三部分，管理和协调等常见问题解决方法；第四部分，监理内业资料常见问题解决方法；第五部分，其他常见问题解决方法；第六部分，现场常见质量安全典型案例精选。

　　本书对监理企业管理人员以及从事一线监理工作的监理人员有较强的实用性，也对从事建设管理工作的政府部门，以及建设工程的各参与方，尤其是施工单位现场管理、技术、质检和安全等人员有很好的参考价值。

责任编辑：封　毅　张瀛天
责任设计：王国羽
责任校对：王宇枢　李欣慰

现场施工监理工作常见问题及解决方法

赵文起　黄德仁　编著

＊

中国建筑工业出版社出版、发行（北京海淀三里河路9号）

各地新华书店、建筑书店经销

唐山龙达图文制作有限公司制版

北京建筑工业印刷厂印刷

＊

开本：787×1092毫米　1/16　印张：14¾　字数：363千字

2017年4月第一版　2020年8月第二次印刷

定价：**35.00**元

ISBN 978-7-112-20609-4

（30279）

前　言

从 1988 年推行监理制度以来，至今已 28 个年头了。监理人有过成长的喜悦，但更多的是经验和教训。毋庸讳言，我国监理行业发展至今，在不断自我完善和壮大的同时，不可避免地被内外界各种因素所影响，从而被制约，进而累积了诸多困惑问题，令各方（包括监理人自己在内）不安。

当前，监理人确实是该认真反省自身并切实弥补存在的诸多"短板"了。否则，真可能"缩小监理范围"或"取消监理"了。

内外现状即如此，诸多常见问题已存在。我们怎么办？

本书对这些常见问题进行了分析并提出了解决办法和建议。在两难、多难中兼顾各方面因素，合理处置，确保现场可控。

本书编者非一人，而是一群长期亲临现场、感受刻骨的实践者针对现场施工管控诸多问题（尤其如何监控方面）所进行的可贵思考。

本书文章不但对从事监理工作的监理人员有益，对建筑施工的参建各方（政府相关部门、业主、施工方等）人员也有所裨益。现场监理人员工作有哪些？其关注点是什么？有何难处？其工作短板是什么？如何对待监理人员？施工方如何接受和"对付"监理等内容都能在本书中找到答案。

本书除了对质量监控、安全监控和内业资料方面等问题进行了探讨外，还对现场管理、协调及监理行业的其他方面进行了深入研究。

本书从北京铁城建设监理有限责任公司现场监理人员编报的 122 篇质量安全事故（事件）案例中，精选了 19 篇常见的有代表性的质量安全典型案例，供读者查阅借鉴。

"建设工程施工常用'数字简语'汇编"一文收入此书，共收编"数字简语"130 多个，以备查阅。

"编制'监理投标书'应关注的 118 个常见问题"一文，是北京铁城监理公司在二十多年来编制标书的过程中不断累积的经验，共梳理出 118 个问题，以供各兄弟监理企业参考借鉴，以利于整个监理行业编制标书水平的共同提高。

本书编入了部分三字言、四字言和七字言等自编短文，附在文章之后。这些短文以提炼概括现场某些重要工作事项，言简意赅，易看易记。若张贴宣传，效果颇佳。

本书编著者参加了准（准格尔）朔（朔州）重载铁路黄河特大桥施工监理工作，由此编发了多篇相关监控文章（该桥为跨度 360m 的钢管提篮拱，拱肋矢高 60m，矢跨比为 1/6，拱轴线采用悬链线，全长 655.60m。钢管拱总重量 9082t，节段最大计算重量 412t）。

本书解决的突出问题和建议简述如下：

1. 认为实行了 28 年的"总监负责制"弊端不少，需要改进。建议试行"总监管理下的分工负责制"或叫"总监负责下的岗位分工制"。这可使"总监减负，责任下担"。目前在项目监理部设立"内协组"来协助总监工作是可行而有效的。应加大现场监理机构内部约束制衡力，同时加强外部督查力度，以规范总监行为并规避总监责任风险。

2. 增强现场监理人员凝聚力的关键是稳妥解决好监理机构内部矛盾的共性问题（30个）。监理人员经常遇到的问题、矛盾和冲突有其共性，如果解决、协调得不好，会削弱监控力度并影响凝聚力。要求大家反求诸己，包容差异，不断总结解决方法，改进优化后推广。

3. 针对目前施工方技术质检力量"稀释"和经验不足的现状，现场监理人员应做到"以监为主，帮带辅助"。在严格监理的同时，也要适应业主，主动配合施工，提供热情服务。监控关口下移，"融入"施工中而非"袖手旁观"。

4. 针对现场管控横向联系监控薄弱情况，应大力提倡相邻管段和相近专业的监理人员之间相互进行"交叉检查"或"交叉复查"，这是保证现场安质可控的重要措施之一。即对重要工序、关键部位或隐蔽工程，安排就近或相关的监理人员相互交叉检查或复查。

5. 本书提出了现场全面可控的"新四控"。即：注重预控，强化程控，工序卡控，验收严控。

"注重预控"是监控的前提。事前考虑不周、有缺陷，随后的问题就会牵连一串，欲使后面施工合规有效就难上加难。

"强化程控"是监控的基础。事中不盯控，缺陷、隐患埋藏其中，事后查出很严重，再返工，很麻烦。

"工序卡控"是安质可控的关键。"工序卡控"，即本道工序未查验合格，后续工作未准备充分，下道工序不得施工。这是监理规范所赋予现场监理人员的杀手锏。道道工序先三检，三检合格再报验；专监审查签认完，后续工序才准干。不经审查继续干，立即制止或开单。发挥卡控"杀手锏"，安质可控才能避风险。

"验收严控"是监理方应最后把住的一道关。此关口一旦疏忽放过严重缺陷和隐患，后果很严重。

6. 针对建设工程的各方及其内部人员相互之间扯皮和争吵情况，指出其本质就在于没有分清真正的整治对象和联手盟友。糊涂的管控者，总是有意无意地站在违规行为一边，来对抗"按图（图纸）就案（方案），按标（标准）就范（规范）"，由此而大大削弱了整治力，引"暗火"以待烧身。聪明的管控者，总是坚守底线，有意地站在违规者的对立面，尽心尽责，施压促改；凝聚合力，借力整治，以使违规行为收敛，以保现场可控。

7. 针对当前内外严峻情形，建议各监理单位和全体监理人员应抱团取暖，不断提高各方面素质和水平，自觉规范和约束自己的言行，同时积极维护监理方自身的合法权益和名誉，为监理方争气、鼓气，真正做到自强不息，立尊严、保地位。

监理人应与时俱进，支持改进监理制度，并相向而行。应主动探讨改进的思路及方案，积极建言献策、提出合理化建议。应研究开发新的监理服务产品。如现场进行施工人员（众多劳务人员）技能培训等。

8. 监理人员应更新监控理念，逐渐形成新的监控习惯。不可人云亦云、怨天尤人，而应主动督导和参与（深层次地）解决现场具体问题。

另外，本书为叙述简便，用了许多简语或简词。如：总监（即总监理工程师），专监（即专业监理工程师），现场监理（即所有监理人员），业主（即建设单位）；督查（即督察）；通知单（即监理工程师通知单），监理指令（即监理人员口头指令，以及签发的书面暂停令、监理工程师通知单和监理工作联系单的总称）等。

本书每篇文章各自成章，而入题角度各有侧重。部分内容文字难免有重复一段半段，为求文章完整，编著者也不忍删减掉，还请谅解。

由于编著者水平有限，书中不妥之处在所难免，敬请读者批评指正，不吝赐教。

目　　录

第一部分 监控技术质量常见问题解决方法

第一篇 质检人员和监理人员如何相互配合管控质量

现场施工质检工程师和质检员是岗位职务。现场每一个工点的所有质检人员，都有质量管控的责任。质检人员在质量检查验收资料上有签名，具有可追溯性。一旦出现质量问题和事故，首先要被追究责任，或被双规。

而专监（即监理工程师）和监理员也是岗位职务，其主要职责之一就是监控质量。所以，现场质检人员和监理人员目标是一致的——主要管控施工质量。

其区别，仅仅是所站管控角度不同而已。

显然，质检人员站在纠正质量违规的前沿，是抵抗质量违规的"尖刀兵"。而现场监理人员是其"支援后盾"或"后部防线"。施工的"三检制"——自检、互检和专检，其"专检"为施工检查的最后关卡。而现场监理机构还有"四道防线"——监理员、专监、监理组长、监理站（总监和副总监等）。其所有前一级质量管控人员是次一级的"尖刀兵"，而次一级管控人员应督导前一级人员，并给予其有效支援。

"三检又四道"，现场质量控制有"七道"把关人员。如果这些把关人员没有认真把关、主动配合和相互支援，没有关关抵抗、级级施压，来主动对付现场无时无刻、随时随地出现的质量违规行为，而是关关"失守"、级级放松，那么，最后质量必然出问题，甚至会失控，出现质量事故，进而被问责或双规，甚至坐牢。

那么，"三检又四道"，这么多质量管控关卡，为什么还会出现质量问题和事故呢？

主要原因如下：

1. 首先，我们各级管控人员有私心，未尽责；没有认真复查，没有查漏补缺、相互支持。

2. 施工项目主要负责人支持质检人员工作力度不足，甚至不支持。这使得质检和技术人员不敢大胆作为，只好放松，由其后面的监理人员来纠正存在的质量隐患。

3. 而质检人员后面把控"四道关口"的监理人员，可能其工作态度不端正，监控也不认真，经常不到现场实际查看，或技能有局限等。

4. 不排除现场有一些管理、质检和监理人员默许或暗示偷工减料的违规或违法行为的存在。

5. 比较严重的是：在对待现场违规的态度和整改方法上，一些管控人员明目张胆地护短和狡辩。在这里，需要认真分析一下。

在现场，当检查者（无论哪一上级部门、哪一位检查者）查出了质量隐患和问题，一些管控人员首先想到的不是立即承认并尽快纠正，而是马上找各种理由极力护短。尤其在当场，就当着直接违规者的面一次次辩解。一般可能接着就会有人用电话和其他方式找

"关系"说情，一级级、频繁地进行着消耗坚守"执法者"心力、精力、体力的"口水仗"。

如此整治质量违规，效果会如何？

这使得现场质量违规当事人一边看着几个"执法者"之间的口水仗"表演"，一边心里"耻笑"、"嘲笑"道："怎么回事？本来我（违规者）是被斗争的对象，矛头怎么就突然转向了？变成了'执法者'之间的无休止的'互咬'了？"

违规当事人也不傻，立即就看出了"缝隙"，随机见风使舵，马上就和坚守的"执法者"也接上"火"，并使之升级。

尤其是有些管技术和质量的人，在当时不说话也就罢了，还和违规者联手，也站在坚守的"执法者"的对立面，去辩解甚至狡辩。可想那些"不管"技术和质量的施工管理人员呢？更是如此！

这就大大削弱了整治违规行为和结果的力度！

我们现场，许许多多违规现象不能及时得到解决的根本原因就在如此。

甚望我们现场的各级管控者关注这个严重问题。在各自起到应有的带头作用的同时，告诫其下一级管控者不要这样做。

6. 最后就是，质量隐患已经被指出，但整改落实很不及时。

有时候，半天就可以整改解决的质量问题，拖个三五天是常事，甚至过几天还忘了。监理人员编发的监理通知单也落实回复不及时。坚守的"执法者"出于对工程质量负责之本意，只好持恒抓住不放，也只好天天婆婆妈妈地催促，就这样也不能达到落实。还可能，违规者及其"同盟"想办法"抹黑"或"挤走"坚守的"执法者"。

以上这些主要原因的存在，常常致使现场质量问题堆积，量变到质变，"累积成灾"，最后失控而出现质量事故。

针对以上问题，我们怎么办呢？

第一是沟通，及时有效沟通，达成共识，思想统一，协调一致。

沟，即是差别、差异，沟通就是缩小差别、差异。沟通的目的是为了协调好相互关系，以办成现场管控质量的大事。

通常，要达到协调的目的应有三个条件：以共利为预期，以共识为前提，以共同目标为基础。当然，也需要讲究沟通技巧。

对照这三个条件，只要现场质检人员和监理人员相互理解，是比较好协调的。因为：

1. 目标相同——督导管控好施工质量，确保不出质量问题和事故。

2. 利益相关——如果现场出现质量问题和事故，首先双方都将被问责、罚款和处罚。

3. 容易达成共识——彼此应该明白各自的质量责任，岗位职责相似。彼此应坚持质量第一，慎用质量查验签认权。应"唯质量是从"，而不是"唯上是从"。在现场整治质量违规上，质检人员应守护住"前沿防线"，以消耗或消灭违规力量，而监理人员应坚守最后防线，做其坚强后盾，给其有效支援，并采取一切手段，坚决阻挡"违规兵力"越过最后防线。唯如此，现场质量方可控。

第二，也是最重要的，现场各级负责人应大力支持管控质量人员的工作。

尤其主要负责人（项目经理和总监），是不希望现场质量失控、出事故的——这将牵连到其个人利益和项目利益，那么就需要支持现场管控质量人员把好每道质量关。

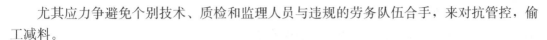

尤其应力争避免个别技术、质检和监理人员与违规的劳务队伍合手，来对抗管控，偷工减料。

现状非常复杂，不容乐观。这就使得我们在确实搞好内部团结、力防违规者挑拨离间的同时，也要做一些瓦解"违规联盟"的工作，主动联合参战各方人员中的一些责任心强、想干好工作的人，借力打力，一起向现场质量违规行为施压，以确保现场可控。

否则，违规行为就不会收敛，会得寸进尺，甚至"得尺进丈"。

第三，各级管控者应坚守底线，保持责任心。

我们各级管控者应有"四怕"：怕违法、违规，怕上级问责，怕丢面子，怕失去自我实现的机会。有了这"四怕"就会收敛私心，站稳立场，坚守底线，责任心增强。进而认真查验，查漏补缺；发现质量隐患，绝不会放过，并级级试压，促使整改到位。

第四，相互支持，形成合力，齐心协力整治质量违规。

其所有前一级质量管控人员是次一级的"冲锋尖刀兵"，而次一级管控人员应督导前一级，并给予其有效支援。

在现场，质量管控人员和违规行为的对抗是"持久战"，绝非一日一周一月可就。这要有耐力，还要有"霸气"。要"霸得蛮，耐得烦；强后盾，挺腰杆。"

第五，相互尊重，争执要适度，减少"口水仗"。

存在分歧时，可以争执，但要适度。不要咬文嚼字，不应斗嘴斗气，不得争吵不休。应各自调整彼此容忍度，保留有益的个性和想法。学会相互包容和妥协。尽量克服"同质性"，避免"同流合错"。

应努力克服技术人员间相互轻视、互相拆台的"老毛病"，少打"口水仗"。有了隔阂，及时沟通消除。为了现场质量可控，各自都不要"护短"，不要"死要面子活受罪"。

第六，在质量管控上大力提倡"抓大重小"，不宜提倡"抓大放小"。

现场质量管控实践一再证明："抓大放小"的提法，若用于质量管控方面，实在不妥。尤其在当今高度重视工程质量的内外形势下，作为质量管控人员更不应提倡之。

因为，"抓大放小"的说法与"质量问题无小事"、"细节决定成败"的管控质量理念是矛盾的。

实际上，现场质量管控人员在日常工作中，根本就没有所谓的"大事"可抓，所有的重要工程、关键工序具体分解开来都是"小事"，但是这些"小事"都直接影响到工程实体质量的"大事"。

举个小例子，悬臂梁板顶部钢筋保护层厚度，浇筑时经常人为"踏下"几厘米，甚至很多，若不重视，未纠正，就浇筑了。其后果是当混凝土强度到后拆模，底部支撑一拆，其顶部就出现纵向裂缝或折断，形成事故。那么，这控制钢筋保护层厚度是"小事"吗？

因此，我们质量管控的工作内容从头到尾都不能放过一个质量隐患、不能疏漏一个质量细节。我们每天要做的只有一件事，就是关注质量细节，把诸多质量"小事"，一个个耐心地做好。

我们质量管控人员在"小处"放松一步，实际施工时，已经相当于放松了两步、三步。到后来，欲收回这最初的"几步"，非花大功夫不可。

况且，"小的"累积到一定程度必然会质变成"大的"。如果容易做到的"小"事不做好，"大"事在做的过程中，必然会大打折扣，会偷工减料，也是无法严格管控的。

质量控制体系是一个系统工程体系，是全时空的、全过程的、全员的管理。对个别的、局部的、阶段的监控放松，必然会影响到整体。

所以，在质量管控工作中，不应提倡"抓大放小"，而应大力提倡：

抓住"大的"不放松，重视"小的"不放宽。即提倡"抓大重小"。

第七，不幸发生质量事故，必须及早上报，并做到"四不放过"。

一旦出现质量事故，无论大小，我们质检人员和监理人员必须做到"四不放过"，以避免同类事故再发生。如果我们对该事故漠然置之，草草收场，就是"鼓励"发生下一场事故。我们都明白，现在"多失几个小面子总比以后栽个大跟头强"。

同时，必须按规定的时间和程序上报。应主动配合和协助上级调查组工作。如果查出自己存在过错、失职和渎职行为，应主动承担应该承担的岗位责任。做好善后工作，并引以为戒。

第八，如何应对上级的各种质量检查。

实际上，平常如果我们把各项内、外业质量工作做好，那么，无论遇到什么样的检查都不会、也不用紧张和忙乱。

根据规定和经验，现场质量管控人员应对各级的检查，基本做到如下几点：

在思想上，要正确理解上级的各种检查。这些检查是上级单位部门的职责所在。这诸多检查的目的和作用与我们管控质量的目标相同，它可以促使现场各项质量管理工作的改进，我们应当欢迎。应借助于上级的每次检查，整治现场质量违规，力争使每次检查起到应有的作用，以使自己管段的质量等方面始终处于可控状态。

在态度上，应重视上级的每一次检查，并应热情主动，积极配合。

在行为上，首先应及时或提前把我们的内业和外业工作自查自纠一遍。同时也借力施压，催促消除现场的质量隐患，规范施工行为等。

其次，在现场检查时，应严肃认真，不怠慢、嬉笑，监理人员不得与施工方人员勾肩搭背，不要故意隐瞒存在的问题。对现场查出的质量违规行为和问题不辩解，更不得当场狡辩和顶撞。要主动承认存在的问题，并承诺限期整改、回复闭合。

另外，对不同的上级检查，其各有着重点，在应对方面也应有所区别。

对我们内部的各种检查，应认真，确保每一次检查都起到纠正现场质量违规和提高现场管控水平的作用。同时，应自觉上报自己管段所存在的质量"顽症"，让自己以外的力量来施压，迫使自己管区的质量违规行为收敛。

对业主及政府行政主管部门的检查，我们更应高度重视，积极配合，借助其检查的力度，整治现场违规，规范施工，以使现场质量可控。

第九，监理人员在挑毛病的同时，要提出如何改进的建议。

现场监理人员要尊重施工质检人员，不要认为代替业主行使监管权就高人一等，看不起人。不可以"只挑毛病，没有建议"。挑出"毛病"不是目的，目的是要施工方认真对待，积极整改，并举一反三，避免今后再次发生类似问题。要求监理人员对发现的问题，不但要知其然，而且要知其所以然，同时还要提出自己的建议。要讲究促使改正的方式方法。

第十，监理人员要端正心态，做好"帮带"工作。

现场监理人员不能只是监工。监理工作也要人性化，要做到"以监为主，监帮结合"，以提高现场施工方的技术和管理水平。

　　监理人员在日常巡查、检查和旁站监理工作时，在重要的安质等问题上必须坚持原则，不讲任何情面，该整改的整改，该返工的返工。但在其他方面，监理人员有能力帮忙的话，应当真心实意、耐心细致地帮助。应超前预控，及时提醒，以防患于未然。应当多出点子，多想办法，多提建议，帮助改进优化施工措施。

　　对报来的文件及时给予答复，计量支付尽快给予审核。

　　特别是对报来的资料存在疑问或认为不妥时，应耐心指导，必要时可以做出"样本"供其使用。这样可以使其内业资料与工程实体同步，可以保证其内业资料的及时性和真实性，进而对监理内业资料工作也有一定帮助。

　　若一味采取"卡控"的方法，只会增加矛盾，反过来也会"卡"了监理自己，使双方工作都处于被动局面。

　　只要施工方按规范和程序施工，只要服从和尊重监理，我们可以在方案优化、工艺改进等各方面给其适当"帮助"。对其年轻的技术人员给予适当"师带徒"。但要适度，牢记"以监为主"。所谓的"大差不差"，不按图纸施工、偷工减料的"帮带"，应严格制止。

　　总之，现场质检人员和监理人员，应关注并做到以上十个方面。应经常沟通，达成共识并思想统一；必须有所作为，尽到职责；必须相互配合，齐心协力整治质量违规，才能确保质量可控，力争"双赢"和"多赢"。从而规避各自的质量责任风险，进而规避项目风险和企业风险。

第二篇　现场常见质量问题（事故）重复发生原因及防范措施

在施工现场，长期从事技术、质检和监理工作的技术人员，都会有如下的切身感受：

经常遇到的工程质量问题和事故案例其实就那些，但其总是重复出现。不分项目，不分单位，不分场合，总是不断有人重复地交学费。这甚是苦恼，每每后悔不已。其最主要原因是什么？如何避免呢？

勿嫌赘述，请首先看看下面归纳的"十个常见的工程质量问题和事故的案例"分析简表（表1.2），然后想一想，它们是不是经常在工地上重复出现？其最主要的直接原因、诱因起源点和重要预防措施是不是主要就这些？

然后我们再引出重蹈覆辙的原因分析和今后避免再发生所采取的防范措施。

宜万铁路落布溪大桥钢拱肋顺利合龙

一、"十个常见的工程质量问题和事故案例"分析简表

"十个常见的工程质量问题和事故案例"分析简表　　　　　　表1.2

序号	质量问题和事故名称	最主要的直接原因	最主要的诱因起源点	最重要的预防措施
一	1. 后张法预应力板梁没有拱度； 2. 吊装时板梁底部开裂，甚至折断	主要是浇筑前放入波纹管内的部分预应力钢绞线失效所致	波纹管内漏浆，导致管内几段砂浆固结了钢绞线。即使后来用顶镐张拉也打不开固结段。如此，虽然张拉力达到了，但钢绞线的伸长量必然严重不足	1. 必须高度重视"双控"中的伸长量±6％不得超标的规定。尤其当小于－6％时必须停止张拉，查找原因； 2. 必须确保波纹管不漏浆。这需要材质合格、连接牢靠、固定结实、捣鼓棒不碰撞波纹管等； 3. 最关键的（也很简单）浇筑混凝土时和混凝土未凝固前及时抽动波纹管内的钢绞线束一两次即可

续表

序号	质量问题和事故名称	最主要的直接原因	最主要的诱因起源点	最重要的预防措施
二	在预应力梁板存放和运输中,其顶部中间出现裂纹(甚至出现贯穿断面的裂纹)	1. 存梁底座下沉; 2. 其支点垫木或垫块不符合要求,使得板梁底部遭到硬物支顶; 3. 梁板一端或两端悬臂太长	1. 存梁层数超标,或者存梁底座下沉未及时发现; 2. 板梁底部的中部有硬物支顶;垫木高度不够或不结实; 3. 设置的梁板支点不符合要求; 4. 运输时,梁板在车厢后部悬臂超标	1. 存梁底座基底承载力应符合要求,基础做牢固,严防其下沉超标;经常检查; 2. 预应力板梁底部的中部区域严禁有硬物支顶。即板梁底部只能在两端各有一个支点,中间不得有任何支点; 3. 运输、吊装时找准梁板的支点和吊点(尽量不要向中间靠); 4. 反复告知作业工人,预应力梁板的特性,警告其底部中部严禁支顶
三	一段挡墙,下雨时或雨后不久倒塌	主要是墙体背后泥水土压增大,挤压力持续增加,最后挤倒了挡墙	1. 挡墙顶部未封闭严密,雨水浸入; 2. 无泄水孔或有而不通或数量不够; 3. 其过滤层不符合要求;导致墙后的浸水排不出	1. 反复告知工人泄水孔安设的重要性,耐心解释其必要性,要求其安设宁多勿少,不得偷工减料; 2. 按要求做好泄水孔的过滤层; 3. 挡墙顶部做好封闭,其周围排水通畅; 4. 加强过程控制,并严格验收
四	高墩柱浇筑混凝土时,其底部"爆模"。甚至引起模板和钢筋倒塌伤亡人	1. 主要是底部墩柱模板竖向接缝突然胀开或"爆开"; 2. 或者模板底部与承台之间的结合不牢固	1. 墩柱模板竖向连接螺栓没有安设够并拧紧; 2. 模板的拉杆或外部加强箍没有按要求安设并拧紧; 3. 模板底部用砖砌等接长部分与承台之间的结合不牢固; 4. 水灰比大,浇筑快,未分层放慢浇筑	1. 反复强调连接螺栓必须安装齐全并拧紧,尤其墩柱底部的连接螺栓;安质检人员和监理人员从严检查验收; 2. 要求模板的内拉杆或外部加强箍必须按方案要求安设牢靠; 3. 模板底部接长物体应与底部模板同强度,并确保与承台之间结合牢固; 4. 控制好坍落度,适当减小,并分层放缓浇筑混凝土
五	混凝土泵送时,经常"爆管",造成泵送不连续,甚至喷射伤人	1. 泵管壁磨薄或损伤; 2. 接口处未连接牢靠; 3. 该薄弱处受不住泵送时的瞬时高压	1. 现场多数人轻视"爆管"后的严重后果; 2. 舍不得租购新管; 3. 未认真检查验收泵管安设质量	1. 经常警示现场施工人员"好了疮疤不忘痛";突出强调"安全效益是最大效益"; 2. 从严检查验收泵管。不合格的泵管必须更换; 3. 认真检查验收泵管的安设质量
六	大体积混凝土(周围岩石两面或三面被约束)表面裂缝严重	1. 该大体积混凝土防止裂纹的设计考虑不周; 2. 未采用防范裂纹的施工措施	1. 未预留伸缩缝、沉降缝; 2. 未采用后浇带法的施工措施; 3. 未增加面层防裂纹钢筋或布筋不足	1. 了解该大体积混凝土浇筑场所的地质地形,提前采取防裂纹措施; 2. 预留伸缩缝、沉降缝; 3. 采用后浇带法施工; 4. 与设计沟通,适当增加面层防裂纹钢筋等
七	隧道二衬混凝土施工后,其环向开裂并下沉	主要是二衬混凝土基础的基底承载力不足	1. 二衬混凝土边墙基底未开挖到位;边墙背后欠挖; 2. 基底承载力不足; 3. 矮边墙立模或浇筑前,其底部的虚渣、虚土未彻底清净	1. 要求二衬混凝土边墙的基底挖到位;严禁边墙背后欠挖; 2. 与设计沟通,确保其基底承载力满足要求; 3. 矮边墙立模或浇筑前,其底部虚渣、虚土必须彻底清净; 4. 及时施作底板和仰拱,使其与矮边墙及早形成整体

续表

序号	质量问题和事故名称	最主要的直接原因	最主要的诱因起源点	最重要的预防措施
八	钢结构钢板的全熔透焊接,其焊缝区域冲击功检测不合格	未严格按照焊接工艺评定要求施作	1. 主要是焊缝坡口角度不足、间隙过小； 2. 一次施焊的焊道堆得过厚； 3. 气温低,预热、保温不符合要求	1. 见证模拟现场(焊接角度、气温等)做焊接工艺评定试件； 2. 确保焊缝的坡口、角度和间隙,"宁大勿小"； 3. 按工艺要求预热、保温； 4. 及时施焊产品试板,验证并及时调整焊接工艺
九	(如T型梁翼板)悬臂混凝土浇筑后,其顶部靠腹板处出现纵向裂纹	主要是顶面受力筋不足或未起到应有的作用	1. 顶面钢筋被人"踩下"未及时提起,其后果是顶部混凝土保护层超厚； 2. 顶面钢筋少或布置不合理； 3. 混凝土浇筑后,压模收面不到位不及时； 4. 混凝土强度不够,太早拆模	1. 向施工人员突出讲清楚悬臂板顶面钢筋布设的作用；同时,强化检查,从严验收； 2. 用"板凳筋"或高度合适的垫块,支撑好面层钢筋。浇筑时,人为"踩下"的面筋必须提起固定好； 3. 浇筑后,未凝固前,要求压模收面二至三次。覆盖浇湿养护到位； 4. 压同养试件,确保混凝土拆模强度
十	满堂或部分脚手架承重时经常发生坍塌,造成安全质量问题和事故	1. 主要是脚手架横向稳定性不足； 2. 基底承载力不够； 3. 预压或堆载偏压受力等	1. 横向连接杆、扫地杆未按照设计要求安设齐全,并扣紧固结；或钢管、扣件不合格；或基底处理不当；或底部垫板垫木不符合要求； 2. 水平面、竖立面剪刀撑布设不够、不合格；宽度较窄脚手架体的抛撑数量不够、不合格； 3. 顶部模板上堆载物过于集中到一个地方	1. 进行详细安全技术交底,反复警示施工人员加强脚手架横向连接的重要性,以及偷工减料后发生事故的严重性； 2. 租购合格的支架构配件；确保基底承载力够；确保底部垫板垫木合格； 3. 加强脚手架搭设过程监控,搭设后从严验收,并完善各级负责人签认手续； 4. 预压或堆载,必须严格遵照方案,并旁站监控

二、原因分析

进一步分析上表中的第一个案例——后张法预应力钢绞线的张拉工序,规范和"验标"都要求必须进行"双控"(张拉应力达到、伸长率小于±6%)。但至今,现场许多技术人员,尤其没有经历过者,对此都理解不深。在多个工地,碰到一些工程师,甚至高级工程师,竟然仍在认为只要张拉应力满足要求就可以了,他们对钢绞线伸长率的校核很不重视。由此可想,新来的年轻技术员会怎样,许多的新工人甚至农民工在实际施工时会怎么操作。

再举一个反复出现多次的安全质量问题和事故的实例(如同表1.2中的第四个案例):

某一项目,有三个单位施工,相距不到60km。在一年多时间里,有四座桥的高墩柱浇筑施工,竟然连续发生四次"爆模"事故,造成很大经济损失。当第一次出现时,都认为是偶然事件,隐瞒不报,在小范围内"偷偷"处理。第二次,又"大事化小",私下处理,仍没有通告其他单位,且没有通告许多高墩柱施工的工点。第三次,曾经笑话过前面单位出事故的施工单位——"五十步笑百步",也出了同样的"爆模"事故。第四次,知

道了前三次事故者，仍然不重视，麻木不仁，又再次出现"爆模"……

俗话说"在同一个地方跌倒两次者是无可救药的"。同样，一个项目或一个施工单位经常重复出现同样的工程质量问题和事故，其技术管理、监控力度和其他方面肯定存在着严重问题。

但是，我们还不能就事论事，必须对重复出现的工程质量问题和事故后面的深层次的问题进行剖析，并从"根本"上处理或彻底解决，才有减少和避免"重复出现同样工程质量问题和事故"的可能。

只要我们有强烈的责任心，不讳疾忌医，并刨根问底，多追问为什么，就可以找准并找全其中的各种原因。

首先，肯定是各级现场行政负责人和技术、质检、监理人员的责任心不够。尤其是项目的主要负责人——项目经理和总工的责任心不够。但是，其责任心的持续保持，确实需要把事故后果和其切身利益密切挂钩，并切实执行各单位都有的"事故责任追究制度"。

其次，在发生质量问题和事故后，因为爱面子怕丢丑，常常隐瞒不报而自行处理，没有彻底做到"四不放过"，没有做到"小事大作，中事振作，大事狠作"。责任者没有受到应有的惩罚，促使其深刻反省，同时以儆效尤。

尤其没有让"相关者"，乃至全体参建员工都从中接受深刻教育和吸取宝贵经验，并持续引起高度重视。

再次，许多单位的技术人员流动性大；在经验的"传帮带"上做得不好。当然，现在"好为人师"的有经验的"师傅"也不多。同时，一些新来的技术人员不够虚心好学，还自以为是，"师傅们"传授的经验，他们又不以为然。

此外，就是"好了疮疤忘了痛"的人性弱点在起潜在作用。这个"可恶"人性弱点的客观存在，就警示我们必须不厌其烦地时时、处处、事事讲这些工程质量问题和事故案例，以使得我们人人、时时、处处重视和警觉，才可能不再重蹈覆辙。

由此可知，编制如上"工程质量问题和事故案例"宣讲的必要性。广而告之，并对全体施工人员（包括技术人员、监理人员）持续地进行广泛教育和警示。

最后，就是"官本位"意识作怪。许多技术人员往往刚刚做了一两个工程项目，有了些许经验，就高升了，变成了"只动口不动手"的"小官僚"了，主要精力就不在技术工作上了。他也淡忘了其当年所经历的事项和经受的苦恼。他的后来者仍然重复着其前者的老路……

这岂不恶性循环，成了不治之症？

三、采取的具体防范措施

1. 采取切实可行措施，增强各级负责人的责任心，尤其现场行政负责人——项目经理的责任心。

同时，应尊重现场技术、质检和监理人员，提高他们的待遇，并树立技术、质检和监理人员的权威。项目的第一责任人应持恒做好"得罪人"的质检和安全人员的坚强后盾，真正实行"质检"或"安全"的一票否决制。

2. 出现了质量问题和事故，甚至是小的"事故苗头"，各级负责人都必须立即做出雷霆反应，"小事大作，中事振作，大事狠作。"窥斑见豹，举一反三，深挖细查，切实做到

"四不放过"，以确保同类事件不再发生。

若造成人员死亡或重伤人数过多，形成事故，任何人都不得隐瞒不报，必须按规定时间和程序上报业主、安质监部门来处理。施工单位和监理机构应积极协助调查事故的真正原因，并依此追查严罚到责任单位和责任人。责任单位和责任人应诚恳接受惩处，深刻反省，痛改前非。

如果一个项目和一个单位，一而再、再而三地发生同类工程质量问题和事故，其上级部门必须从严、从重处理相关责任人，并在大范围内通告之。

3. 其他建议：

（1）各工程刊物和现场工地简报，应广泛征集"工程质量问题和事故案例"，并报道宣讲。我们的各工程媒体也应多介绍这方面的案例和教训，使得警钟长鸣，人人皆知，并时时、事事警觉。

（2）各单位经常聘请有经验的老技术人员（包括现场监理工程师），对新到的技术人员、施工班组长和全体员工等进行"工程质量问题和事故案例"教育，用这些血的教训和频繁交学费换来的实际案例，来持续加深其印象和重视程度。

（3）在编写施工技术教材、施工方案和质量安全技术交底时，尤其在安保措施、质保措施中，我们勿嫌啰唆，应苦口婆心地详细地告知现场施工人员，在规范和方案中的"强制性要求条款"的重要性，尤其是带有"必须""不得""严禁"等字眼条款的严肃性。

总之，作为现场行政管理人员（尤其项目经理）、技术人员（尤其总工）、安质检人员和监理人员（尤其总监），只要我们都有很强的责任心，都有如履薄冰、如临深渊的危机意识和谨慎态度，并根据现场实际情况、施工人员的实际素质和工序、产品所处的状态，"注重预控，强化程控，工序卡控，从严验收。"切实采用好以上具体防范措施，我们就一定可以大大减少或彻底避免同样工程质量问题和事故的重复发生。

第三篇 针对现场监控"横向短板"应倡导"交叉检查或复查"

现场监理人员担负着施工项目的"三控两管一协调一履职"（铁路监理工作是"五控两管一协调一督促"，五控中增加了安全和环水保）的工作，要求监控做到：

"纵向到底，横向到边，全方位覆盖。"

但是，结合经常出现的安质问题和事故以及现场实况，反省一下，我们在比较大的监控层面和程序上有无需要改进的地方呢？

如果一个项目，我们在纵向监控上力度很大，而在横向联系、相互支援和共同防御上做得不足，存在"短板"，要做到现场"全面可控"是很困难的。

在现场，我们多数监理公司大多设置的是直线制或直线职能制监理组织形式，其纵向监控上很强。纵向有"三级监控"：

监理站（总监）→监理分站（或监理组）→专监（监理员）。

那么，现场监理机构在纵向监控程序上就有了至少"四道防线"：

第一道防线，各监理员 → 第二道防线，各专监 → 第三道防线，各监理组长（或分站长）→ 第四道防线，监理站，其部室负责人、副总监、总监等。

如果这纵向监控上的"三级监控"、"四道防线"，各自起到应有的作用，"级级""道道"都大力消耗施工方的违规力量，现场的安质等监控工作是应该处于可控状态的（其实不然）。

"纵向监控"似乎很强，但现实的"横向监控"呢？

各监理员之间，各专监之间，各监理分站（监理组）之间，推广至各监理站之间，还存在着如下需要改进的"短板"问题：

1. 相邻各监理管段间、同类各监理分站（监理组）间、各专业监理（监理员）间进而至各监理站间的部分监控理念、要求和方法不统一。

2. 较普遍的，部分监理人员和监理分站（监理组）有把自己的管段看成是"独立王国"的想法和做法。甚至出现了比较严重的问题，除护短外，别人也不能多管和不敢染指。

3. 部分管段监理人员存在着"各自为战"，形不成整治违规合力的现象。这使得现场诸多违规力量有机可乘，监控力量被离间而被各个击破。

尽管，在现场"横向"监控程序上，业主或监理站也有定期（或不定期）组织的大检查（一个月也就一两次），常常有点"走马观花"，形式大于内容。检查时大家也都顾面子，不会或不敢直言不讳地指出问题。此种检查更不能在相当范围内覆盖现场的各个时间段和诸多工作面。

由此，更突显出相邻各监理管段、同类各专业监理间"界面"联系和相互支持薄弱的严重性。

针对上述"界面"联系和相互支持薄弱的严重问题，我们该如何改进呢？

有实证。

当今比较可行的就是：应大力提倡相邻管段和相近专业的监理人员相互进行"交叉检查"或"交叉复查"。

即对重要工序、关键部位或隐蔽工程，安排就近或相关的监理人员相互交叉检查、复查。如果该工序或部位交叉检查、复查后，还出现问题，将对"交叉检查或复查者"连带问责。

经验实证：在某公司监理站，实行了"相邻各监理管段和同类专业监理间相互交叉检查或交叉复查"一年多，监控效果明显。如，比较难监控的 6.8km 的隧道施工，其二衬、仰拱混凝土施工前的基本尺寸、防水设施布置、初期支护、钢筋制作安设等工序的检查，该管段监理员、专监查验认为合格后，先上报监理站；由监理站总监或副总监再安排其他监理人员进行"交叉检查或复查"。经过"交叉检查或交叉复查"无误后，才允许施工方进入后续工序施工。

如果交叉检查时，查出的问题，施工方拖延纠正或不纠正，该管段监理和交叉检查者应立即上报监理站总监，由总监再进一步地采取整治措施。如果"交叉检查"后，仍被业主或监理站等上级检查出问题，交叉检查者将负有连带责任。

该监理站刚开始实行时，部分监理人员不理解，认为监理站负责人不信任自己，派去的交叉检查者或复查者也畏手畏脚，不敢直截了当地指出问题。施工方也反感和阻挠，还闹到业主那儿。业主说道："如果施工做到位了，没有'猫腻'，怎么会害怕人家监理复查？"后来，实行一段时间后，大家就感到了"交叉检查或交叉复查"的好处了，各管段监理都主动要求监理站安排其他监理人员来"交叉检查或复查"。

以此类推，各监理组以及各监理分站间，也应提倡"交叉检查或复查"。

显然，"交叉检查或复查"有如下好处：

1. 对重要工序、关键部位或隐蔽工程，换人交叉检查或复查，可以相互复核，并有效地避免差错和遗漏。彼此之间也可以相互学习和借鉴监控经验。

2. 该管段专监和交叉检查者互相督促又相互"给力"，可以有效地防止现场违规施工队的"偷工减料"现象，并有力地制止其他违规行为。进而，可靠地规避了该管段现场监理的责任风险。

3. 交叉检查者或交叉复查者比自己要求还严，可促使该管段监理员和专监也严格监控。

4. 适当缓和了施工方因该管段监理人员时时处处从严要求所积累产生的不满情绪。其他监理人员来自己的管段检查并纠正施工方的诸多问题，这加强了自己的监控力度，使自己管段的质量和安全等方面始终处于可控状态。这样，自己的管段更不容易出问题。

5. 无需增加监理成本

监理人员责任重大。大部分施工项目，施工方的"三检体系"（自检、互检和专检）形同虚设，只好由现场监理人员来认真把好每一道工序的查验关。稍有不慎和预控不到，就会出问题，就不能规避我们的监控责任风险。我们需要借助外力整治自己现场的违规行为，以便使自己的管段可控。

借力整治，何乐不为？

另外发现，教科书中，要求现场监理各种检查大致有十一种，唯独没有"交叉检查或交叉复查"。现在，各监理公司实有增加相邻管段和相近专业的监理人员相互进行"交叉检查"或"交叉复查"的必要，以大大加强现场"横向"的监控力度。

横向监控的"交叉检查"或"交叉复查"，加之我们纵向监控上的"三级监控"、"四道防线"，就能够彻底实现"纵向到底，横向到边，全方位覆盖"的监控要求，以确保现场全面可控。

实践证明，相邻管段和相近专业的监理人员相互进行的"交叉检查或交叉复查"，对规范现场施工、规避监理责任风险很有效。此法很值得在每一个监理公司的各个监理站实行，进而不断优化，大力推广，以期大获成效。

第四篇　地铁装修和机电安装常见质量通病及控制措施

地铁站后装饰装修和机电安装是一项多系统、多专业、多接口的高技术复杂工程。常见质量通病很多，质量监控难。

主要客观因素为：

1. 技术高，专业性强：由国内外数千家厂商提供数以亿计的材料和机电仪器设备，通过安装调试构成诸多专业系统，各专业系统之间又通过接口联动控制，实现控制自动化、数字化和智能化。

2. 参建单位多，供货商和分包商多，专业技术人员短缺。

3. 空间狭小，多专业人员作业交叉、干扰。

4. 接口管理和组织协调难度大。

5. 工序繁琐，关键工序多，质量控制点（见证点、待检点）多。

6. 工期紧，影响进度因素多（相互配合差），常常为赶工期而忽视质量（安全）。

作为现场监理机构，我们如何监控地铁车站装饰装修和机电设备安装常见质量通病呢？

根据监控经验，我们应做好如下八项主要监控工作：

地铁隧道掘进"四管三线两道"（给水、排水管，污水管，通风管；
高压线、照明线，通信线；运渣轨道，人行通道）布置图

首先，监理机构应按合同承诺配足装饰装修、暖通、动照和给排水等专监，保证到位的各专监有丰富的施工和监理经验，并能够独当一面。

监理人员进场后，必须重新认真学习相关规范、"验标"和该市地铁公司的相关规定。各专监须亲自且督导施工技术人员认真审核和深化图纸。根据以往经验，对照现场，找出图纸中"错漏碰缺"，并及时与业主工程部和相关设计方有效沟通，提前纠正和优化。

尤其必须详细审核复杂管线的排布，找出"碰撞打架"情况，以便大大减少"边安装、边排布、边调整"的"三边"现象。

其次，开工前，应把各专业的质量要点、管控流程和监控措施详细编写在各专业"监理实施细则"中。在过程施工中，应认真按所写的监控程序和内容去落实。

提前设置各工序的"文件见证点、现场见证点和待检点"，通报参建各方，并严格执行。

第三，严格执行监理站各项岗位职责和相关制度。各专监质量责任应与其切身利益密切挂钩，奖罚分明，促使各专监的责任心持续保持。

第四，超前预控，严加防范。开工前，切实总结以往监控地铁车站装饰装修和机电安装常见质量通病的经验，并与参建各方一起认真学习掌握"地铁装饰装修和机电设备安装常见质量问题及控制措施列表"中的123项质量通病及控制措施（见后附），以便及时消除诸多质量通病于萌芽，避免返工。

第五，督促装饰装修和机电设备安装单位提前进场，与土建单位共同确认土建施工的预留洞、预埋管线位置及数量，查漏补缺，及早整改。同时，持续督导其审核图纸，及早找出图纸中的所有"错漏碰缺"。

第六，认真审核施工组织方案和各专项方案，重点审核各工序的质量控制措施。施工过程中，重点核查其质量控制措施落实情况，杜绝其落实措施的"省工减料"、投入费用的"短斤少两"。

认真核查上场人员（主要管理、技术人员和特种作业人员等）的资格，督促其按合同承诺配齐各专业人员（装饰装饰装修、通风空调、给排水及消防、低压配电、供电、屏蔽门、电扶梯、综合监控、通信等专业人员）。

积极参与设计交底。做好监理内部交底和对施工方的交底。认真督导并见证施工方做好质量（安全）技术交底工作，督促现场技术和施工人员学习熟悉各专业质量通病及控制措施（见后附表）。

第七，施工工程中（尤其开始时），一旦发生质量问题（或事故）都必须彻底做到"四不放过"。督促其相关责任者受到应有的惩戒，以儆效尤，让"相关者"乃至全体参建员工都从中深刻吸取教训，并持续引起高度重视，从而杜绝和大大减少此类质量问题（或事故）的再次发生。

第八，现场监理不能只当监工。在当前施工单位整体综合素质有待提高情况下，监理人员工作要做到"以监为主，辅助帮带"，尤其承担 BT 或 BOT 项目的监理工作。

在日常巡查、检查和旁站监理工作时，在质量监控问题上必须坚持原则，不讲任何情面，该整改的整改，该返工的返工。但在其他方面，有能力帮带的话，应当真心实意地帮带。主动做到：超前预控，及时提醒，防患于未然；出点子，想办法，提建议，优化施工措施。

总之，作为地铁装饰装修和机电设备安装现场监理人员，只要我们持续保持责任心，对待质量持续保持如履薄冰、如临深渊的谨慎态度和危机意识，并根据现场实际情况、施工人员的素质和工序、产品所处的状态，"注重预控，强化程控，工序卡控，从严验收，"切实落实以上八项监控措施，我们就一定可以大大减少或避免常见质量通病的发生。

应急演练照片

后附地铁装饰装修和机电设备安装常见质量问题及控制措施列表（表1.4）。

地铁装饰装修和机电设备安装常见质量问题及控制措施列表　　　　表1.4

序号	专业或部位	主要责任方	装饰装修和机电设备安装 常见质量问题简述	采取的主要控制措施和 处理方法简述	备注
一、建筑装修					
1	主体	设计	高风亭未设置钢爬梯,检修人员无法检修	应根据规范要求,设置钢爬梯,且爬梯位置应避开市政道路一侧	
2	主体	施工/监理	屏蔽门上方,装修吊杆、龙骨、埋件与屏蔽门埋件、立柱、横梁、门体存在接触,影响屏蔽门绝缘性	所有装修材料均应避免与屏蔽门接触,确保屏蔽门绝缘性	
3	主体	施工/监理	砖砌体墙面300mm以上宽的洞口未设置过梁	风管预留洞、门洞、风阀预留洞等等,超过300mm宽的洞口要求设置过梁	
4	主体	施工/监理	吊杆螺栓长度和页片厚度不符合要求	所有螺栓必须按设计要求、规范要求、合同要求采购,长度和页片厚度必须符合要求	
5	主体	施工/监理	墙面干挂龙骨材料厚度偏差不符合规范要求	严格按图纸和招标技术要求执行,厚度偏差控制在规范的合理范围内。不合要求无条件更换	
6	主体	施工/监理	墙面干挂龙骨节点大样与图纸不符	严格按图纸和招标技术要求执行	
7	主体	施工/监理	天花主龙骨吊杆长度超过1200mm,未设置过度支撑,不符合施工规范要求	严格按施工规范执行	
8	公共区	施工/监理	消防门干挂陶瓷板未安装挂件,打胶不饱满	应按设计要求采用干挂件连接陶瓷板(打胶需饱满),严禁直接打胶固定	
9	公共区	施工/监理	站台层楼梯口的导向牌经常与PIS显示屏出现重叠遮挡现象	在安装前需进行排版定位。选择标准车站做导向牌的预挂,避免出现遮挡现象	
10	公共区	施工/监理	站厅、站台层公共区吊顶U型挂片安装不整齐,未达到横平竖直	加强安装过程控制,注意施工放线准确性	
11	公共区	施工/监理	站厅、站台层公共区吊顶的吊杆倾斜过大	吊杆应吊挂垂直,有设备或管线阻挡时,应采用U型钢架进行过度吊挂	
12	公共区	设计/施工	栏杆距离闸机太近,导致闸机上盖无法完全打开,影响到AFC设备的使用	安装前对闸机旁的栏杆安装距离进行明确,确保避免影响设备使用和检修	

序号	专业或部位	主要责任方	装饰装修和机电设备安装常见质量问题简述	采取的主要控制措施和处理方法简述	备注
一、建筑装修					
13	设备区	施工/监理	门把手松动、合页错位松动损坏关不上门、闭门器安装不完整	安装不牢固,成品保护不到位,应及时修复或更换	
14	设备区	施工/监理	静电地板安装后,面层高低不平,接缝不均匀	防静电地板支撑安装不牢固、有偏差,造成面板不平整、缝隙不均匀,应返工处理	
15	设备区	施工/监理	门锁芯装反,无法正常关闭	需加强安装技术交底和督导工作	
16	设备区	设计/施工	设备区疏散通道无明显的疏散指示	属设计遗漏,疏散楼梯需增加疏散指示系统	
17	设备区	施工/监理	消防栓箱位置装饰门开启不灵活或安装效果较差	门体较重,应选用重型通长铰链。铰链固定不得焊接,应采用螺丝固定	
18	设备区	设计/施工	洗手间等用水处的地漏偏少或找坡不明显,积水	洗手间地砖应坡向地漏,坡度符合设计要求	
19	导向系统	施工	地面蓄光型疏散箭头易脱落	安装不牢固,或安装不平整造成受压脱落。注意施工过程质量控制	
20	停车场/车辆段	施工/监理	墙体抹灰厚薄不一,且过厚处未增设钢丝网进行加强处容易出现裂缝甚至脱落	严格按施工规范操作,加强中间验收质量把关。加强操作工人的施工工艺培训	
21	停车场/车辆段	设计/施工	静电设备房的静电地板安装后完成面与窗户之间的高度变小,无保护措施,存在安全隐患	窗户增设护栏。设计核查图纸予以完善	
22	停车场/车辆段	设计/施工	玻璃幕墙与室内地砖、天花吊顶的间隙过大,且在室外能看见地砖、天花吊顶与幕墙的空隙	幕墙与天花地砖之间需进行有效的防火封堵,封堵方案需满足规范要求	
23	停车场/车辆段	施工/监理	地砖铺贴接缝高低不平,缝子宽窄不匀,常出现高低差、空鼓,尽端出现大小头	严格按施工规范操作,加强中间验收质量把关。加强操作工人施工工艺培训	
二、通风空调系统					
1	通风空调	施工/监理	常规冷源制冷系统的温度计和压力计损坏多,精度低,与监控不符	施工质量,未进行交底或交底不清楚,应定期检查并及时更换,满足使用要求	
2	通风空调	施工/监理	防火封堵、防腐不彻底	满足设计及规范要求	
3	通风空调	施工/监理	空调柜冷凝水排水管未软接未存水弯	按空调柜厂家要求进行安装	
4	通风空调	施工/监理	风管保温棉破损	加强施工工艺、成品保护管理,加大处罚力度	
5	通风空调	施工/监理	冷却塔进水阀执行器未加防水挡板	图纸遗漏或存在缺陷的,及时与设计联系,施工应交底清楚,严格按规范要求施工	
6	通风空调	施工/监理	冷却水管焊接处未做防锈处理,预留孔未封堵	满足设计及规范要求	
7	通风空调	施工/监理	冷冻水进水主管路有泄漏(集水器至冷水机组)	图纸遗漏或存在缺陷的,及时与设计联系,应交底清楚,严格按规范要求施工	
8	通风空调	施工/监理	冷水机组冷媒管常被水泥浇注	施工应交底清楚,应按设计及规范要求施工,满足使用要求	

续表

序号	专业或部位	主要责任方	装饰装修和机电设备安装常见质量问题简述	采取的主要控制措施和处理方法简述	备注
二、通风空调系统					
9	通风空调	施工/监理	部分设备存水弯安装不规范或漏装	施工应交底清楚,严格按规范要求施工	
10	通风空调	施工/监理	冷冻水管变径安装不正确	施工应交底清楚,严格按规范要求施工	
11	通风空调	施工/监理	组合式风阀安装未贴墙,存在较大缝隙需封堵	图纸遗漏或存在缺陷的,及时与设计联系,施工应交底清楚,严格按规范要求施工	
12	通风空调	施工/监理	设备和阀门无挂牌明确标识,管路未标明走向	图纸遗漏或存在缺陷的,及时与设计联系,施工应交底清楚,严格按规范要求施工	
13	通风空调	施工/监理	波纹补偿器安装方式不规范,容易造成爆管	在波纹管两侧设置独立支吊架保护波纹补偿,详细按规范执行	
14	通风空调	施工/监理	送风口布置在电气设备上方	施工前核实电气设备布置位置及尺寸,必须避开下方设备	
15	通风空调	施工/监理	屏蔽门端门外风管加固方法不对或未加固	按设计图纸施工	
三、给排水及消防系统					
1	给排水消防	设计	无障碍卫生间开口不够大,无扶手、无报警按钮	与设计沟通明确需求,施工单位严格按图施工	
2	给排水消防	施工/监理	设备区内生活给水管用扎带作为管卡	施工应交底清楚,严格按规范要求施工	
3	给排水消防	施工/监理	多处管道未安装套管,未用防火泥封堵	施工单位应加强内部间协调交底,严格按设计及规范要求施工并进行相关封堵	
4	给排水消防	施工	消火栓支管无支架,或支架间距较大	施工应交底清楚,严格按规范要求施工	
5	给排水消防	施工	集水坑未做防臭盖	要求集水坑盖板四周应作胶垫密封处理	
6	给排水消防	施工/监理	库内给水井盖破损,进水管漏水	加强后期成品保护	
7	给排水消防	施工/监理	泄压阀安装在天花板上,仅有边缘露出,且有的被桥架遮拦,存在泄压隐患	图纸遗漏或存在缺陷的,及时与设计联系,施工应交底清楚,严格按规范要求施工	
8	给排水消防	施工/监理	气体灭火控制器离地距离偏小	施工时注意装修墙面标高线	
9	给排水消防	施工/监理	卫生间地漏高度不符合要求	施工严格按设计及规范施工,注意地面找坡与坡向	
10	给排水消防	施工/监理	吊顶内生活给水管未做保温层,或保温层未按设计要求做	施工严格按设计及规范要求施工	
11	给排水消防	施工/监理	泵房控制箱控制线接线不规范,线管无管卡固定	加强产品质量控制	
12	给排水消防	施工/监理	泵出口止回阀和蝶阀安装顺序错误	应严格按设计及规范要求、招标要求进行施工	

续表

序号	专业或部位	主要责任方	装饰装修和机电设备安装常见质量问题简述	采取的主要控制措施和处理方法简述	备注
四、低压配电系统					
1	低压配电	施工/监理	热浸锌钢管弯曲时发生较大形变,影响钢管的横截面积	热浸锌钢管弯曲时发生较大形变时,弯头部可采用普利卡管进行软连接	
2	低压配电	施工/监理	热浸锌钢管管口套丝过长,防锈处理不到位,导致丝口锈蚀	热浸锌钢管管口套丝长度应适宜,套丝处刷防锈漆	
3	低压配电	施工/监理	热浸锌钢管敷设过程中存在焊接的情况,违反规范强条	热浸锌钢管严禁焊接	
4	低压配电	施工/监理	暗敷钢管安装不规范,不用专用固定件固定在结构上,直接用螺钉当作固定件	按规范要求使用专用固定件	
5	低压配电	施工/监理	热浸锌钢管进入分线盒、配电箱时锁紧螺母设置不到位,存在缺失遗漏的现象	热浸锌钢管进入分线盒、配电箱时锁紧螺母应设置到位	
6	低压配电	施工/监理	多股铜芯导线连接时未搪锡	按规范要求多股铜芯导线连接时必须搪锡	
7	低压配电	施工/监理	导线、电缆在热浸锌钢管内敷设时,管口未设置塑料护口	应严格按设计及规范要求在钢管管口设置塑料护口	
8	低压配电	施工/监理	电缆与接线端子的压接不紧实,相间绝缘距离不够时未采取防护措施	电缆与接线端子的压接紧实、可靠	
9	低压配电	施工/监理	区间维修配电箱、水泵配电箱、消防泵控制柜等箱体的进出线不按规定要求采用下进下出	区间维修配电箱、水泵配电箱、消防泵控制柜等箱体的进出线按规定要求采用下进下出	
10	低压配电	施工/监理	直接安装于结构壁上配电箱未采用离墙安装方式	直接安装于结构壁上的配电箱采用离墙安装方式	
11	低压配电	施工/监理	同一房间内相同开关或插座不在同一安装高度上	同一房间内相同的开关或插座应在同一安装高度上	
五、供电系统					
1	供电	施工/监理	主变有载调压电源故障(信号)	施工应交底清楚,严格按规范要求施工	
2	供电	施工/监理	GIS标牌编号有误	图纸遗漏或存在缺陷的,及时与设计联系	
3	供电	施工/监理	计量柜的外电进线电度表读数有误	提高电度表和计量线圈精度,施工调试严格进行	
4	供电	施工/监理	地线井圈被损坏,排管露出地面	加强外电通道建成后的成品保护和巡视,及时恢复受损通道	
5	供电	施工/监理	电缆井积水严重	施工应交底清楚,加强防水,严格按规范要求施工	
6	供电	施工/监理	中锚拉杆过长,杆号牌、锚段关节号码牌装反	施工应交底清楚,严格按规范要求施工	
7	供电	施工/监理	导高不足,锚栓外漏不够,T型头螺栓过短	施工应交底清楚,严格按规范要求施工,加强接触网调整工作	
8	供电	施工/监理	接触网导高拉出值突变	加强接触网细调工作,应跟踪检查轨道调整工作,注意与轨道调整配合	
9	供电	施工/监理	环网电缆支架间距过大	施工应交底清楚,注意支架间距,严格按规范施工	
10	供电	施工/监理	主变绝缘在线监测装置在线分析未启动	施工应交底清楚,严格按规范要求施工	
11	供电	施工/监理	车辆段运用库、检修库接触网隔离开关在露天	将这两处的开关放入库内,如土建不满足要求,则改为电动隔离开关	

序号	专业或部位	主要责任方	装饰装修和机电设备安装常见质量问题简述	采取的主要控制措施和处理方法简述	备注
六、屏蔽门安装					
1	屏蔽门	施工/监理	屏蔽门与墙存在较大缝隙	施工前对屏蔽门端门位置进行精确测量后下料施工	
2	屏蔽门	施工/监理	屏蔽门门体与门、门框之间的间隙大小不一,列车过站时屏蔽门发出较大噪声	图纸遗漏或存在缺陷的,及时与设计联系,施工应交底清楚,严格按设计及规范施工,满足要求	
3	屏蔽门	施工/监理	个别车站的端门在开门时与消防栓箱冲突	检查装修与屏蔽门图纸纸,如有冲突的地方,应及时更改消防栓箱位置	
4	屏蔽门	施工/监理	应急门打开时与地面、顶箱盖板锁具发生碰擦	施工时应加强与装修之间的协调,施工应交底清楚,严格按规范要求施工,满足使用要求	
5	屏蔽门	施工/监理	屏蔽门安全警示标识缺失	施工应交底清楚,严格按规范要求施工,不合格产品应及时更换并加强成品保护措施,满足使用要求	
6	屏蔽门	施工/监理	屏蔽门监控软件频繁死机	加强承包商设计管理及软件稳定性测试	
七、电梯、电扶梯安装调试					
1	电梯及电扶梯	施工/监理	乘客电梯的透明井道未设置通风、隔热等设施	图纸遗漏或存在缺陷的及时与设计联系,施工应交底清楚,严格按设计及规范施工,满足规范及使用要求	
2	电梯及电扶梯	施工/监理	综合监控及IBP盘状态显示与乘客电梯、自动扶梯现场实际状态不一致,以及编号或位置显示错误	施工应交底清楚,严格按规范施工,满足使用要求	
3	电梯及电扶梯	施工/监理	个别地方电源走线未穿管,扶梯下行车站底坑面高于地面,扶梯侧盖板无安装空间	施工时应加强与装修之间的协调,施工应交底清楚,严格按规范要求施工,满足使用要求	
4	电梯及电扶梯	施工/监理	自动扶梯上端入口未安装挡板,且踏板处、段入口,扶梯两侧缝隙过大,存在安全隐患	施工时应加强与装修之间的协调,施工应交底清楚,严格按规范要求施工,满足使用要求	
5	电梯及电扶梯	施工/监理	部分站内自动扶梯运动部件裸露,存在油污、工器具跌落可能,且噪声大	施工应交底清楚,严格按规范要求施工,不合格产品应及时更换并加强成品保护措施,满足使用要求	
八、综合监控系统					
1	FAS	施工/监理/设计	部分设备区,站台区烟感探头未做固定,未吸顶安装,采取悬挂安装	施工需按设计方案和技术交底相关要求和标准执行,如是悬空安装,设计应增加"聚烟板",增强区域聚烟效果,提高烟感报警的可靠性	
2	FAS	施工/监理	电缆房外天花上FAS回路走线无线槽,同时也存在线缆敷设混乱的	施工要符合设计要求和相关综合布线规范,天花板上的线缆必须穿管保护	

续表

序号	专业或部位	主要责任方	装饰装修和机电设备安装常见质量问题简述	采取的主要控制措施和处理方法简述	备注
八、综合监控系统					
3	FAS	施工/监理	车站 FAS 模块箱未编号,同时模块箱内线标识不清楚	细化施工方案,明确施工质量标准	
4	FAS	施工/监理	设备房间内紧急释放按钮玻璃经常被损坏的	加防护罩,尤其是设备区间	
5	FAS	施工/监理	FAS 主机,扩展机下方穿线孔洞未封堵,线端子掉落,机柜线在机柜外,且控制面板未安装固定的	强调施工质量标准,落实施工责任,加强检查验收	
6	FAS	施工/监理	站台手报,逃生通道内警铃,插孔电话,气体释放灯等设备,存在安装歪斜,且未固定牢固的	强调施工质量标准,落实施工责任,加强检查验收	
7	FAS	施工/监理	模块箱安装不到位,被墙体包裹,不利于后期维护	加强设备安装前期的勘查和相关可能的技术交底工作	
8	FAS	施工/监理	站台电缆井内感温光纤未做保护,存在裸露,且部分光纤掉落在天花下方	细化施工方案,明确施工质量标准,强化施工现场质量管理,严格按设计和规范施工	
9	FAS	施工/监理	FAS 模块箱线、手报线存在破皮的,同时箱内无接线图纸,到后期经常报故障,造成设备检修困难	在施工之前,对操作过程中可能存在的进行技术交底,安排专人负责设备内部模块的接线	
10	BAS	施工/监理	公共区温湿度传感器安装紧邻,不合规范	加强设备安装前期的勘查和相关可能的技术交底工作	
11	BAS	施工/监理	BAS 柜线部分线缆未走线架,部分线槽未盖好	明确施工质量标准,加强检查验收	
12	BAS	施工/监理	PLC 控制柜上部进线未做橡胶保护圈,柜内杂物太多	加强现场施工管理,及时将柜内杂物清理干净	
13	BAS	施工/监理	BAS 远程 I/O 模块箱安装不到位,模块箱被外墙钢架挡住,只能打开一半,或无法打开	强调施工质量标准,落实施工责任,加强检查验收	
14	BAS	施工/监理	BAS 远程 I/O 模块箱屏蔽线未接地	根据地铁设计规范,BAS 的电缆屏蔽层宜采用一点接地,图纸中应明确施工接地方式	
15	BAS	施工/监理	BAS 远程 I/O 模块箱内接线绝缘层损坏出现裸露,铜芯裸露在外,有安全隐患	强调施工质量标准,落实施工责任,加强检查验收	
16	BAS	施工/监理	BAS 系统部分信号线未做桥架,直接借用强电桥架,不合规范	加强现场施工管理,明确施工质量标准,强、弱电应该分开敷设	
17	BAS	施工/监理	部分温湿度传感器直接安装在风箱上面,不合规范	施工需按设计方案和技术交底的相关要求和消防验收标准执行,传感器应该远离送风口 1.5m 以上	
18	TFDS	施工/监理	部分感温光纤未穿金属线管,没经线槽	强调施工质量标准,落实施工责任,加强检查验收	

续表

序号	专业或部位	主要责任方	装饰装修和机电设备安装常见质量问题简述	采取的主要控制措施和处理方法简述	备注
八、综合监控系统					
19	TFDS	施工/监理	TFDS系统报警信号线跟FAS系统未做连接	施工需按设计方案和技术交底的相关要求和标准执行	
20	TFDS	施工/监理	隧道感温光纤报警系统在应急照明配电室内有大部分感温光纤未沿桥架敷设,明显裸露在外面	强调施工质量标准,落实施工责任,加强检查验收	
21	门禁及可视对讲	施工/监理	部分ACS就地控制器线未经过线槽,内部线缆杂乱	强调施工质量标准,落实施工责任,加强检查验收	
22	门禁及可视对讲	施工/监理	ACS就地控制器安装在设备房门外,离门太近,开门时容易打在控制箱上	在设备安装之前,应充分考虑各种可能出现的不利因素,严格按设备安装标准进行施工	
23	门禁及可视对讲	施工/监理	部分车控室、ISCS设备室,设备区通道门等的ACS读卡器安装位置过低,距地面不足1.4m,不符合规范	强调施工质量标准,落实施工责任,加强检查验收	
24	门禁及可视对讲	施工/监理	环控电控柜闭门器安装不到位,使支架与吊顶摩擦,导致吊顶变形	加强现场施工管理,明确施工质量标准	
25	ISCS	施工/监理	扩展工作站下部进线未安装竖直线槽	细化施工方案,明确施工质量标准	
26	ISCS	设计	大屏系统电源线敷设压在通风空调电源线上面,无相应保护措施	改变其中任一系统电源线走向或采取穿管保护措施	
27	ISCS	设计	区间水泵由于在区间里,通信线路较长,信号无法接入综合监控系统	由设计单位提出解决的方案	
28	ISCS	设计	车控室房静电地板高度较高,导致地板至窗台距离很近(最小的距离只有0.5m左右),非常不安全	土建方面,加装护栏	
29	ISCS	设计	柜内有金属后盖板,挡住交换机、MOXA光电转换器的指示灯,不方便以后日常检修	金属后盖板改为有机玻璃	
30	ISCS	设计	目前FAS联动BAS执行火灾模式,ISCS未模式执行记录	由软件开发人员对相关数据进行修改,加强软件开发测试过程的质量控制	
31	ISCS	设计	垂直电梯运行或驻停状态显示相同,无区分,易混淆,不易监控,不易及时发现	由软件开发人员对相关数据进行修改,区分电梯运行或驻停显示状态	
32	ISCS	设计	各中关于设备运行或故障或停止状态,在显示上颜色不同,易造成监控人员混淆	由设计统一制定标准,由软件开发人员按标准实施修改	
33	ISCS	设计	综合监控界面信息与环控模式不匹配	双方设计、承包商召开模式专题会	
九、通信					
1	通信	施工/监理	PIS机柜交换机接入的尾纤捆扎凸出,致使柜门关闭不严	图纸遗漏或缺陷的,及时与设计联系,施工应交底清楚,按设计及规范施工,满足规范及使用要求	
2	通信	施工/监理	隧道扬声器安装紧固情况不佳,存在脱落隐患	施工应交底清楚,严格按规范要求施工	

续表

序号	专业或部位	主要责任方	装饰装修和机电设备安装常见质量问题简述	采取的主要控制措施和处理方法简述	备注
九、通信					
3	通信	施工协调	通信设备房门未按规范要求安装致使设备房门开启和关闭不能困难	严格按设计图纸施工	
4	通信	施工协调	装修单位在设备房安装接地箱时未能对地线出线开孔,致使设备地线连接时施工困难	严格按设计图纸施工	
5	通信	施工/监理	CCTV吊杆和天花板接口处未安装扣板致使天花板处空隙过大,未能遮盖影响美观	施工时按尺寸开孔或后期用盖板遮挡,承包商与装修单位协调	
6	通信	施工/监理	侧式站台的线缆引入走线混乱	严格设计阶段的设计图纸	

注：BAS：即环境与设备监控系统。

　　FAS：即火灾报警系统。一般由火灾探测器、区域和集中报警器组成。

　　ISCS：简称"综合监控系统"。

　　ACS：即为门禁系统。

　　PIS：Passenger Information System，乘客信息系统。

　　TFDS：铁路货车运行故障动态图像检测系统。

　　IBP：即后备盘。

　　HMI：即"人机接口"，也叫人机界面。人机界面（又称用户界面或使用者界面）是系统和用户之间进行交互和信息交换的媒介。

　　破玻：破玻按钮，也叫紧急出门按钮。它是串联在电锁回路里面，防止门禁系统中读卡器、出门按钮或控制器硬件故障导致里面人员打不开门。

　　尾纤：又叫猪尾线，只有一端有连接头，而另一端是一根光缆纤芯的断头，通过熔接与其他光缆纤芯相连，常出现在光纤终端盒内，用于连接光缆与光纤收发器。

第五篇 安质监控不能提倡"抓大放小"而应要求"抓大重小"

在现场监控中，"抓大放小"一句，经常挂在我们一些监理人员的嘴边。"放"，有放松、放宽、放任之意，其确有不重视细节之意。

那么，在现场监控中，"小的"放松，对吗？"小的"放松，"大的"就能抓好吗？

根据多年来的现场监控实践，一再证明："抓大放小"，若用于"三控两管一协调一履职"其中的"质量"和"安全"方面，实在不妥。尤其，在当今"高度重视工程质量和安全生产"的形势下，以监控现场施工质量和安全为"天职"的监理单位，更不应提倡。

下面先举三个"小"实例加以说明。

实例一：隧道开挖，其边墙脚部位欠挖是"小问题"吗？今天欠挖 1cm，我们放松不管，明天欠挖 2cm，又放过。如果一而再地放松，以后会欠挖更多。甚至，此处可能被欠挖成向外凸起的"弧状"。现场经常看到的，边墙角的虚碴清除不彻底，甚至有时达 10cm 厚或更多。结果二次衬砌后不久，发生多环衬砌混凝土两侧内缩和顶部下沉，净空量测超限，只有砸掉返工重做，从而造成严重质量事故。

实例二：浇筑高墩柱混凝土前，现场监理人员查验其钢模板接缝的螺栓连接，少了几个，这事是小还是大呢？如果今天检查，少 2~3 个，认为无所谓，不管；下次，少 4~5 个也放松。这就会使得施工人员愈来愈不重视，愈来愈违规。最后就会发展到，高墩柱钢模板底部一节的连接螺栓少更多。结果，当泵送混凝土浇筑到多半时，突然其底部一节钢模板"爆模"，模板向一侧倾倒，上面的工人跌落，造成伤亡事故。

事后追查原因：现场施工人员"省工减料"，经常少上连接螺栓，施工方的技术、质检人员自检时不尽责任，我们一些监理人员查验时又一再地放松、放任，这就使得此违规行为"得寸进尺"，结果就会出现如此严重的伤亡事故。

实例三：人身安全防护保命的"三宝"（安全帽、安全带和安全网），现场施工人员是应该而且容易做到的，但由于我们的轻视和疏忽，往往做不好。

那么不戴安全帽是小事吗？安全帽的带子不系牢是小事吗？

常见到的，某工人未戴安全帽爬上脚手架，其头部不慎碰到上部的钢管，该工人脑袋短时发晕，随即跌落摔成重伤。

另有一工人虽戴安全帽但未系牢帽带子，一失足，就从1.5m左右高的架子上向后倒下。由于安全帽先摔落，结果其头部撞上地面的小尖石而亡。

这些实例，在工地上时有发生，"放小"的结果就是这样。

本来，施工人员上工地，戴上安全帽，系好帽带子，养成好习惯，这是多么容易做到的"小事"。但是，如果监管人员不重视，不从严要求，施工人员在实际操作时就会一而再地打折扣。

"小事"突发变成了"大事"，"小细节"决定"大生死"！

还有经常见到的，因为安全带未佩带系好、安全网未安设牢靠而出的伤亡事故……

那么，现场这些诸多质量和安全隐患哪个是"小"，哪个敢"放松"呢？

况且，"小的"累积到一定程度必然会质变成"大的"。如果容易做到的"小"事不做好，"大"的在做的过程中，必然会大打折扣，也是无法严格管控的。

现场许多实例证明，监控人员在"小处"放松一步，实际施工时，已经相当于放松了两步、三步。到后来，欲收回这最初的"几步"，非花大功夫不可。

由此可见，在质量和安全监控中，对于施工中的每个细节是无"大""小"之分的。"蚁穴虽小，可溃大坝。"确实是"小细节决定大成败"呀！

质量、安全控制体系是一个系统工程，是全时空的、全过程的、全员的监控。对个别的、局部的、阶段的监控放松，必然会影响到整体或全部。施工单位的质量安全意识和管理水平的提高，是一个持续的过程，有起点没有终点，不可稍有放松的。监理人员的质量安全监控同样如此，"小处"的放松以及间隔式地放松，必然会影响到整个工程质量安全的监控以及监理人员水平的提高。

所以，监理人员在现场质量安全监控工作中，不应提倡"抓大放小"，而应当大力提倡：

抓住"大的"不放松，重视"小的"不放宽。

即大力提倡"抓大重小"。

第六篇　在现场施工中如何避免测量放样差错？

作为技术人员（监理人员也是技术人员），都有过测量放样差错的经历，只不过是或大或小、或多或少而已。

因测量放样差错而造成的质量问题或事故，无论大小，都是不可原谅的。它是技术人员的耻辱。

众所周知，避免测量放样差错所花费的投入是最低的，但效益却是最大的。它不过多花费我们一些可以再生的"脑细胞"而已。

如何避免测量放样差错呢？无非是"认真"、"复核"四字。

首先必须认真。如何才能使技术人员不得不认真对待每一个放样和检验尺寸呢？

关键是责任心强。

如何才能使其具有长久的、强烈的责任心呢？非把差错责任与其切身利益挂钩不可。

其次必须复核，且多道复核。

怎样复核？如何使其认真复核、仔细审核？该复核审核出来的错误而未复核审核出来，应当承担什么责任？这应该有个"说法"。否则，有"复核者"、"审核者"之名，而无连带责任，恐怕永远也不能使"复核者"、"审核者"真正认真仔细起来。

多一道"复核"总是有益无弊的。至少需一道认真的"复核"。现场的重要部位、关键工序，检查复核四道、五道也不算多。

对重要部位、关键工序，技术管理程序要求测量放样进行五道复核：

1. 放样者或测量工的换手复核，换测量仪器复核；

2. 技术负责人复核；

3. 质检工程师复核；

4. 总工复核；

5. 现场监理人员审核。

这"五道复核"。若都认真而仔细，还会出差错吗？

是的，"复核者"不一定比"设计者"或"第一测量者"资历高，但他（她）能够从前者的"作品"和"成果"中找出一点或几点差错就可以。

被复核者不能这样想"你的资历不如我，怎能复核我？"，此想法错误之处就在于不知"人非圣贤，孰能无过？"。不愿意让别人"复核"自己的"成果"，找出自己可能的错误，此"意念"本身就埋下了出现差错的祸根，其出差错只是迟早的事。

我们应当牢记如下箴言：

"容易出错的地方，必定有人出错。即使你是个完人。"

"马虎和侥幸，加之自以为是，出差错是必然的，不出差错才是偶然的。"

"认真按规定程序做工作，不一定不出差错；不按规定程序去做，必定出差错。"

鉴于此，作为技术人员，就要根据现场人员的实际素质、性格和工序、产品所处状态，进行预控。对"粗心者"要提示其认真，对易出错的地方要提示其注意并亲自参与复核。

屡次出现同样差错的情况不少吧？为什么会这样呢？

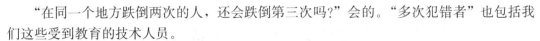

"在同一个地方跌倒两次的人，还会跌倒第三次吗?"会的。"多次犯错者"也包括我们这些受到教育的技术人员。

之所以如此，是因为跌倒"第一次"之后，"小事大作"不够充分造成的。或碍于面子或以为巧合或稀里糊涂，不批评和自我批评。自己不反省，别人也未吸取"前车之鉴"的教训。所以就出现了"第二次"、"第三次"。这都不是科学的"处事观"。

我们应当窥斑见豹，举一反三。从"小事"中看到"大事"和普遍性。要明白，"小事"会积累，其量变到一定程度会产生质变，当然会出"大事"。要防微杜渐，就必须"小事大作"。欲"矫枉"必须"过正"。

每件"事"出现后，不要心存侥幸，不要"大事化小，小事化了"，不要自欺欺人。要毫不留情的解剖这件事，并深层次的多问几个为什么? 就这件事的"相关域"多提几个问题，然后集思广益地一一解答，必能发现很多深层次的问题。然后再从"根本"上加以彻底解决。这才是科学的"处事观"。

测量差错的"事"出之后，无论大小，无论是施工方还是监理方，都必须做到"四不放过"。

1. 没有找出真正的差错原因，即诱发此"事"的起源点，不放过；

2. 有关出错的责任人没有处理，没有深刻反省，没有接受教训，不放过；

3. 相关者乃至全体员工没有从中接受教育和吸取经验，不放过；

4. 没有制订出杜绝此类"事"再发生的切实可行的措施，不放过。

是的，每个事故都会付出昂贵的"学费"，不做到以上这"四不放过"，确实不行，委实可惜。

作为技术人员要有责任心，要认真，要有如履薄冰、如临深渊的谨慎，要兢兢业业、脚踏实地。加之，严格地遵循科学的工作程序，就可避免图纸和测量尺寸差错的产生。

我们要做到这几点，我们必须尽力做到这几点。

第七篇　隧道施做工序繁　要诀要点记心间

引言：隧道施做，工序繁多，隐检项目及关键点近百项。其监控要点编制成如下（42句）七言文概括之，言简意赅，易梳理易记，张贴宣讲，效果明显。编入此书，以供参考。

隧道施做高风险，地质复杂难勘探；
岩石挤压动稳定，放炮开挖尤危险。
监控量测须超前，搞准地质防灾变；
地震波，红外线，超长钻探"长中短"。
万无一失防突发，应急预案常演练。
"人机料法环质安"，满足要求施组签；
质保体系重点核，特种人员证件全；
材料设备构配件，严格验收复试验。
见证取样平行检，涉及安全严把关。
监控量测很关键，勤观实测照方案；
必测项目要严控，重点关注"浅埋段"。
开挖钻爆按设计，控制间距周边眼；
炮痕均布达存率，常调参数见"光面"。
拱墙脚上一米内，严控"光爆"禁挖欠。
支护及时最重要，初期有效保安全：
危石虚渣先清除，锚杆安设必垫板；
超前导管与管棚，安设注浆必旁站；
喷锚预埋"控厚钉"，查验合格"检证"签。
杜绝通病"四漏水"，防水板铺要认真：
优先处理拱墙漏，尖物割除凹补喷；
搭接牢固不漏渗，适当松弛挂点均。

施工变形两种缝，预留设置合尺寸。
止水带条平直顺，全部检查位放准。
衬砌尺寸须再验：高程轮廓加中线；
下沉收敛已稳定，超挖按规已回填；
边墙基地合设计，地质"隐检"在灌前。
模板台车要合格，外形尺寸需亲验。
灌注试件必抽检，确保衬厚是重点。
关注特殊混凝土，规范养护保时间。
施作仰拱和底板，闭合稳定应超前。
隧底探测先进行，渣水清净合规范。
"四管四线"也关键，准备充分配套全。
高压水风到掌面，压力足够钻机欢。
顺坡排水有水沟，反坡抽水段接段。
"有轨无轨"线路顺，"错道"运渣省时间。
通信线路内外连，新鲜空气吹掌面。
动力照明分两线，"三十六伏"工作段。
险情突发防停电，应急灯亮利脱险。
施工工序方方面，预控程控严把关。
检查巡查加旁站，杜绝隐患萌芽前。
坚持原则立场稳，安质可控终圆满。
安全通过"寿命期"，隧道无事心都安。

注：

"长中短"：指用隧道钻机钻孔来探测前面岩层情况的三种形式：大于50m的超长钻探，10～50m的中长钻探，10m以下的短距钻探。

"人机料法环质安"：指施工的人员、机械、材料、方法、环境、质量、安全。

"控厚钉"：指喷射混凝土前，先在隧道岩壁上预埋控制喷射混凝土厚度的钢筋。

"检证""隐检"：指检查证和隐蔽工程检查。

"四漏水"：指隧道结构的渗水、滴水、淌水、涌水。

"四管四线"：指高压水、风管，出水管，通风管；动力线、照明线，通信线，运输线。

"有轨无轨"：指运输渣土等用的有轨电车和自卸车。

"错道"：指隧道内进出两车交错相会预留的扩大空间。

"三十六伏"：指照明用36V安全电压，用于有水汽潮湿的掌子面。

"寿命期"：指隧道设计寿命期。

第八篇 如何监控好现场质量安全技术交底工作

工程建设项目开工前，建设单位、施工企业、监理机构都要分别进行施工质量安全技术交底，这是一项极为重要的工作程序，而且是一项必不可少的工作环节和工作内容。这项工作做得好坏，对于工程建设项目的顺利推进，起着至关重要的作用。

一、充分认识现场质量安全技术交底的重要性

据统计分析，施工现场出现的质量安全问题和事故，大都与施工现场质量安全技术交底工作做得不好分不开。由于事前没有认真做好技术交底工作，没有落实好技术交底中所包含的工程施工要点、具体可操作的质量保证措施和安全保证措施以及监控重点、关键点和注意事项等内容，有关技术人员讲述介绍和交代的不详细、不深入、不细致、不全面，现场施工人员没有完全了解清楚明白，涉及施工的关键和重点程序，没有全面掌握和控制到位，导致质量安全问题和事故的发生。

施工现场发生的质量安全问题和事故，除了施工企业质量安全技术交底不够全面认真的原因外，监理机构也存在内部质量安全技术交底不足的问题。现场监理人员对质量安全监控重点不敏感，把控不到位。所以，监理机构内部也要认真进行质量安全技术交底，这是现场监理监控管理的一项重要措施，其目的是使参与的所有监理人员熟悉和了解所监理工程项目的特点、设计意图、技术要求、施工工艺、监控重点，以及应该关注的事项。

由于工程项目的特殊性、多样性，各个项目监理机构工作方式和深入程度上存在不同的差异。同时，由于现场各监理人员个人能力和理解上的不同，对现场监理控制重点的设置也各不相同。因此，为了更好地遵循和执行监理工作流程及制度，做好监理工作的事前控制、事中把关，就需要做好监理内部的质量安全技术交底。尤其是为了保证监理工作的有效实施，在监理工作正式开展之前，监理机构就应监管好现场各类质量安全技术交底工作。

二、现场质量安全技术交底的分类

1. 监理机构参加业主组织的设计技术交底

开工前期，施工和监理方的主要技术工作就是充分熟悉设计文件，认真弄懂设计意图及工程特点，以便及早发现设计方面的问题，在业主组织的设计技术交底会上提出，及时按规定程序解决。在施工期间，还要参加或组织对重大、复杂或采用新技术、新标准、新结构、新工艺的工程召开的专题技术交底会，研究确定施工控制的质量安全重点和关键。

2. 参加和见证施工方内部进行的质量安全技术交底

现场监理工程师应在分部、分项工程和关键的工序施工前，对施工方编制的"分部、分项、关键工序工程质量安全技术交底书"进行审查。同时，还应参加施工方组织召开的分部、分项、工程工序质量安全技术交底会议，见证其交底的全过程。重点关注以下交底事项：

（1）交底的内容是否涵盖了该分部、分项工程或关键工序的主要内容；

（2）是否正确而详细说明了控制质量的依据、标准、要求和质量保证措施；

（3）是否清楚地交代了安全注意事项和应急处置预案；

（4）是否明确了该项工程第一责任人和质量、安全责任人；

（5）是否有书面质量安全技术交底书。交底双方是否都在交底纪要（或交底书）上签字确认；应要求所有被交底人员当场亲笔签认；

（6）如条件具备，监理人员还应督促或见证施工方，对特种作业人员的质量安全技术交底工作。

现场监理人员应积极支持、配合和监督施工方认真进行质量安全技术交底工作，并将该项工作自始至终地坚持下去，以确保所有施工人员"知其然，并知其所以然"。

3．现场监理机构就"监理规划"等向施工方的交底

监理机构针对工程项目，由总监组织各专监编写的"监理规划"完成后，应及时组织向施工方就"监理规划"的主要内容进行交底，使施工方各级施工人员明确所监理的范围和内容、监理依据、监理机构人员的组成、职责与分工，监理工作程序，要求施工方配合执行的监理程序和制度，以确保项目施工过程中，监理机构和监理人员认真有序有效地开展质量安全监控工作。

同样，各专项的"监理实施细则"也需要让施工方主要施工人员了解清楚。尤其是"旁站监理实施细则"。

4．按照"监理规划"和"监理实施细则"内容对监理机构内部人员进行交底

监理内部的各项工作交底，是在正式开展监理工作之前，由项目总监主持，向监理机构全体成员介绍监理工作的任务、职责、计划、措施及监理工作内容、方法、要求的活动。这些活动的内容在"监理规划"和"监理实施细则"中都有详细说明，需要进行交底和学习。尤其就某一具体施工工点、关键工序和关键部位的监控要点、主要技术参数、特

殊施工工艺和关注要点等内容，更需要针对监管该项目的监理人员进行的交底。

此项交底工作往往被一些监理机构疏忽或进行的不彻底。

三、如何做好监理机构内部的交底

1. 从制度入手，做好监理内部的交底工作

确保工程建设项目的质量安全，监理负有同等重要的责任。构建一个高效、有序、达标的监理运行机构，除了足够的监理人员并保证其素质外，还要有好的制度去保证整个体系的有效运行。为此，必须做好监理内部的交底工作，建立"监理内部交底工作制度"，从制度上明确监理内部交底的对象、内容、形式、时间以及交底的工作程序等。同时，要注重认真做好交底工作的记录。

2. 注重细节，落实监理工作交底的主要内容

（1）工程项目的总设计要求，分部、分项工程的设计要求，变更情况等；

（2）技术和质量验收标准等；

（3）工艺措施，质保措施，安保措施等；

（4）本项目"监理规划"及"监理实施细则"有关内容；

（5）质量和安全的关键点、控制点；

（6）旁站监理计划和要求；

（7）监理检查、验收应该关注的问题等。

3. 重视监理交底的形式和方法，保证交底的效果

为了保证监理内部质量安全技术交底的效果，其内容应编写成规范性文件。根据不同层次，交底文件编写的内容应有所侧重。

对于监理内部总体交底文件，应着重介绍监理工作内容与程序、监理工作制度、监理机构人员的组成、名单、分工和职责。

对于各项专业交底文件，应着重介绍专业监理工作所执行的相关规范、所涉及强制性标准的内容、监理工作流程、监理控制的要点和措施等。

对于专项工程交底文件，应着重介绍各专项工程质量的要求、监控部位、施工难点、主要危险源及预防措施等内容。

监理内部交底可采取书面交底与会议交底相结合的形式。

采用会议交底与其他工程会议一样，要有交底人、交底时间和交底内容的记录，也要有参会人员的签到记录。

当"监理规划"进行调整或"监理实施细则"进行补充、修改时，其补充、修改内容也应作为补充交底文件发送给相关监理人员。

由于监理人员变动需要重新交底时，也可采取发送相关技术交底文件进行个别交底的方式。

总之，监理内部交底应以满足各层次、各专业、各工序事前监控的需要为原则，应根据现场施工进展情况及早进行，以避免监理工作陷入被动。同时，现场监理人员应持续学习，不断提升自己的综合素质。在监控过程中，持续保持责任心，切实履行职责，认真做好现场各项监理工作，以确保现场质量安全始终处于可控状态。

第九篇　督查铁路工程现场项目监理机构主要内容有哪些

铁路工程监理单位对项目监理机构进行现场督查，目的主要是防范未进行监控的行为责任风险、未发现本应该发现问题或隐患的技能风险、对项目监理机构的约束机制以及项目监理机构内部监控机制风险。目标是切实履行委托监理合同、加强在监项目的监控和督导，以保证公司内控体系和目标在所有在监项目的全面落实。

一、现场督查依据

项目监理机构是由项目总监领导，受监理单位法定代表人委派，接受单位职能部门的业务指导、监督与核查，派驻现场执行项目监理任务并履行委托监理合同的组织机构。工程监理单位现场督查的依据是项目监理机构的监理规划。

1. 监理规划指导项目监理机构全面开展监理工作

监理规划的基本作用就是指导项目监理机构全面开展监理工作。建设工程监理的中心目的是协助项目业主实现建设工程的总目标。监理规划需要对项目监理机构开展的各项监理工作做出全面、系统的组织和安排，包括确定监理工作目标、制定监理工作程序、确定目标控制、合同管理、信息管理、组织协调等各项措施和确定各项工作的方法和手段。

2. 监理规划是建设监理主管机构对监理单位监督管理的依据。

3. 监理规划是业主确认监理单位履行合同的主要依据。

4. 监理规划是监理单位内部考核的依据和重要的存档资料。

二、现场督查范围

建设工程监理的性质包括服务性、科学性、独立性和公正性。其中，服务性的含义是运用规划、控制、协调方法，控制建设工程的投资、进度和质量，最终应当达到的基本目的是协助项目业主在计划的目标内将建设工程建成投入使用。因此，监理单位对项目监理机构进行现场督查范围应选择如下：

1. 项目监理机构按照公司审核意见、现场实际及变化情况，监理规划修改完善、充实更新内容。

2. 项目监理机构现场管理制度、管理手段、监理台账、技术资料和数据的积累等。

3. 项目建设单位对监理信用评价。

4. 项目施工单位对监理反馈意见。

5. 项目监理机构对举报事件查处。

6. 项目监理机构领导班子履职情况等。

三、现场督查主要内容

对于建设工程目标控制来说，无论项目监理机构为直线制或直线制与职能制相结合的监理组织形式，总监对内向监理单位负责，是实现监理单位管理意图的主体，管理好现场的首要责任人；对外向项目业主负责，需要充分发挥总监的决策领导作用、贯彻执行作

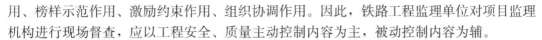

用、榜样示范作用、激励约束作用、组织协调作用。因此，铁路工程监理单位对项目监理机构进行现场督查，应以工程安全、质量主动控制内容为主，被动控制内容为辅。

1. 监理内部管理方面

（1）监理规划；

（2）项目监理组织机构及其人员职责分工、责任制；

（3）项目监理工作、质量、安全等管理规章制度；

（4）各类监理实施细则、监理实施方案及台账；

（5）各专业监理岗前教育培训记录及台账；

（6）监理人员进出场管理等。

2. 施工方面

（1）图纸会审及台账；

（2）施工组织设计/施工方案审查台账（宜有审查意见表，施工单位签收，修改完善后回复，备查证明监理审查工作及其深度）；

（3）工程开工令及台账；

（4）工程暂停令、复工令及台账；

（5）监理工程师通知单及台账；

（6）工作联系单及台账；

（7）工地试验室（人员、仪器、制度、混凝土配合比、内业资料等）验收记录及台账；

（8）拌和站（人员、设备、场地）验收记录及台账；

（9）拌和站冬期施工检查记录及台账；

（10）工程材料、构配件报验及不合格品处置记录台账；

（11）见证、平行检测资料及台账；

（12）施工控制测量成果报验、测量复核资料及台账；

（13）分包工程及其分包单位资质材料，包括营业执照、企业资质等级证书、安全生产许可证、三类人、特种工证等；

（14）施工进度计划审批及台账；

（15）安全文明措施费审核及台账；

（16）安全文明施工排查记录及台账；

（17）主体分部分项工程初验报告（有问题下发监理通知）；

（18）定期召开工地例会、监理工作会议及各类专题会议记录及台账；

（19）环水保监理档案，包括环水保监理实施细则、隧道漏水调查、弃碴（土）场施工图、上级文件、监理部红头文件、弃碴场监理台账（设计出图、现场位置、施工监理情况）、弃碴场监理排查记录与回复、监理通知与回复、监理日志、检验批、照片、问题库等；

（20）防洪防汛档案，包括防洪防汛监理应急预案、上级文件、监理部红头文件、施工单位应急预案（特别是临近河边、弃碴场下游和地质灾害地段的拌和站、居住工棚、钢筋加工场安全，山沟行洪通道以及填土上建设的营区等安全）、防洪防汛检查通报与回复、监理通知与回复、洪灾抢险与灾后重建通知等。

3. 危险性较大工程监理方面

（1）危险性较大工程登记表；

（2）危险性较大工程监督管理办法；

（3）危险性较大工程安全专项监理实施细则；

（4）超过一定规模的和危险性较大工程安全专项施工方案（简称专项方案，含应急预案，纳入专家论证意见）审查台账；

（5）核查危险性较大工程安全教育与培训、安全技术措施交底记录；

（6）查验危险性较大工程开工安全条件检查记录、施工机械设备进场验收记录；

（7）复核危险性较大安全设施、大临工程验收手续记录；

（8）危险性较大工程验收台账（施工方技术负责人及总监签字后，方可进入下道工序）。

4. 重大危险源监理方面

（1）重大危险源识别清单；

（2）重大危险源应急预案审查台账；

（3）重大危险源专项安全监理实施细则；

（4）重大危险源安全监理培训记录；

（5）核查重大危险源安全教育与培训、安全技术措施交底记录；

（6）重大危险源检查台账、旁站记录。

5. 高风险工点监理方面

（1）高风险工点登记表；

（2）"风险评估报告"（含风险识别、分级调整）审查记录。

（3）"××高风险工点安全施工专项技术方案"（简称专项施工方案，含应急预案、项目部负责人包保制度和部门负责人跟班作业制度，并纳入专家论证意见）审查，建设单位审批；

（4）"风险管理实施细则"审查记录；

（5）"风险监控、监测方案"审批记录；

（6）高风险工点专项安全监理实施细则；

（7）核查高风险安全教育、风险防范培训、安全技术措施交底、施工作业指导书、专业架子队组成等记录；

（8）监测实施资料签署与留存；

（9）高风险工点暂停施工与冬休复工检查记录。

6. 大型机械及特种设备监理

（1）大型机械及特种设备使用登记表；

（2）大型机械及特种设备监理管理办法；

（3）大型机械及特种设备安全专项监理实施细则；

（4）大型机械及特种设备安全监理培训记录；

（5）复核大型机械及特种设备进场验收手续记录；

（6）审查大型机械及特种设备安装方案、拆除方案、多台塔吊专项方案及应急预案记录；

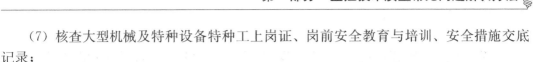

（7）核查大型机械及特种设备特种工上岗证、岗前安全教育与培训、安全措施交底记录；

（8）核查特种设备验收检验、注册登记、年检记录，电梯坠落试验与防坠安全器年检等记录；

（9）复核大型机械及起重设备安装、拆卸、验收手续记录；

（10）大型机械及特种设备安装、拆除等高危作业的旁站记录。

7. 隧道防爆安全监理（略）

8. 既有线施工安全、桥梁跨等级公路施工安全等监理（略）

9. 隧道、路基、桥梁、四电、房建及铺架现场抽查（略）

第十篇　铁路总监如何确保所监工程安全可控和质量优良

监理工作是一项具有委托性的基于自身专业技术的咨询服务。监理工作成果是集体行为的产物，但其成效受个人主观能动性的影响较大。因此，在铁路建设中如何发挥总监的监控作用，确保工程安全可控和质量优良，按照《建设工程监理规范》GB/T 50319—2013 规定的"动作"，谈一些看法供大家参考。

一、健全项目监理机构

依据法律、法规、标准、设计文件、委托监理合同的约定，组成项目团队，坚持"安全第一、预防为主、综合治理"的方针，建立安全管理体系，完善质量监理和安全监理工作制度，执行工程质量安全风险预控工作程序，制定工程风险控制目标及控制措施，划分监理人员安全监理职责，并进行考核，为工程质量安全监理建立项目监理组织保障。

二、认真对待图纸会审及设计交底工作

落实施工图纸会审及设计交底制度。图纸会审和设计交底前，要求专监对所管工程的图纸必须熟悉，及时做好施工图"错、漏、碰、缺"审核及现场核对工作，形成审核记录，并在监理日记中记录，不能仅在施工单位报来的审核记录上签字了事。通过设计代表对各专业工程的设计意图、工程特点、难点及重点介绍交底，或对施工、监理单位提出的问题进行澄清与明确，必要时对单价合同的施工措施进行讨论，协商修改、补充设计和优化设计，力求让施工、监理单位相关人员掌握工程关键工序及重要部位的质量要求、施工顺序和安全措施，为工程施工创造良好的技术条件。

三、做好监理规划和实施细则编制与交底

熟悉和掌握相关的法规、规章及规定。如安全生产劳动保护的法规、安全技术规程、工业卫生标准和安全生产规章制度、安全施工管理条例等。

1. 监理规划按程序批准后报建设单位，并随项目进展及变化情况不断补充完善。根据监理规划、施工图、标准、规范及施工组织设计，针对关键工序、重要结构、薄弱环节、复杂工艺、质量通病及隐蔽工程，确定工程质量安全控制点和旁站监理清单，制定监理细则、旁站监理方案、监控要点、监理措施等监理对策。

2. 旁站监理方案报送建设单位、工程质量监督机构，并抄送施工单位。组织各专监就各专业或分项工程的监理细则，向施工单位进行监理交底，介绍监理工作基本程序、方法和手段，提出有关施工监理报表的要求，并对施工单位的提问进行答复，为监理工作全方位、全内容、全过程开展和规范监理工作行为提出技术保障。

3. 对于危险性较大工程，应编制危险性较大工程监督管理办法，建立危险性较大工程档案，对工程实施目标控制，落实目标责任制，建立监控程序，实施程序监督。单独编制危险性较大工程安全专项监理方案（包括爆破工程安全监理方案）、监理实施细则及施工中特殊事件监理处理预案。各专业监理实施细则中必须有安全监理内容，对长大隧道、瓦斯隧道、临近既有线及既有线施工、高墩大跨桥梁、大型基坑、高陡边坡、特殊结构桥

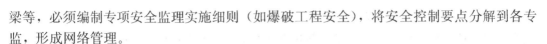

梁等，必须编制专项安全监理实施细则（如爆破工程安全），将安全控制要点分解到各专监，形成网络管理。

当暂停施工时，应认真审查"工程高风险项目暂停施工方案"，并报建设单位审批或备案。如：涌水量较大隧道、瓦斯隧道、大型深基坑、高陡边坡、特殊结构桥梁、地下工程、临近既有线及既有线施工、地质灾害工程等。

四、严格审查施工组织设计和专项方案

坚持施工组织设计审核制度，要求修改和完善的技术方案更具有针对性、可靠性和合理性。

同时，安全生产及水土保持措施要做到与工程质量、工期及进度控制同步实施。审查施工组织设计或施工方案中的质量安全水土保持措施是否满足"工程建设强制性条文"要求。根据工程质量安全风险预控工作程序，对施工单位危险源识别和评价、安全风险评估报告、高风险应急预案、工程监测方案等进行审批。应急预案报业主备案，铁路营业线方案报铁路局批准后方可实施。特别是隧道开挖引起的环境效应（地下水流失、地震波危及地面建筑物安全）应做出事先评估，确保施工单位的项目管理能满足工程施工合同规定的质量安全及水土保持要求。

对超过一定规模的危险性较大分部分项工程或大临工程，要求施工单位组织专家论证，并检查技术论证意见是否纳入专项方案中。

按照安全标准化管理规定，对于高风险工点工程风险管理实施细则经监理单位审查、建设单位审定后，纳入实施性施工组织设计。

例如，对于准朔铁路重大、高新、尖端、复杂、难的黄河特大桥（上承式提篮钢管拱桥）施工监控技术方案按程序审批，并报业主工程部核备后执行；要求施工单位根据图纸深化设计程序，钢管拱合龙等重要专项施工方案应有设计院给出审定意见，并按审定意见完善后报监理审批。

五、严格验收工程开工条件

1. 坚持工程开工申请审批制度，核查开工条件，包括：审查工程施工许可证、工程质量监督手续；测量及质检人员资质，测量、试验仪器及施工机械设备进场查验，原材料报审、引测施工控制点及工程定位测量等。按照合同文件规定的设计图纸、质量检验评定标准、施工技术规范及试验检测规定的要求，组织专监审查施工单位质量管理体系、技术管理体系及质量保证体系，检查施工单位"人、机、料、法、环"等施工准备工作情况，进行施工准备期的质量风险控制，特别是要注意危险性较大工程开工安全条件的检查。审查施组和开工报告：必须有审查意见，不能笼统签一句"同意"，并对监理审查后报送业主的资料负责。

2. 根据投标承诺和现场需要，组织专监对试验室进行验收，主要检查其试验人员数量、资质，试验设备数量、规格型号、性能状况等是否满足需要，是否按要求标定，标养室温、湿度控制是否有效，管理制度、操作规程等上墙图表是否齐全，采用的规范、规程等技术标准是否齐全有效，办公设备是否满足需要。检查混凝土拌合站计量设备是否按规定进行标定，操作和管理人员是否经培训合格上岗，粗细骨料仓存储是否分区，隔墙是否

有串料现象，材料标识是否齐全正确，场地是否硬化，排水系统是否完善，管理制度是否健全。对直接影响工程质量的计量设备和检测设备，应要求责任单位提供技术状态合格证明文件。

3. 认真贯彻"安全第一、预防为主、综合考虑"的安全管理原则，组织专监检查施工单位资质和安全生产许可证是否处于正常使用期；安全生产保证体系、项目安全组织机构、安全生产责任制是否完善；项目负责人和专职安全管理人员配置与资格是否满足投标文件要求，特种作业人员是否持证上岗，各项操作规程是否上墙；所有施工人员上岗前是否进行了教育培训和安全技术交底并签认等。同时，应掌握施工现场工程地质、水文地质、周边人居、交通、水土保持、现场安全设施、河道占用手续等风险因素情况，检查施工现场"五牌二图"等布置和场地管理是否符合安全生产和文明施工要求，对施工准备期的安全环保风险进行控制。

六、坚持施工技术复核制度

测量专监负责工程测量的复核控制工作，校核控制成果资料，检查控制点的保护措施。组织专监审核施工单位各种测量定线的校核成果资料，采取抽查或旁站的方法对测量过程进行检查，严格控制各项测量作业精度，确保建设工程产品由设计转化实物第一步的技术条件。对房建工程主体结构重要部位的施工放线，要求结合坐标图进行，并进行独立复测。对工程测量中存在的问题，以监理例会、书面通知方式要求承包人整改完善。

七、控制原材料、构配件和设备质量

要求专监严格执行工程材料、半成品、构配件和设备报验送检制度，检查分批进场的材料、构配件和设备质量文件（产品质量证明书、技术说明书及质量检验证明），并按规定进行见证取样和抽检，审查和评价室内试验和工地试验结果，根据技术规范和设计要求认可或否定材料的使用。委外试验取样时，试验员应执"委托单"请现场专监见证签字后送检，检验合格后使用。经过数量检验、质量检验及存放检查，严查不合格品或未经验收就使用的问题，采取口头和书面通知纠正或清退出场，并建立不合格品台账。

八、核准分包单位资质及业绩

组织专监审核分包工程是否与投标分包计划相符，专业分包和劳务分包资质等级是否满足分包工程要求，查验是否取得安全生产许可资质，调查分包单位过去的工程经验与业绩，要求提供的资质原件、承包等级、注册资本等资料满足分包工程规模要求，营业执照与质量管理体系认证有年检。"分包单位资质报审表"审批后，分包合同送项目监理机构备案并报业主核备。施工单位在履行合同过程中提出分包，要求事前书面报业主批准同意。

九、严格控制施工过程的质量安全

在施工过程中，定期和不定期进行现场巡查，组织质量安全抽查和突击检查，行使质量安全监督权（否决权）。严格监理程序控制，即过程控制标准化，做到把关住源头、控制住过程、卡控住工序、管控住细节。坚持质量控制方法和手段，如审核技术文件、规定

质量控制工作程序、旁站监理、发出指令文件、计量支付控制以及进行现场检查和试验等，确保工程质量可控。

1. 执行质量安全检查制度、设计变更处理制度。检查施工单位是否按照设计文件、施工规范及批准的方案施工，做到总体控制。检查施工过程中的全部质量安全情况。分项工程监理时，抓住质量安全环节中的重点、难点及细部节点，检查施工组织和技术措施落实情况。

2. 要求专监严格执行混凝土开盘令制度、试验室管理制度、外委试验管理制度、平行检测试验制度、见证检测试验制度，检验施工过程质量及检测工程实体质量，见证无损检测项目，并检查施工单位技术人员、试验人员跟班作业以及试验检测情况和记录。按铁路建设监理规范，旁站监理桥梁桩基混凝土灌注、隧道仰拱或底板混凝土浇筑、路肩挡土墙基底承载力试验等等，旁站监理部位、里程等应在监理日记内详细记录。

合同约定的重点部位或特殊设计或与原设计变动较大的隐蔽工程，或重点部位或分部分项工程等，应组织专监会同勘察设计单位共同检查确认。如准朔铁路黄河特大桥钢管混凝土顶升过程中，与设计共同见证其合龙冒浆。

3. 根据工程质量安全控制点清单及其监理对策，组织专监重点监控人的行为、关键的操作、施工技术参数、施工顺序、技术间隙、特殊结构或特种地基的工程建设强制性标准执行情况等。对涉及工程结构安全的关键工序和隐蔽工程，依照旁站监理方案，适时派驻旁站监理人员，实施全过程旁站监督这些重要工序的设计技术要求、施工措施或监测项目是否落实，并严格执行隐蔽工程工序验收签证制度。检查分部、分项工程安全状况和签署安全评价意见。

4. 要求施工单位对关键部位或技术难度大、施工复杂、危险性较大的分部分项工程和大临结构工程的安全技术交底报监理审查。特别是不良地质超前预报和监控量测、长大隧道Ⅴ级Ⅵ级围岩地段施工、既有线施工、高墩施工、大跨桥梁施工、高填方路堤填筑以及防洪安全等，作为项目安全监理控制的重点。督促并检查施工单位按规定作好施工区域与非施工区域之间分隔和路拦的设置，做到安全设施必须与主体"三同时"。复核施工单位施工机械、安全设施的验收手续，要求由安全监理人员签署意见并备案。未经安全监理人员签署认可的，不得投入使用。检查安全生产费用的使用情况，督促施工单位按照应急预案的要求，做到人员落实、值班制度落实、物资器材落实，以控制施工过程风险。

监督施工单位做好工程危险源控制工作、工程监控量测及数据分析工作，特别是发挥隧道监控量测作用，提高信息化施工手段。组织对重大危险源相关作业和高危作业实施平行、旁站监理。

5. 安全生产必须"警钟长鸣"，要坚持以预警和预防为主的原则，发现违反工程建设强制性标准行为、违章操作或违章指挥，及时纠正或暂时中断施工。必要时向施工单位发出备忘录并记录在案，使施工现场保持良好的施工环境和秩序。监督落实应急预案措施和开展紧急情况的演练。发生紧急情况时，坚定不移执行施工现场紧急情况处理制度及监理处理预案。现场存在紧急或重要的安全、质量、环水保问题或隐患，及时口头或书面通知整改。监理工程师通知单应措辞严谨、措施具体，必须维护其权威性和严肃性，经组长或总监审核后发出。对于严重质量、安全、环水保隐患，由总监下达局部暂停令，并利用计价手段督促整改。下达工程暂停令和签署工程复工报审表，事先报告建设单位。工程暂停令报建设单位备案。检查及上报等情况应记载在监理日记、监理月报中。

6. 坚持监理报告工作制度，组织编制并签发监理月报和专题报告，并定期向业主、监理单位及质量安全监督单位报告。对监理工作的重要事项，及时向业主发出备忘录。提倡使用音像资料，记录施工现场安全生产重要情况和施工安全隐患。

7. 根据工程进展适时调整监理人员数量，保证监理人员数量满足工程建设高峰期的现场监控要求。坚持监理人员"四不用"原则：无监理执业资格证书者不用；职业道德修养不过关的人员不用；业务能力不强的人员不用；未从事过相关工作的不用。以确保监理人员素质。

十、监理风险控制管控

铁路监理质量安全风险既不能转移，也不能回避，应对措施就是风险自留、分散及分担，并采取"五控"管理与技术管控相结合的控制方法，预防和消除职业风险，继而对铁路监理质量安全风险进行有效控制。

1. 铁路监理安全风险管理主要对象

铁路监理安全风险管理主要对象是高风险工点、危险性较大的分部分项工程及大型机械设备。如高风险隧道、特殊结构桥梁、连续梁、运架梁、高墩、深基坑、高陡边坡、既有线工程、缆索起重机等。

2. 落实风险管理程序

（1）审查施工单位制定的施工阶段风险管理实施细则；

（2）审查施工单位的风险评估报告和风险等级；

（3）参加业主组织的风险专项设计交底；

（4）审查危险性较大的分部分项工程、高风险工点专项施工方案和监测方案并签署意见；

（5）审查单项开工报告。

3. 认真落实监理单位风险管理职责

（1）审查风险评估报告、高风险工点工程"安全风险管理实施细则"、经专家评审的高风险工点、超过一定规模的危险性较大的分部分项工程安全专项施工方案并签署意见，坚持大型机械设备专项施工方案按程序审批。特别重视审核隧道钻爆安全专项方案，查验爆破从业人员资格、爆破作业专项安全技术交底，抽查装药警戒线，核查贯通协调专题会议及贯通响炮通知等；

（2）参加业主组织的风险工点评定和高风险工点专项施工方案专家评审会，并侧重于组织风险、管理风险和技术风险；

（3）参与和监督施工单位风险评估与管理工作，并侧重于环境风险；

（4）对施工过程中风险分级调整进行审核；

（5）审批施工单位监测实施方案；

（6）监督、检查施工单位的监控量测、风险跟踪及地质超前预报等实施情况，对施工单位上报的监控量测分析结果，提出指导性意见和建议；

（7）制定风险工点监理计划，防范监理工作行为的风险、工作技能的风险、技术资源

的风险及管理风险等；

（8）监管风险工点风险措施的执行落实。

4.监控大型机械设备使用

组织专监根据"特种设备注册登记与使用管理规则"，制定"大型机械设备监理实施细则"。主要检查制造厂商资质、出厂合格证、报验手续、验收检验、定期检验（年检）和检修、特种作业人员资格证书及安全培训等，包括监理细则中大型机械设备安全监管职责、专项施工方案审批、总监定期检查和专项检查，动态掌握进出场等情况，排查大型机械设备施工安全隐患，对各种不规范、不符合要求的惯性违章和违规行为予以整治或停止使用。

5.加强安全风险关键点的监控

突出对关键岗位、关键时段、关键人员、关键部位、关键环节等安全风险关键点的检查，重点发现苗头性、倾向性问题及容易引发事故的安全风险；突出整改时效，对严重危及安全生产的问题要立即解决，防范事故发生。实施跟班监督这些重要工序的设计技术要求、安全措施或监测项目是否落实，以安全标准化建设为核心，强化安全风险管理过程控制。

6.定期召开监理例会

落实监理例会制度，定期主持召开监理例会，协调参建各方履行各自质量安全责任与义务，协调处理工程质量、安全、水土保持、造价、进度、合同等事宜，督促施工单位按质量安全风险控制要求施工。组织专监掌握和控制施工单位的安全培训、技术交底、材料验收、施工组织、施工机械、工法、施工顺序、工序作业、试验检测、特种作业、安全环境、施工监测或第三方施工控制等影响质量安全的因素，促使施工单位管理体系和责任体系的正常运转，并做好施工工艺管理、中间检查及技术复核工作，认真执行工艺标准和操作规程，防止质量通病及违章安全行为的反复发生。必要时组织多方联席会议或专题会议，解决施工中的技术和现场管理问题。

十一、工程质量缺陷的处理

在施工过程中，对不符合设计与规范的质量问题或违规施工现象，通过目测、观察、检查、测量及试验等方法，及时下达监理通知单或工程暂停令，要求施工单位按照质量缺陷处理方案限期整改。

对需要返工处理或加固补强的质量问题，总监应责令施工单位报送质量问题调查报告和经设计单位、相关单位认可的处理方案，并对处理过程、结果进行跟踪检查和验收。

十二、组织或参加阶段验收

按照单位工程、单项工程中间验收签证制度要求组织或参加阶段验收，未经验收或验收不合格，禁止进入下一阶段施工验收。

工程竣工后，将有关质量安全生产的技术文件、验收记录、监理规划、监理细则、监理月报、监理会议纪要及相关书面通知按规定立卷归档。并按照项目监理机构档案管理制度的要求，将各种台账等按五控两管进行分类，做到同一个工程、同一个部位、同一种工法、同一种材料相关的资料记录相互印证，形成真实完整的闭合环。

十三、加强监理业务学习

在工程开工前，对上场监理人员应采用集中学习以及单个教育等形式对所有监理人员进行培训和考核，并形成记录。每月组织一次监理业务、法制教育及职业道德教育学习，及时掌握分部分项工程质量与安全控制要点，并对全体监理人员工作绩效进行考核。做好监理日记、监理月报等工作，及时将检查、整改、复查等情况详细记载。

第十一篇 旁站监理工作存在问题及改进建议

铁路建设工程监理于 1990 年开始试行，1995 年全面推行。二十年来，为规范监理行为，提高监理工作水平，充分发挥监理作用，在理论研究和工作实践上都积累了一定的经验。依法进行旁站监理，这是无可置疑的。旁站监理是中国的建设工程现行监理方法之一，因此探讨旁站监理工作的深度和广度，有助于解决现行监理工作中的一些实际问题。

根据《铁路建设工程监理规范》TB 10402—2007，旁站是指监理人员在现场对关键部位或关键工序进行施工的全过程监督活动，主要有四项工作内容（略）。也就是说，旁站监理同巡视、见证检验、平行检验等现行监理方法，在工程质量安全控制过程中一直起着十分有效和重要的作用。

一、现阶段建设工程中存在下列问题或现象，不同程度影响着工程建设旁站监理工作的实施

1. 部分建设工程招标文件把旁站监理部位扩大化，导致出现与监理规范规定的监理部位不一致，但现场监理机构在制定建设工程监理实施细则适用范围时，则一律要以合同文件的规定和要求为准。

2. 个别行业标准调整见证、平行检验频率，如现行《铁路混凝土工程施工质量验收标准》TB 10424—2010 规定：粗、细骨料的检验，监理单位只平行检验 10%，不见证；混凝土抗压强度检验，监理单位检查试验报告；混凝土同条件养护法试件的抗压强度检验，监理单位只按施工单位抽检次数的 10% 进行平行检验等。其中，由于粗、细骨料用量比较大，且一般都就地取材，材料的品质复杂多变，并直接决定着混凝土结构的使用性、安全性、耐久性等，这么重要的指标，监理平行检验或见证检验取消了，实际上增加了旁站监理适用范围和工作量。否则，混凝土抗压强度若出现问题，有关部门将问责监理单位和监理人员的责任。

3. 过分强调监理旁站，导致监理单位不得不把刚从学校毕业，又无实践经验的大专生充当监理员，造成监理人员资质降低、监理队伍良莠不齐；同时，也无异于把监理当成了"监工"，降低了监理的管理职责，造成主次不分，这在监理实际工作中按现行监理取费标准是很不现实的，而且也违背了监理作为高智能技术咨询服务的宗旨，造成资深监理人才流失。

4. 旁站监理替代施工企业的现场管理现象明显。凡事要求监理人员都跟班，将监理人员与施工人员捆在一起，将使施工企业人员产生依赖监理的思想，甚至放弃了跟班、技术指导、自检、专检等等质量安全管理职责，以监代管使监理人员成了施工企业的"现场管理人员"，这样就使施工企业削弱了现场管理，降低了施工质量安全意识，甚至以此推卸质量安全事故责任。

5. 铁路建设工程施工企业"架子队的劳务管理"严重不规范，仍然存在大包、转包、违法分包现象。这种架子队，监理在"不出事前"是管不了的，"出了事"就说监理单位没有查分包资质、或者说监理人员旁站不到位，可相关建设工程有关法律、法规、规范等都没有明确架子队是分包单位，且施工企业认为架子队是他们内部的工程施工队、不是分包单位。

6. 现场监理机构没有按照建设部管理办法的要求将旁站监理方案送施工企业（应交业主、承包商、工程所在地的建设行政主管部门或其委托的工程质量监督机构各一份），没有与施工企业沟通，施工企业不了解旁站监理的意图、安排和要求，不能及时通知监理人员到现场进行旁站监理。

7. 旁站监理所形成的记录是专监、总监依法在相应文件上行使有关签字权的重要依据（如方可进行下一道工序施工），但旁站监理记录要通过施工企业质检员签认（市政工程），但施工企业质检员多是刚从学校毕业的，其签字资格是值得商榷的。

8. 在目前的监理实践中，由于建设行为不规范、监理人员不足等现象的存在，越来越多的业主、政府监督管理部门，愈来愈强调旁站在工程质量安全控制中的作用，几乎是事事要求进行旁站，自始至终都要求全过程进行旁站监理。他们在巡视或检查工地时，一见不到监理的影子，就说监理工作不到位。却不问责施工企业作为工程施工质量控制的主体，为何不对工程施工质量进行全过程控制？为何不追本究源解决深层次问题？

二、对策得当、化解现阶段工程建设中的这些问题，需要改变既有观念并创新制度

旁站监理只是现场监督管理的一个环节，是一项技术性要求很强的工作。因此，旁站监理人员要求具备一定的专业理论知识和一定现场实践经验，对所监督的工程施工过程所采用的方法和过程有透彻的了解，对可能出现的问题心中有数，才能进行前瞻性预控管理。

"华山再高，顶有过路"。当前施工企业自控能力严重削弱，监理单位和监理人员面临极大的执业风险，目前监理单位应作好以下四方面工作：

1. 要做到有效的质量安全控制。无论采取何种方式，监理人员的素质是最重要的，要善于发现问题，解决问题并防患于未然，做到预防为主。所以，现场监理人员必须具备一定的工程技术专业知识、较强的专业技术能力以及丰富的工程建设实践经验，能够对工程建设进行监督管理，提出指导性的意见，而且要有一定的组织协调能力，能够组织、协调工程建设有关各方共同完成工程建设任务，方能突显监理作为高智能技术咨询服务的作用。

2. 加强现场巡视。巡视现场是监理行为中为获取工程施工综合信息和全面掌握现场动态的有效途径，是对施工现场的工作面进行全面的检查和观察，具有多次轮回性和目标综合性的特点。通过巡视查看，可以有效掌握影响工程质量安全的各因素的状态。如果说旁站是对质量安全"点"的控制，则巡视查看是对质量安全"面"的控制，也只有这样从宏观的大面上及早发现施工企业质量安全保证体系上存在一些什么样的问题，在下一步施工之前才能采取可能的施工措施予以排除或解决"点"的问题。因此，建设工程实施过程中，旁站、巡视、见证检验和平行检验是建设工程监理质量安全控制的四种现行监理方法，各有各的适用条件和适应范围，体现了工程质量安全控制的"点"与"面"结合、以数据事实说话的科学工作方法，从而达到工程质量安全的有效控制。也就是说，旁站监理的实施，为消除工程质量安全隐患设置了最后一道重要监理防线。那种以为只有旁站才能有效控制质量安全的观点是站不住脚的，也是不科学的。只有将四种监理方法互相结合，

合理采用，才能更好地做好工程施工中的质量安全控制。

3. 监理单位要对现场监理机构加强公正从业、勤勉从业、文明从业、廉洁从业的教育和考核，表彰奖励现场监控成效显著的监理人员，并要让每个监理人员懂得珍惜自己的职业生涯，善于管理，敢于碰硬，坚守底线，爱岗敬业，为自己负责，为家庭负责，为企业负责，为业主负责，为社会负责。

4. 现场监理机构要坚决淘汰和惩戒那些资质不合格、不顾大局、职业道德和执业能力低下、不忠诚企业的人员，彻底净化现场监理人员队伍。

最后要说明一下，施工企业项目现场管理机构往往受到各种非正常因素的制约，疏于或难以对架子队实施有效地的管理，致使架子队为了一己私利，违规施工，导致现场管理失控，潜藏的漏洞与问题令人触目惊心，给工程质量安全埋下了严重的隐患，引起了社会各界的广泛关注。

因此，我们还建议：

一是监理工作是建设管理工作的延伸，监理单位代表业主行使所委托的工程安全、质量、工期、投资、环保控制等相关权力，并将工程质量安全作为监理工作的重点。也就是说，监理单位在施工现场不仅仅是替业主承担责任来的，业主与施工企业之间在委托监理合同范围内联系活动应当通过监理单位进行，并全面维护监理单位的合法权益，更重要的是要让建设工程管理更加透明。

二是监理工作是在施工企业建立健全的技术管理体系和质量安全管理体系的基础上实施的，施工企业选择项目现场管理机构人员应当不照顾关系，并确实加强施工现场管理，要求项目部从上到下的相关人员履行岗位管理职责，各司其职，各负其责，严格按照设计图纸、标准、规范、方案及程序作业。

三是政府监督管理部门或建设行政主管部门应加大建设工程招投标活动和承包合同的督察力度，遏制在铁路建设工程中"架子队劳务管理"下的施工企业内部指定大包、违法分包的现象，以及施工质量安全管理责任不落实的问题等。

一句话，建设工程在法制上的深层次问题及早解决更显得弥足珍贵（比如：一是以串通投标、围标、提供回扣或给予其他好处等不正当方式承揽工程项目；二是违规转包、分包工程项目；三是违规转让、出借资质证书或以其他方式允许他人以本企业名义承揽工程等），它有助于准确把握监理工作的地位和作用，以及旁站监理技术层面上的改进。

第十二篇　隧道施工常见违规问题及监理如何积极作为？

一、工程概况简述

某铁路隧道全长 2305m，其进、出口设计均为喇叭口倒切式洞门，洞身穿越的地层主要是强风化及弱风化粉砂岩、页岩，埋深 8～90m，地下水为少量基岩裂隙水，无不良地质。进口段Ⅴ级围岩 459m，出口段Ⅴ级围岩 357m，中部浅埋段一处，Ⅴ级围岩 264m，其余为Ⅲ、Ⅳ级围岩。

二、监控中遇到的问题

该隧道先后有三家来自南方的作业队大包。大包后又采取了开挖、支护、防水、衬砌的"工序分包"模式。

某年 4 月下旬，第一家作业队完成了出口边仰坡开挖和支护，5 月 2 日开始正洞掘进。起初施工质量、安全总体可控，监理及业主在现场发现的问题，指出后经过持续跟踪督促尚能整改落实。

同年 9 月份，第一家作业队迫于资金压力和施工方内部的矛盾主动退场（在当今隧道施工中，开工不久首家作业队退出的情况较常见）。于是由第二家作业队接手，随后问题接踵而至：

1. 由于第二家作业队拒绝续租第一家作业队在当地租赁的装载机，双方产生了冲突。有人却借口质量问题将该隧道举报到监督站（此种情况的举报也较常见）。监督站接到举报后立即到场核查，结果仅存在一般质量通病，认定举报基本不属实。监督站要求施工方加强自控、化解内部矛盾，也要求业主、监理单位严格管控，以确保施工质量和安全。

2. 第二家作业队进场后，其内部缺乏有力的统一指挥，不仅班组（开挖、出渣、支护、防水板安设和衬砌等组）之间经常扯皮，而且各班组和作业队负责人的安全质量意识淡薄，施工现场安全质量问题屡禁不止，导致工程质量安全不可控，先后出现两次开挖坍塌（幸好未伤亡人）。

存在的主要问题：①超前支护不满足要求，台阶法开挖进尺超标。②初期支护省工减料：个别拱部初支背后填片石，锁脚钢管造假，系统锚杆不足甚至缺失，拱架间距偏大、拱架接头连接不合格，喷射混凝土厚度不足、表面不平整等。③隧道仰拱、二衬混凝土施工人员不足，施工滞后。④隧底开挖后抽水清渣不彻底，经常需要反复督促才能有所整改。⑤下锚段拱架制作无模具，成型后未经查验合格便运往现场安装，导致二衬混凝土厚度局部不足或拱架连接不牢固甚至无法连接。⑥止水带安装多次出现偏位、破损现象，指出后得不到有效整改。⑦由于得不到作业队的配合，地质预报工作无法开展，监控量测频率不足。⑧现场文明施工差。

该工点现状堪忧，经监理机构反复催逼和呼吁，业主两次介入，促使了总包商高层领导重视。后来第二个作业队也被清退。

第三家作业队进场前，现场监理机构首先查验其营业执照、资质证书、人员资格证书等资料，符合要求并审批手续合法有效后，才同意进场。其进场后，监理要求施工方对工

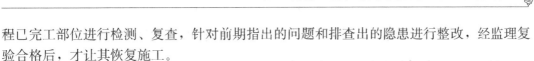

程已完工部位进行检测、复查，针对前期指出的问题和排查出的隐患进行整改，经监理复验合格后，才让其恢复施工。

以后，直到工程结束，施工比较顺利，现场质量安全等情况处于可控状态。

三、现场监理机构如何积极作为

监理机构自从开始发现该工点令人不安的施工态势后，引起警觉并加强了防范和监控力度，采取了如下有力措施。

1. 增加现场监理数量，选派能力强、素质高专监进驻现场

及早安排一名经验丰富的副总监进驻该工点具体负责现场监控工作，驻地专监增加到4名。鉴于该工点难度和风险，监理项目部要求巡查、检查时，至少两名监理人员同时到现场。这既保证了检查到位，也确保监理人员自身安全。

2. 监理人员积极作为，运用一切手段，迫使现场安质可控

驻地监理人员一旦发现质量、安全问题，立即向施工方负责人指出，或签发监理通知单要求整改。对不报验的初期支护，加强了巡查次数，在监理日记中记载看到的情况和现场已采取的监理措施，并在业主要求上报的"工作写实"里予以反映。对不报验、不合格工程的检验批、分项、分部工程的验收资料予以拒签。

总监曾两次签发"工程暂停令"责令施工方停工整改。当现场监理发现作业队擅自开挖不执行暂停令的情况后，马上向总监报告。一再告诫施工方负责人：违背总监暂停令擅自开挖的后果，以及工程不报验擅自隐蔽的合同和法律责任。提醒并要求施工方项目部采取停止供料、停止炸药供应等方式强制作业队整改。同时向业主代表及时报告。

当该工点安全、质量的形势严峻时，现场监理机构两次印发红头文件要求更换施工方项目部的主要管理人员和清除第二家作业队。每个月的工地例会上总监、副总监和监理组长都严厉指出施工方项目部在该工点的管理力度不足、态度不明确等问题，要求该施工标段指挥部及早介入并给予项目部有效督导。

当现场形势仍没有根本性改观时，现场监理机构通过业主协调，要求总包商的集团公司派出工作组到现场整顿。不久，工作组到了现场。但是，历时两个月，监理见证该工作组没有采取有效措施，于是再次发文要求总包商的集团公司派来更高层次的工作组。当第二个工作组到场后，总监和业主指挥长多次约见工作组主要负责人，才迫使总包商高层领导下决心驱逐了第二家作业队。

3. 强化监理内部协作，凝聚合力，以团队力量对抗违规

现场监理思想统一，合力整治，同步进退。一旦发现较严重的问题，立即向上级逐级反映，严重问题由总监出面进行促改，力争在工区、项目部、施工标段指挥部层面解决。仍未解决，就借助业主的力量施压整治。

4. 留下监理积极作为的"痕迹"

总监主动向业主实事求是地反映现场存在的问题。这样既能得到业主的支持和理解，也能够最大限度规避监理责任风险。经统计，现场监理机构针对该隧道存在的问题签发了监理通知单12份，工程暂停令2份，工作联系单5份，红头文件2份。每个月的工地例会监理方都专门对该隧道存在的问题进行分析、督导，总监还两次主持召开专题会议，联合部署整顿措施（这两次都邀请业主派人参加）。

采取上述策略和措施以后，经过持续整治，施工现场安全质量才处于可控状态。

四、形成此类监管危机的原因分析

该隧道问题是严重的。"冰冻三尺非一日之寒"。此类违法违规现象在其他单位或其他隧道施工中有无代表性和共性呢？是什么原因导致的呢？

1. 中标总包商和其下属二级项目部自身管理上失控是首要原因

主要表现：

（1）未组建真正的架子队，无法掌控"劳务分包队"的再分包行为。

（2）其项目部员工缺乏责任感，部分员工有投机思想；现场副经理、质检员和安全员对现场不能掌控，只能当"观察员"、"传声筒"，各项整改措施无法落实。

（3）施工方个别关键岗位领导执迷于"空手套白狼"的想法，妄想自身不投入资金，光依靠"劳务分包队"的资金周转。

（4）其物资部门违心地对作业队保持钢材、砂石料、火工品的供应，默认其野蛮施工。

直到监理通过业主责令其集团高层介入才有好转。

2. 作业队自身素质和利益驱动，是导致野蛮施工的直接原因

作业队（包工队）现场负责人和班组长质量安全意识都差。其现场负责人固执地认为自己干得并不差，一切停工、返工的要求都是监理、业主代表"太认真"；认为"隧道施工大家都是这样做的"。还错误地认为正是监理、业主代表的频繁"干预"才影响了进度，由此导致了亏损，故必须靠"偷工减料"才能补回来。正是"累事成堆难过过，积重再返灾祸祸。推脱狡辩更错错，猛击灵魂警瑟瑟！"

3. 铁路建设资金紧张，业主采用的合同和经济措施不足

尽管现场监理机构坚持以严厉的态度要求该作业队施工的二衬、仰拱、钢筋多次返工处理，不厌其烦地规劝其按照设计、规范标准施工，但是始终不能扭转现场管理的不利形势。分析此情况产生的背后原因，是建设资金不能及时到位，加上铁路建设管理事实上存在的验工计价粗放、未真正与具体施工质量进度挂钩的缺陷，导致监控措施无力，也导致现场"小问题"得不到及时解决从而聚集成"大问题"。

五、值得总结的主要经验

1. 现场监理人员面对安质问题时，不仅要积极作为，而且要想方设法留下监理尽力工作的痕迹，主动向业主反映情况，积极提出有效建议，充分展示自己的能力。只有这样才能在获得业主的支持和理解的同时，规避监理责任风险。

2. 现场监理机构的团队建设很重要。站稳立场，生活独立，廉洁守底线，与施工方保持适当距离，严禁"吃拿卡要"。聚集监理团队力量，抱团合力整治违规，可以有效放大现场监理的管控力度。

3. 值得深思并牢记的问题：建设资金到位和架子队管理模式的能否真正落实，对铁路建设工程质量、安全管控至关重要。铁路建设工程的验工计价管理，很有必要借鉴公路、市政的管理模式。

（说明：该案例不针对任何有合法资质、正规施工的企业，仅针对隧道监控工作进行分析、探讨和总结。）

第二部分　监控安全文明施工常见问题解决方法

第一篇　地铁施工必须做到"三要""三不要"

地铁施工，安全隐患多多，大小事故常常见诸报端，让人痛心疾首。这迫使我们不得不深究原因，追问几个为什么。

当前，在各种大小安全会议上，如果我们只是用堂皇的语句声嘶力竭地呼吁，并不能直击要害、振聋发聩。这迫使我们不得不直截了当地昭示：

"三要"：先要命，后要脸，再要钱。

"三不要"：不要侥幸，不要后悔，不要犯罪。

如果我们所有参建地铁的企业和个人，能够时刻牢记上述"三要"次序和"三不要"警句，地铁现场的安全事故就可以大大减少或避免。

1. "先要命"，就是安全第一，生命至上。尤其在市区施工，安全责任比天大。只有施工安全可控，才能施工顺利。只有不出伤亡事故，企业和个人才会有声誉，才会有效益，才有"脸"长期立足于本市，长久立足于社会。

2. "后要脸"，就是注重质量，稳赶进度，文明施工，展现形象。我们在尊重施工人员和相关人员生命安全的基础之上，要爱护企业和个人的"脸"，不能自毁容颜。当然也不能"要脸不要命"，不能沽名钓誉，不能好大喜功。

3. "再要钱"，就是赚钱或效益。如果地铁施工中及运营寿命内不出安全质量问题和事故，参建企业及个人的信誉和效益必然"双赢"，业主地铁公司支付款项也绝不会吝啬。所以，我们只要有了"命"、有了"脸"，赚钱也才会心安理得，才会赚得来，拿得走，并且享受得了。

如果我们参建各方主要负责人总是心存侥幸，只顾眼前利益，把这个"先要命、后要脸、再要钱"的次序搞反了——为了省钱，安全投入"短斤缺两"；为了省钱，质量措施"偷工减料"，其最终结果当然会出现安全质量问题和事故，必然造成返工或被通报，甚至出现人员伤亡。进而，企业形象必然严重受损，个人也受牵连，丢尽脸面，甚至违法犯罪而失去人身自由。到最后，真是后悔莫及，悔不当初。

这"三要"、"三不要"简语，直截了当，朴实无华，通俗好记，又入木三分，触及灵魂。所以，我们所有参建企业和个人，无论何时何地都要时刻牢记这"三要"次序和"三不要"警句。

地铁施工必须牢记"安全第一"，"生命至上"。命是人的根本，有了命我们才有了一切。没有了命，所有的一切都将化为泡影。人们安安全全地活着，才有最基本的条件来谈理想、谈奉献、谈价值等。我们参建地铁企业的"要命"就是要讲安全，就是要舍得安全投入，采取实实在在的安保措施确保施工人员和相关人员的生命。简单一句话——人不能伤亡。

地铁施工必须"注重质量，稳赶进度，文明施工，展现形象。"这就是"脸面"。参建企业要"脸"，就是抓质量、保工期，讲信用，彰显本企业文化。就是不要做有损企业形象之事。对于我们每一个参建企业而言，"脸面"在很大程度上代表企业的规模、实力、社会责任和文化理念等，能够反映出企业的"精、气、神"。一个好的口碑对企业发展至关重要，这也关乎着企业的存亡。

所以，我们参建地铁的各企业一定"要脸"，绝不"丢人"。

就眼前急抓之事而言，我们就是要切实干好在手项目，给该市地铁公司、各级领导和市民留下好口碑好印象。

当然，我们参建地铁企业也不忌讳"要钱"。企业是营利性的经济组织，简单说都是为了赚钱。虽然盈利是企业的责任，想着赚钱也天经地义，但是，赚钱要赚得干净，并心安理得，不能以损害施工人员和相关人员的健康，以"命"为代价来赚"昧心钱"，也不能以偷工减料、粗制滥造损害企业的"脸"来赚"黑心钱"。

所以，我们所有参建企业和个人一定要遵从上面的"三要"次序，同时，应该时刻牢记"三不要"——不要侥幸，不要后悔，不要犯罪。

唯有如此，我们方能安安全全地做好在建地铁项目，保证让该市地铁公司、各级领导和市民放心，进而企业、个人必将信誉和效益双赢，企业也将站稳该市建筑市场，今后必然可以继续为该市做出更大贡献。

最后，以"事故重现反复重 鲜血常流常震惊"七言文，结束本篇。

事故重现反复重，鲜血常流常震惊。

危言就是应耸听，警钟必须要长鸣。

矫枉当然需过正，疮疤好后岂忘痛？

怨环境，怪习性，何如自身找毛病？

深反省，挖深层，观念改变思想统。

创新法，严执行，安全可控保前程。

第二篇　现场安全文明施工措施费使用管理存在弊端及改进措施

"施工须安全，投入最关键。缩减安措费，出事在早晚。"

《建筑工程安全防护、文明施工措施费用及使用管理规定》（建办［2005］89号，2005年9月1日施行）以及各省市《建筑工程安全防护、文明施工措施费用及使用管理实施细则》中，都规定了"建筑工程安全防护、文明施工措施费用"（在现场简称为"安措费"，由四部分组成：安全施工费、环境保护费、文明施工费和临时设施费）提取费率，专款专用，如何支付、使用和管理等条款。

然而，安措费在施工现场实际管控中，却大打折扣。这是我们现场各方安全管控人员最头痛和纠结之事，也是现场安全隐患整改迟缓、屡纠屡犯、安全事故经常发生的主要原因一。

由此想到，我们已经实行了十多年的《建筑工程安全防护、文明施工措施费用及使用管理规定》（建办［2005］89号），以及各省市的安措费使用管理实施细则，应与时俱进，及早修改完善。

一、简述施工现场安措费使用管理存在的弊端

1. 投标时安措费报价偏低。安措费投标报价一般是对照招标图纸编制的，或考虑现场情况不周，造成安措费报价偏低，使得施工方在现场实际使用时安措费不足，就有了"省工减料"的理由。

2. 有的施工合同，未明确安措费支付和调整方式。有的合同工期在一年（含一年）以上的，未按照"预付安措费不得低于该费用总额的30%，其余费用应当按照施工进度支付"的规定支付，而是一次性全部支付。加大了工程后期业主和监理机构管控安措费的困难。

3. 部分施工项目或工序层层分包，劳务队伍管理是"以包代管"。而实际的分包合同和安全协议（其中霸王条款不少）中，模糊安措费是应由总承包单位统一管理的条款和内容。该由分包单位实施的安全防护、文明施工措施所需费用，总承包单位支付打折扣和拖延。

分包协议中尽管写着"出了安全问题和事故由各基层分包队伍（劳务队）承担"字样，但分包队伍（劳务队）因到手的"蛋糕"利润大大缩小就更舍不得安全投入。

这也是现场安全事故隐患和痼疾整治艰难的主因之一。

4."施工安措费计划编制、使用和申报管理制度"不完善。施工项目部未成立"安措费编报审核小组"，或者职责不明。

5.部分项目的安措费未设立专用账户存放，部分款项被挪用，未做到专款专用。每月的安措费专用账户"对账单"数据不真实。每月的对账单没有附在每月的安措费使用申报资料中。

6.政府相关部门、业主和监理机构未按时督查或督查不力。

7.每月的安措费使用申报资料中常见问题如下：

（1）按照"建设工程安全防护、文明施工措施项目清单"的列项，不该列入的物品列入了很多，而部分实际该列入的却未列入。

（2）对已落实的材料、构配件、器具和设施等，未进行现场实际核查，无核查记录；使用的处所未及时进行照相留存。

（3）核查时未主动请监理人员签证。

（4）周转使用的临建设施及可重复使用的材料、构配件、器具等，未按照要求折算——平摊列入每月的申报费中，或未单列并注明将平摊列入该项目整个施工期间。

（5）所附大部分发票未附购货清单；购货清单上供货商未签章；部分发票复印件模糊不清。

（6）所附"材料构配件结算审批单"未签署审批意见，代签和签认不全。

（7）同一物品差价较大；未在"备注"中作出说明。

（8）后附申报表中，材料、构配件、器具和设施等未分类合并填报；未按照"建设工程安全防护、文明施工措施项目清单"列项编报。

（9）其编制、复核、审批人未亲笔签名盖章等。

8.政府相关部门及建设各方创新意识不强。安措费使用和报审需要澄清和说明的问题，解决不及时。如需要明确列入的：基坑支护的变形监测费用，没有发票而实际支付费用的处置，应急演练、抢险、清扫工以及安全培训教育参加人员的工时费等。

9.需要突出强调的是：在大量安措费款项的储蓄、支付，相应物品器具的采购以及现场使用中也会出现腐败和犯罪的现象。

每个工程，各标段项目的安措费多达几百、上千万元，大项目甚至上亿元。如果我们（业主、监理机构和施工安全管理人员）不严加管控"安措费"，迫使各项安全投入（资金、材料设备、人员等）落到实处，落实到作业面和一线作业班组，真正满足现场实际安全的需求，那么想使现场安全始终处于可控状态就极其困难，极易发生安全事故。

以上安措费管理存在的弊端，需要我们政府主管部门和参建各方高度重视，及早改进，并倍加防范。

二、改进和防范措施

当前，现场安全管理存在问题很多，我们应先从安措费管控着手改进和防范。

首先，应与时俱进，尽快修改完善《建筑工程安全防护、文明施工措施费用及使用管理规定》（建办〔2005〕89号）中不适用的部分条款和内容。

如第十条"对施工单位已经落实的安全防护、文明施工措施，总监或者造价工程师应当及时审查并签认所发生的费用。"需要及早增加"监理机构安全总监和安全监理工程师"审签权。

如"建设工程安全防护、文明施工措施项目清单"所列项目，急需根据这十多年来修订的相关法律法规和标准规范进行调整和细化。近来重视环保和绿色施工，急需增加"环境保护费"和"绿色施工费"的项目等。

其次，在招标说明书中明确规定投标安措费的报价应单列，并适当上浮（0%～15%）。

第三，在施工合同或协议中，必须明确该项目所需安措费包含的项目明细，明确如何使用、如何审核签认、如何支付等。严禁挪用、克扣。明确施工过程中基于非施工方自身原因而超支的、必要的安措费款项按规定程序审批后，业主应及时足额支付。同时规定结余的安措费款项归业主（决不允许转换成"其他费用"或利润）。

在进场后的首笔预付款中，就要单列安措费支付比例，该首笔费用应满足临建和开工后一段时间的现场安全要求。

总之，在施工合同中，就是要明确业主支付的安措费必须百分之百地用于现场施工。无论多少层分包，此费用不得克扣和挪用。

第四，督促施工方完善"施工安措费计划编制、使用和申报管理制度"，督导成立"安措费编报审核小组"，并明确职责。

第五，工程前期准备阶段，由施工项目部安全总监按照合同条款及总体施组计划要求，组织编制出安措费（每月）使用计划明细表。上报监理部，经监理部安全总监、安全监理工程师和造价工程师核签后，再上报业主安全负责人（或监管安全的副经理和总经理）审批。该使用计划明细表将作为今后施工中每月实际支付安措费的对照依据之一。

在施工过程中，每个月底，施工项目安全总监应组织编写本月安措费实际使用明细表并附相关真实票据等佐证资料，编制下月使用计划，按申报签批程序自下而上限时报批。申报资料签认手续完备后，业主财务部应及时支付款项，以保证后期现场安措费的及时投入。

第六，政府相关部门及建设各方在安措费使用和安全管控方面应有创新意识，需要澄清和说明的问题应及时解决。

第七，各上级政府行政主管部门，应定期不定期核查"安措费"使用情况。核查的重点：专用账户、专款专用和账物对应。及早发现违规违法行为，及时整治。严防监管缺失，积小变大，累积成灾，造成严重后果。

第八，每月的安措费使用申报资料中常见问题的纠正措施：第一期申报资料，严格审查，统一做出"申报资料样板"，后期的比照编写。各级审核人员应切实负起责任，认真审核。

第九，业主应树立参建各方所有安全管控人员的权威。除要求各参建单位按合同承诺的安全工程师、安全员到岗履约外，还应建立"施工项目部安全总监、安全部长（有的项目部设置安质部，应要求其分成安全部、质量部两个部门）——监理部安全总监、安全监理工程师——业主安全负责人或监管安全的副经理和总经理"的自下而上的"三级安全直管系统"。并赋予参建各方安全管控人员足够的权利，同时也赋予其职责，明确奖罚条款，以促使其发挥作用，不乱作为。

第十，各个部门和各级负责人应坚守底线，反腐倡廉。严防在安措费款项的储蓄支付、相应物品器具的采购以及使用中产生腐败和犯罪情况。

唯有如此，才可以消减和避免在安措费投入上的"短斤缺两"，在落实安全保证措施上的"偷工减料"。

总之，只要现场安全管控人员有了实实在在的责权利和各级领导的后盾支持，其各项安全检查自然会认认真真，查出的问题自然会及时督促整改到位。现场所有安全管控人员才会尽责，所有参建人员的安全意识才会不断提高。进而，现场安全才可控，安全事故才可以避免，政府相关部门和参建各方的各级领导才心安。

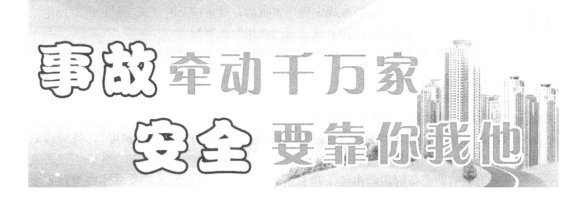

第三篇　隧道防爆安全监控存在问题及改进建议

当前，铁路隧道施工方法主要采取爆破开挖。隧道爆破作业主要采取设计爆破网路为"孔内同段、孔外微差"的非电微差起爆技术，起爆雷管选取国产Ⅱ系列 15 段非电毫秒雷管，掏槽眼、掘进眼选用 φ32 乳化炸药，周边眼选用 φ25 光爆炸药，目的是尽量减少爆破对相邻支护结构及周边围岩的震动影响。也就是说，铁路隧道是地下暗挖工程，爆炸物品是隧道工程建设中的重大危险源，隧道爆破开挖超过一定规模属于危险性较大的特殊工序，发生意外爆炸风险的概率较高。监理单位受建设单位委托进行现场监督管理，要尽最大努力把自身控制到位，并全过程细化铁路隧道防爆安全的监控环节，以达到防范和降低隧道爆炸管理风险的目的，也是隧道安全、优质建成的关键。

一、当前铁路隧道爆破施工安全管理现状

当前，铁路隧道爆破作业安全及爆炸物品重大危险源的管理工作逐步完善，但不可否认的是，还存在下列普遍性的现实问题：

1. 部分爆破施工企业项目经理部爆破作业领导人、爆破技术负责人基本上由非爆破工程技术人员担任，且未实行持证上岗。

例如：某铁路隧道爆破施工单位有关管理人员为了省事，在事发当日将原本存放在地面炸药库里的剩余导爆索、导爆管和其他爆炸物品运至隧道内进行爆破销毁，这些爆炸物品折合 TNT 炸药相当于 100.2kg。在独头隧道内被引爆后，产生了强大的空气冲击波和大量 CO 气体，导致人员伤亡的责任事故。这就是爆破施工单位爆破作业领导人、爆破技术负责人不专业（这是根本原因，当然法律观念也淡薄）最典型、最真实的案例写照。

2. 部分爆破施工企业项目经理部未配置爆破工程师等爆破技术人员，爆破工程师指导、旁站爆破作业更是无从谈起。

3. 部分隧道施工点架子队人员组建未完全按照《关于积极倡导架子队管理模式的指

导意见》（铁建设〔2008〕51号）设置，仅由1～2个刚毕业的技术员（质检、实习生）代表爆破施工企业和"劳务承包人"担任的隧道现场负责人（架子队队长）共同进行现场综合管理，包括爆破员、现场安全员、爆炸物品储存库保管员也都未由爆破施工企业正式职工担任。因此，监理单位不仅要承担工程质量安全监理责任，还面临爆破施工企业架子队组建和管理不合规问题所带来的巨大风险。

4. 各爆破施工企业的爆炸物品储存库所使用的爆炸物品申请单、领料单、发料单不统一，或领料单代替申请单，或没有发料单，且一式两联；同时，签字也不统一，且一般由非爆破施工企业的爆破员、安全员、保管员以及项目部生产副经理等人签字，没有爆破工程师等内行人审核确认，爆炸物品使用存在严重的管理风险。

5. 部分隧道钻爆安全专项方案设计人以及爆破作业安全技术交底人不是爆破工程师，爆破参数复核也不是爆破技术人员校核把关。

6. 部分隧道从爆炸物品储存库领取爆炸物品运到隧道施工现场临时存放点的运输车辆基本上都是"劳务承包人"的，且未按规定进行安全防护设置。

例如：某公路隧道爆破单位使用小四轮农用车辆（实际是主要运送喷浆料等）运载爆炸物品进入洞内，由于未设置爆破物品危险标志和有效灭火器、未安装烟雾感应及报警装置、未在厢体内铺设阻燃阻静电用绝缘胶板、未在洞内布设装药警戒线等原因，车辆在运送中发生多人伤亡的爆炸责任事故。

7. 部分隧道爆炸物品领取人员一般是由隧道工点上的年轻技术员（质检员）、领工员或现场安全员陪同爆破员共同从爆炸物品储存库领取，并押送到隧道内施工现场临时存放点。

8. 部分隧道现场临时存放点未采取任何安全防范措施。

9. 部分隧道从起爆药包加工、炮孔装药、敷设起爆网络和连接整个过程，未设置装药警戒线，也未撤离防水板及二衬工序等作业人员。

10. 部分隧道爆破员对当班爆破后剩余爆炸物品未按规定当班退库。

二、铁路隧道爆炸事故原因分析

铁路隧道工程爆破作业中，时有发生早爆、迟爆、拒爆、哑炮、残炮、装卸事故、违法销毁爆炸等事故，后果触目惊心。隧道爆炸事故发生的原因有：

1. 使用照明灯烤燃炸药，引起早爆；

2. 使用过期毫秒雷管，造成迟爆；

3. 使用非专用运输车运输、卸货；

4. 违法销毁爆破物品；

5. 哑炮、残炮处理不当；

6. 爆破作业人员违章作业；

7. 装药前未校核药包最小抵抗线，或药室布置在断层破碎带又未采取任何安全措施，松动爆破变成加强抛掷爆破，造成飞石；

8. 起爆顺序不当、炮眼堵塞不实（堵塞长度不够）；

9. 未采取安全措施，如未设置装药、爆破警戒线，造成爆破飞石和空气冲击波；

10. 其他违法违规违章原因。

三、铁路隧道爆炸因素及风险分析（表2.3-1）

隧道爆炸初始风险评价表　　　　　　　　　　表2.3-1

序号	风险因素	早爆、迟爆、哑炮、残炮事故			最小抵抗线及起爆顺序事故			安全防护措施不到位的事故			涉爆人员违法违规违章事故		
		概率等级	后果等级	风险等级	概率等级	后果等级	风险等级	概率等级	后果等级	风险等级	概率等级	后果等级	风险等级
1	施工单位火工品安全管理制度	3	2	高度	3	2	高度	3	2	高度	3	2	高度
2	架子队九大员满足程度	4	2	高度	4	2	高度	4	2	高度	4	2	高度
3	涉爆管理人员和技术人员资格	4	3	高度	4	3	高度	4	3	高度	4	3	高度
4	专项方案和安全交底完善程度	4	3	高度	4	3	高度	4	3	高度	4	3	高度
5	装卸、运输安全防护措施	4	3	高度	4	3	高度	4	3	高度	4	3	高度
6	隧道内临时存放安全措施	4	3	高度	4	3	高度	4	3	高度	4	3	高度
7	装药、爆破安全距离与警戒	3	3	高度	3	3	高度	3	3	高度	3	3	高度
8	洞内贯通或地表预警机构、协调	3	3	高度	3	3	高度	3	3	高度	3	3	高度
9	贯通危险范围、警戒、响炮审批	4	3	高度	4	3	高度	4	3	高度	4	3	高度
10	爆炸物品不退库	4	3	高度	4	3	高度	4	3	高度	4	3	高度
11	监理行为责任	2	2	低度	2	2	低度	2	2	低度	2	2	低度
12	监理工作技能	3	1	低度	3	1	低度	3	1	低度	3	1	低度
13	监理内部管理	2	1	低度	2	1	低度	2	1	低度	2	1	低度

四、铁路隧道防爆安全监控要点

综合上述，铁路隧道防爆安全监控总体要求：坚持"安全第一、预防为主、综合治理"的方针。为了全面提高"作业标准化、管理规范化"，最大限度地降低隧道爆破作业安全及爆炸物品重大危险源的管理风险，使隧道防爆安全监控工作更具备超前性、针对性和主动性，从施工准备工作到炸药库撤库全过程中，只有细化铁路隧道防爆安全的监控环节，才能促进超过一定规模危险性较大的爆破工序及爆炸物品重大危险源的有效控制。铁路隧道防爆安全监控环节细化如下：

1. 爆破施工企业及爆破从业人员资质合格性审核

爆破施工企业应具备"爆破作业单位许可证"及"爆炸物品使用许可证"。爆破作业单位的领导人、爆破技术负责人、爆破工程技术人员、爆破工班长、爆破员、安全员、保管员、押运员等爆破从业人员应持证上岗。

2. 施工组织设计（方案）符合性审查

审查单位工程实施性施工组织设计中应包括隧道爆炸物品管理及爆破作业安全保证措施、隧道风险评估报告、高风险隧道专项方案（评审）、隧道钻爆安全专项方案、隧道

（斜井）进出洞安全专项方案、隧道相向掘进贯通安全专项方案等，审查重点：开挖工法、钻爆参数、爆炸物品专用运输车、爆炸物品领料单（或申请单）审批人手续和名字、爆炸物品领取两人名字和资质、隧道内施工现场临时存放设施、现场临时存放专人警卫名字、装药安全区划定与警戒岗哨名字、爆破统一指挥名字、爆破安全区划定与警戒岗哨名字、爆炸物品使用、施工安全、施工现场管理、爆破高风险告知制度等；特别是隧道贯通或进出洞方案中，是否提出贯通或进出洞预警机构、安全职责、协调专题会议、控制爆破、安全距离计算、周边环境与危险范围、安全设计、防护、警戒图、安全培训与交底、响炮审批预警通知制度、通信联络、应急响应机制、预防事故措施等。

3. 爆破施工企业爆炸物品安全管理制度符合性审查

爆破企业应设立爆炸物品安全管理组织机构，应符合爆炸物品出入库审批、检查、登记等全流程共七种安全管理制度的规定［详见第 4 条第（6）款］。

4. 爆炸物品储存库合格性验收的检查与监督

（1）公安部门对爆炸物品储存库检查验收记录

库区周围围墙密实，储存库警示齐全，监控系统有效，设置静电消除设施，防侵入措施完善，消防设施按要求配置，库房底部架空隔潮，库房经当地公安部门验收合格后方可使用。

（2）爆炸物品储存许可证公示

爆炸物品储存许可证，公安部门核定库存量在炸药库挂牌公示。爆炸物品实际存量不超过公安部门核定库存，炸药堆码不超高，雷管出厂编号登记连续齐全。

（3）三种原始凭证

申请单（领料单）、发料单、退库单按规定确认签字，按民爆物品管理规定对申领进行审批，出入库及退库台账登记规范、台账记录齐全，原始凭证签认手续合规有效，原始凭证管理符合保存两年规定要求。

（4）五类职责公示

爆破施工企业安全管理机构职责，爆破工作领导人或爆破技术负责人、安全员、保管员、值班巡守等人员岗位职责，并在炸药库挂牌上墙公示。

（5）六种簿册

爆炸物品出入库登记本，爆炸物品领取（发放）登记本、退库登记本，工业雷管发放编码登记本，值班巡守交接登记本，安全检查登记本。火工品收存、发放按制度进行登记、签字。库房管理做到账目清楚、手续齐备、账物相符、日清月结。

（6）七种安全管理制度公示

爆破器材安全管理责任制度，爆炸物品出入库管理制度，爆炸物品存库安全防范制度，爆炸物品储存安全检查制度，爆炸物品运输、申请（领用）发放、退库制度，民爆物品管理"六种簿册"登记制度，爆炸事故案件报告制度，并在炸药库挂牌上墙公示。

5. 爆炸物品专用运输车辆符合性核查

公安部门对爆破企业从库房领取炸药和雷管火工品到隧道使用工点的专用运输车辆检查验收，应有爆破器材危险标志、烟雾感应及报警装置，厢体内铺设阻燃、阻静电用绝缘胶板，配置有效灭火器。

6. 爆破施工现场监督与检查

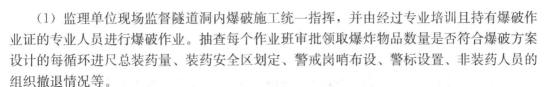

　　（1）监理单位现场监督隧道洞内爆破施工统一指挥，并由经过专业培训且持有爆破作业证的专业人员进行爆破作业。抽查每个作业班审批领取爆炸物品数量是否符合爆破方案设计的每循环进尺总装药量、装药安全区划定、警戒岗哨布设、警标设置、非装药人员的组织撤退情况等。

　　（2）当隧道爆破作业采用电爆网络时，监理单位监督爆破施工企业隧道内对杂散电流进行测试，定期对电雷管进行电阻值测定、定期对电力起爆使用仪表、电线、电源须进行必要的性能检验，定期对爆破器材的外观质量进行检查，并做到装药警戒区应停电，采用蓄电池灯、安全灯或绝缘手电筒照明，爆破预警信号、起爆信号、解除信号应使警戒区域内人员听到或看到。

　　（3）日常检查。监理单位应配合当地公安部门，把爆炸物品重大危险源作为安全员、监理工程师每次必检项目：各类安全专项方案、三种原始凭证、五类职责、六种簿册及七种安全管理制度执行情况等。

　　（4）定期检查。监理单位对施工场地定期组织一次全面的安全检查，检查爆破施工企业安全管理机构、人员、制度、材料、安全措施、现场安全管理状况以及防爆安全管理等方面，以监督爆破施工企业建立和保持安全管理体系正常运行。通过日常检查、定期检查，对爆炸物品账物核对、爆破员住所检查（剩余爆破物品）及施工场地安全排查，确保爆炸物品出入库相符，账物相符，严禁爆炸物品外流，确保爆炸物品使用安全。

　　7. 清库代存和撤库的监理

　　隧道暂停施工时间较长，爆破施工企业应继续安排人看管剩余爆炸物品，或在当地公安部门主持下全部销毁，或将剩余爆炸物品交由当地民爆公司代存管理。监理单位宜召开专题会议布置检查和总结检查工作，检查爆破施工企业爆炸物品后续看管计划、销毁记录、代存协议，其复印件随爆炸物品检查汇报材料上报建设单位、铁路质量安全监督部门，并在监理月报中反应。

　　隧道开挖工程完工后，爆破施工企业应及时清库和撤库。监理单位检查炸药库清库代存和撤库资料并索取复印件：爆破施工企业向当地公安部门申请及批复、原始台账资料移交所在铁路公安机关存档凭证、向民爆公司退库数量及证明（或销毁笔录），复印件随爆炸物品检查汇报材料上报建设单位、铁路质量安全监督部门，并在监理月报中反应。

　　8. 防爆安全监控措施

　　（1）监理单位针对铁路隧道爆炸物品重大危险源和超过一定规模危险性较大爆破工序的管理风险，制定隧道防爆安全监理计划。

　　（2）监理单位针对爆破作业特点，周边环境及施工工艺等，制定隧道防爆安全监理工作流程、方法和措施，并对控制措施的执行落实进行自检、对安全专项方案在现场实施情况进行监理。

　　（3）建立防爆安全监控台账，包括爆炸物品储存库以及专用运输车辆经当地公安部门验收记录（审批管理）、爆炸物品储存许可证、爆炸物品核定库存量、隧道风险评估报告、高风险隧道专项方案、各类爆破安全专项方案、爆破作业安全技术交底、爆破从业人员上岗教育培训和持证上岗情况、库内消防器材更新、爆破器材每月消耗和库存、爆炸物品领料单审批人手续和名字、爆炸物品两个领取人的资质、专用运输车辆、隧道内施工现场临时存放设施、现场临时存放专人警卫名字、爆破统一指挥名字、装药安全区划定与警戒岗哨名字、爆破安全区划定与警戒岗哨名字等。发现爆炸物品管理和爆破作业严重违规并经制止无效时，应及时下达"监理通知"或"工程暂停令"，停止爆破作业以消除安全隐患。监理指令应有回复，有整改落实结果，工作要闭合。

（4）针对超过一定规模危险性较大的爆破工序，参与或督促施工单位召开隧道贯通及进（出洞）协调专题会议，并进行专项安全监理。

（5）隧道防爆安全监控工作汇报。监理单位经常与建设单位及铁路质量安全监督部门进行沟通，汇报施工场地安全情况，必要时以书面形式汇报，并做好汇报记录。对要求爆破施工企业整改的，爆破施工企业拒不整改或者不停止施工，应及时向建设单位及铁路质量安全监督部门报告。后附铁路隧道防爆安全检查记录明细表（表2.3-2）。

铁路隧道防爆安全检查记录明细表　　　　　　　　　　　　　表2.3-2

工程项目：		隧道名称：	日期:年 月 日	
施工单位：		监理单位：	检查人：	
序号	检查项目	检查的主要内容	检查情况记录	备注
1	隧道钻爆安全专项方案	重点审核安全管理机构、重大危险源管理制度、火工品控制流程、安全保证措施、应急救援预案		
2	企业资质(营业执照爆破工程专业承包等级)	符合土石方工程、隧道工程、水工隧洞工程等专业等级		
3	安全生产许可证	证号,许可范围、有效期		
4	爆破作业单位许可证	证号,爆破资质等级(符合企业资质)、业务范围、有效期		
5	爆炸物品使用许可证	证号,或有××市公安局民爆支队允许使用行文通知		
6	爆炸物品运输证	证号,或由民爆经营单位运输至各隧道火工品库房		
7	火工品库房公安验收记录	验收日期,或有××市公安局民爆支队对库房验收合格的行文通知		
8	火工品使用单位验收情况	查验火工品使用单位验收审批表		
9	爆破作业安全技术交底	检查交底是否全面,交底日期、交底人、被交底人是否漏签和代签		
10	火工库巡守员、保管员持证以及上岗前施工单位教育培训情况	巡守员、保管员人数,培训日期		
11	火工品实际库存是否有超供的问题	定期检查火工品实际库存是否满足核定库存量要求		
12	现场安全员名字及安全证号	包括火工品使用、退库安全管理,不准领取人及爆破工乱存、乱放		
13	押运员名字及安全证号	包括爆破后跟踪监督火工品退库		
14	爆破工持证、上岗教育培训	爆破工人数,培训日期		
15	火工品使用与施工安全管理、爆破高风险告知	各项管理制度、版面落实,操作规程牌、风险公示牌等		
16	火工品领料或申请单审批手续是否合规	申请程序:爆破工班长填写申请单,项目部专职安全员、技术主管、民爆物品管理专职领导签字批准		
17	火工品每班审批量是否符合方案中每循环进尺总装药量	方案要明确,并对照抽查全断面和上、下台阶开挖的每班次审批量		

续表

序号	检查项目	检查的主要内容	检查情况记录	备注
18	火工品专用运输车辆配备	查验公安机关是否验收合格		
19	火工品领取两人名字和资质是否符合方案要求	方案要明确,并对照检查现场		
20	炸药与雷管领取到施工现场是否分车运送	方案要明确,并对照检查现场。		
21	隧道内现场临时存放设施是否符合方案要求	方案要明确,并对照检查现场		
22	现场临时存放专人警卫名字是否符合方案要求	方案要明确,并对照检查现场		
23	装药安全区划定、危险安全标志、警戒岗哨名字是否符合方案要求	方案要分隧道双线、单线断面明确。巡查,使非装药人员撤离现场		
24	爆破是否统一指挥、指挥名字是否符合方案要求,禁止非爆破工进行爆破工序作业	爆破工班长统一指挥,爆破工进行起爆药包加工、炮孔装药、敷设电力起爆网络和连接、起爆器起爆		
25	爆破安全区划定、危险安全标志、警戒岗哨名字、爆破预警信号、起爆信号、解除信号是否实施	方案要分隧道双线与单线断面、明确全断面与半断面安全距离。巡查,确保所有作业人员撤离现场		
26	隧道贯通或进出洞安全专项方案是否明确安全预警机构、安全职责	审核方案中安全领导小组及职责、工作流程及预警信息传达流程等		
27	隧道贯通或进出洞安全专项方案是否提出协调专题会议	建议驻地监理参加施工单位的隧道贯通或进出洞协调专题会议		
28	隧道贯通或进出洞安全专项方案提出控制爆破、安全距离计算	方案要明确,现场核实隧道洞内、洞外安全距离		
29	隧道贯通或进出洞安全专项方案提出安全设计、防护、警戒图	方案要明确,现场核实洞外周边环境、危险范围及防护、警戒落实		
30	隧道贯通或出洞安全专项是否提出安全培训与交底	方案要明确、对照检查落实情况		
31	隧道贯通或进出洞安全专项方案是否提出响炮审批、预警、通知	方案要明确、对照检查落实情况		
32	贯通或进出洞是否提出通讯联络、应急响应机制、预防事故措施	方案要明确、对照检查落实情况		
33	火工品现场使用登记与退库	查验工班长填写、安全员确认、保管员核实火工品使用登记表与退库台账、使领取与使用、退库相符		
34	火工品库房清库代存	隧道暂停施工后,查验库内爆炸物品交当地民爆公司代存管理手续		
35	火工品库房撤库	查验向公安机关申请及批复手续、向民爆公司退库证明或销毁笔录		

第四篇　以黄河特大桥钢管拱安装为例，简述监控风险与控制措施

亚洲跨度最大的上承式钢管拱桥准朔铁路黄河特大桥，主拱在 2011 年底成功合龙，标志着该桥钢管拱合龙、钢管拱混凝土顶升，拱上墩柱 π 型梁三个施工阶段中，取得了第一阶段性突破，且质量安全形势总体可控。该桥属于重大、高新、尖端、复杂、难度大工程项目，我们采取"五控"管理与技术管控相结合的控制方法，对该桥钢管拱安装工程质量安全风险进行了控制。控制情况简介如下：

一、工程概况

黄河特大桥主桥采用跨度 360m 的钢篮提篮拱结构形式一跨跨黄河，全长 655.60m，拱肋矢高立面投影 60m，矢跨比为 1/6，拱轴线采用悬链线。钢管拱总重量 9082t，节段最大计算重量 412t。

主拱结构由两根拱肋与横向连接系组成，主跨拱肋截面为四管形式，每根拱肋由 4 个 φ1.5m、壁厚 30～35mm 的钢管组成。除下弦平联板拱顶 103.3m 长范围内不灌注混凝土外，其他平联板和拱肋钢管内全部灌注混凝土。

二、总体施工方案及其分析

针对黄河特大桥两岸现场地形地貌、地理环境，及钢管拱工程特点，承包人确定了"工厂加工、现场预装、缆索吊起重吊装、斜拉扣挂、高空焊接"的黄河特大桥钢管拱制安总体施工方案。

现场监理机构对钢管拱制安总体施工方案进行了分析，黄河特大桥桥位分为钢管拱合龙、拱肋混凝土顶升及拱上墩柱 π 型梁三个施工阶段。按钢管拱施工步骤，进一步分为"三阶段、五环节、五区域、二十五道工序"，具体如下：

钢管拱制安三个阶段是：厂内制造，现场预拼，桥位安装。

钢管拱制安的五个环节是：准备、制造、运输、拼装、吊装阶段。

钢管拱制安的五区域是：××加工厂，××钢结构厂，工地拼装场，桥位东/西两岸

吊装焊接。

钢管拱制安的二十五道工序是：工艺规则评审，方案编制，原材料进场报验，焊接工艺评定；放样下料，卷管滚圆，纵缝焊接探伤，环缝对接成管段，组拼成哑铃段；工厂内预拼，运输到工地，拼装场胎架制作，平面组拼卧拼，横撑拼接，验收脱胎；翻身转体，缆索吊吊装节段，对位栓接，扣挂张拉；环口焊接，三级探伤，108组试板制作检测，32节段循环吊装安设，斜撑嵌腹板平联嵌补板安设，合龙段安设。

三、工程风险及因素分析

黄河特大桥钢管拱安装跨河304m、起重最大拱段重263t、高空作业高度达75m、钢结构跨度360m，属于超过一定规模的危险性较大的分部工程。

黄河特大桥钢管拱安装施工主要存在钢管拱吊装安全风险、拱管环口对接质量风险，也就构成监理质量安全风险，风险等级中度。

针对黄河特大桥钢管拱安装工程风险，主要风险因素分析评价如下：

1. 280t缆索吊起重运输、扣塔斜拉悬臂扣挂失衡倾覆风险；

2. 实施施工过程体系转换与设计不符，导致成桥线型与设计不符；

3. 拱肋空中焊接质量不容保证；

4. 高空作业风险较大。

四、监理风险因素分析及控制目标

现场监理机构组织监理分站人员认真阅读设计图纸，分析黄河特大桥钢管拱结构特点是跨度大、结构重、科技含量高；钢管拱制安工程监理重点是大直径厚壁钢管拱制造、现场预装、桥位安装；钢管拱制安工程监理难点是钢管拱构件的制造精度、成桥线型控制、安装质量的控制。

针对黄河特大桥钢管拱卷管滚圆复杂工艺、拱段拼装薄弱环节、横向连接系重要结构、拱管环口对接关键工序、焊接质量通病、单榀拱肋翻身转体及拱肋吊装扣挂安全环节，确定了钢管拱安装工程主要监理质量安全风险因素如下：

1. 承包人及分包单位资质及其质量、安全管理制度；

2. 起重工、卷扬机工及焊工人员上岗资格，质量、安全知识和专业技能；

3. 施工监控技术方案、监控设施、测量点和元器件电缆的完好状态；

4. 钢管拱哑铃构件、龙门吊及电施工升降机等特种设备进场质量检验；

5. 涉及结构安全、使用功能的原材料试板及产品试板见证试验；

6. 施工组织设计、专项施工方案、质量安全技术保证措施；

7. 缆索吊及扣挂系统安全设施验收、施工工序自检、施工检验批、分项工程自检，监理复检验收；

8. 其他因素。

根据监理委托合同要求及黄河特大桥钢管拱制安总体施工方案，现场监理机构提出了黄河特大桥钢管拱安装工程的监理质量安全风险控制目标：内控有力有效，风险明晰可控，标准不扣不减；四个执业标准；胜任岗位工作，忠诚履行职责，坚决执行命令，善于沟通协调。

五、监理风险对策与控制方法

根据黄河特大桥钢管拱安装工程的监理质量安全风险因素，监理质量安全风险既不能转移，也不能回避，唯一对策就是风险自留和风险分散。现场监理机构针对黄河特大桥特殊结构、高风险工点，采取了"五控"管理与技术管控相结合的控制方法，对钢管拱安装工程的监理质量安全风险进行控制。

六、施工准备期的监理风险控制

1. 合理配置监理人员

根据黄河特大桥工程质量等级（Ⅰ级）、工程特点，组建总监项目团队后，设置了黄河特大桥监理分站，派遣驻厂监造专业监理两人，现场配置两个注册监理，做到了监理工作有序、监管有力、管理制度和现场管理标准化，为钢管拱制安工程监理质量安全风险控制建立了项目监理组织保障。

再依据黄河特大桥工程进度，适时调整监理人员数量，保证监理分站人员数量满足黄河特大桥工程建设高峰期的要求。

2. 认真对待图纸会审及设计交底工作

落实施工图纸会审及设计交底制度。图纸会审和设计交底前，要求承包人做好施工图审核及现场核对工作，及早解决"错、漏、碰、缺"项目，补充自行设计检算大临工程，并力求让承包人、现场监理相关人员掌握工程关键工序及重要部位的质量要求、施工顺序和安全措施，为工程施工创造良好的技术条件。

3. 建立工程质量安全风险预控程序

现场监理机构针对黄河特大桥高墩、大跨结构形式及施工特点，编制了"准朔铁路黄河特大桥施工监理规划"、"准朔铁路黄河特大桥监理实施细则"、旁站监理方案、钢管拱安装工程安全专项监理方案及施工中特殊事件监理处理预案，并向承包人进行监理交底，介绍监理工作基本程序、方法和手段，提出有关施工监理报表的要求，并对承包人的提问进行答复，为监理工作全方位、全内容、全过程开展和规范监理工作行为提出技术保障。

针对钢管拱制安工程监理重点、监理难点及监理质量安全风险因素，编制了黄河特大桥钢管拱安装工程（危险性较大分部工程）监督管理办法，对工程实施目标控制，落实目标责任制，建立监控程序，实施程序监督。

4. 严格审查施工组织设计和专项施工方案

坚持施工组织设计审核制度。面对黄河特大桥这种跨大河、高空作业的高风险工程，要求承包人组织专家技术论证专项方案，一方面评审专项方案内容是否完整可行、计算书和验算依据是否符合有关标准规范，并建议对拱管对接错边控制技术难题等提出指导意见。另一方面通过技术论证会，使黄河特大桥工程质量安全风险分散。如"准朔铁路黄河特大桥施工方案"、"准朔铁路黄河特大桥施工图及钢管拱制造规则"等通过了专家的审查。

同时，检查技术论证意见是否纳入专项方案中，并要求承包人从严、从细、从紧、从实完善专项方案，按照规范程序上报现场监理机构。"准朔铁路黄河特大桥施工方案"中，要求明确拱肋节段安装方法（线型控制）、钢管拱装配—焊接顺序、连接弦管的内置法兰

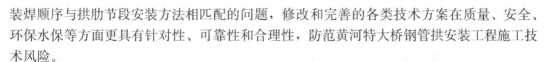

装焊顺序与拱肋节段安装方法相匹配的问题，修改和完善的各类技术方案在质量、安全、环保水保等方面更具有针对性、可靠性和合理性，防范黄河特大桥钢管拱安装工程施工技术风险。

黄河特大桥施工监控技术方案按程序审批，并报业主工程部核备后执行；根据图纸深化设计程序，钢管拱合龙等重要专项施工方案在设计院给出审定意见，要求承包人完善后报监理批签。

对于高风险工点黄河特大桥工程的风险管理实施细则，经监理单位审查、建设单位审定后，纳入实施性施工组织设计。

5. 严把关工程开工条件

坚守工程开工申请审批制度，认真贯彻"预防为主、综合考虑"的安全监理原则，核查开工条件，检查承包人"人、机、料、法、环"等准备工作情况，审查黄河特大桥钢管拱安装分包单位的安全生产许可证、起重工、卷扬机工及焊工等特种作业人员的资格证、操作规程、安全制度、上岗前教育培训等等，对施工准备期的质量安全环保风险进行前瞻性控制。

七、严格钢管拱制安过程的质量安全

1. 定期或不定期进行检查

现场监理机构根据钢管拱施工的五区域，主要进行现场巡查、组织质量安全抽查和突击检查，行使质量安全监督权（否决权），严格监理程序控制，即过程控制标准化，重点在源头上检查和督促承包人钢管拱制安工程技术工作要先行，包括施工图工艺性审图、焊接工艺指导书、焊缝质量检查方案、焊缝缺陷返修方案等编制情况报监理批签。

在实腹段预拼现场预拼方式确定为"4+1"平面组拼后，督促承包人提出错边风险控制方案，要求空腹段现场"3+1"卧拼装及吊装过程中，把拱管椭圆度控制、关键工序纳入质量安全风险控制点，从两地制造、一地拼装到桥位安装过程中，按照钢管拱制安工程质量安全风险控制要求进行施工，做好拱肋线型控制，同时兼顾拱管环口对接错边控制。

2. 实施总体控制、分项监理

黄河特大桥两地制造、一地拼装、两岸对称悬拼、分段吊装的工法，使得"五控"和技术管控形势非常严峻。现场监理机构组织专业监理检查承包人是否按照设计图纸、施工规范及批准的"黄河特大桥施工监控技术方案"及等专项方案施工，做到总体控制，检查施工过程中的钢管拱五大区域的全部质量安全。

组织专监坚持深入现场作业面开展分项监理工作，抓住钢管拱制造、预拼、安装三个阶段质量安全环节中的重点、难点及细部节点，严格按照规定的监理内容，进行主动细化和程序化控制，检查施工组织和技术措施落实情况。及时检查出现场违规作业并予以制止，发现存在安全事故隐患，下发监理通知要求承包人整改，并做到处理问题有检查、有验收、有停工、有上报。

通过实施总体控制、分项监理办法，控制住钢管拱制造、预拼装、吊装及焊接过程，卡住25道工序，管理住每道工序细节，确保钢管拱安装质量。

3. 坚持施工技术复核制度

黄河特大桥钢管拱安装分为钢管拱吊装扣挂、桥位焊接两个分项工程，其中成桥线型控制、安装质量的控制也是监理难点之一。现场监理机构主要从以下几个方面对工程测量技术风险进行控制：

（1）专监认真执行《铁路工程测量规范》TB 10101—2009、按照批准的"黄河特大桥钢管拱安装专项施工方案"及"黄河特大桥施工控制技术方案"，严格控制各项测量作业精度。对承包人完成的各项测量内容进行审核，采取抽查方法对导线点、水准点、立拼胎架地样、桥位钢管拱线性尺寸进行检查，对拱肋S1节定位进行独立复测，确保建设工程产品由设计转化为实物的技术条件。

（2）严格遵行施工控制程序。拱肋定位测量施工放样结果"拱肋吊装施工反馈测量表一"未经报验，禁止拱管环口焊接施工；拱肋焊后测量复测成果"拱肋吊装施工阶段通测表二"未经报验，监控单位不得提交下节段"拱肋吊装施工控制数据指令表"；未经专监签认的"拱肋吊装施工控制数据指令表"，禁止承包人在东岸拼装场起吊下节段拱肋。如此，钢管拱安装偏差才能有效地得到调整，线型尺寸、应力监测和结构安全也得到了有效的控制。

（3）采取旁站的方式检查黄河特大桥东、西两岸钢管拱穿中测量，确认线型偏差在控制范围内。同时，提示承包人高度重视测量工作，强调测量出差错的危害性和严重性，要求不作假，不得少复核。

（4）要求承包人复核该桥两端与两个隧道中心线的符合性。

（5）要求承包人办理每一拱肋节段吊装前检查手续：质量检查手续、测量检查手续、安全检查手续、施工控制手续等。

4．严把试验监理关

严格执行试验室管理制度及外委试验管理制度，根据平行检测试验制度、见证检测试验制度，检验检测黄河特大桥钢管拱制安过程质量及实体质量，见证无损检测项目，并检查承包人的试验检测情况和记录。如见证低温产品试板制作、旁站承包人的焊缝无损检测、跟踪掌控业主委托的第三方检测。

5．落实重要部位的质量检查程序

合同约定的重点部位或特殊设计或与原设计变动较大的隐蔽工程，或重点部位或分部、分项工程，组织专监会同勘察、设计单位共同检查与确认，如拱座基坑（裂隙），第一次拱管环口对接（错边）等。

6．严格工序质量的检查验收

根据黄河特大桥钢管拱安装工程质量安全控制点清单及其监理对策，组织专监重点监控承包人的现场管理、拱管环口对接、坡口打磨、焊接工艺措施落实（施焊前打磨与预热、施焊后缓冷与防风、节点板尾翼及管管相贯焊缝修磨捶击）等工程建设强制性标准执行情况。

对涉及工程结构安全的Ⅰ、Ⅱ级焊缝探伤及扣挂系统的扣索张拉，依照旁站监理方案，适时派驻专业监理人员，实施全过程旁站监督这些重要工序的设计技术要求、安全措施或监测项目是否落实。

7．高风险分项工程安全风险防范

要求承包人对钢管拱吊装扣挂分项工程的安全技术交底报监理审查，检查承包人是否按规定作好施工区域与非施工区域之间分隔、路拦的设置。

　　复核承包人缆索吊、扣挂系统、龙门吊、工作索、施工升降机、塔吊等特种设备及安全设施的验收手续和年检手续，并由安全监理人员签署意见并备案。未经安全监理人员签署认可的不得投入使用。检查安全生产费用的使用情况，督促承包人按照应急预案的要求，做到人员落实、值班制度落实、物资器材落实，控制拱肋转向翻身、空中运输、对位栓接（内置法兰）、斜拉扣挂过程风险。

　　8. 重视监控量测工作

　　监督承包人做好钢管拱吊装扣挂、特种设备等工程危险源控制工作，认真核实监控单位的施工监控周报及其数据，提高信息化施工手段。

　　组织对缆索吊施工升降机、塔吊、龙门吊等重大危险源相关作业和高危作业实施平行、跟班监理。检查分部、分项工程安全状况和签署安全评价意见。

　　9. 工程安全风险控制

　　针对黄河特大桥钢管拱制安工程特点、总体施工方案、监理重点及监理难点，现场监理机构采取了在施工准备阶段严格源头把关、在施工阶段强化过程控制的监理方法，大胆对承包人的项目管理进行管控，做到安全设施必须与主体"三同时"，并从以下十个方面对工程安全风险实施防范和控制：

　　（1）专项方案编制、审核、审批程序，应急救援预案及安全措施费使用；

　　（2）项目部主要领导安全包保制度、项目部主要负责人和项目部部门负责人跟班作业制度，安全施工组织设计审批制度；

　　（3）高风险工点风险管理实施细则；

　　（4）分包单位资质、特种作业人员资格证；

　　（5）高空作业安全防护、高空作业人员体检、有关施工机械设备及安全设施验收，各种安全标志；

　　（6）缆索吊、扣挂系统、龙门吊、电梯、塔吊的验收检验、定期检验和检修；

　　（7）钢管拱制造、吊装的新结构、新工艺、新技术的安全技术方案及安全措施；

　　（8）桥拱下水平防护安全护网；

　　（9）项目部的安全教育培训，施工安全技术交底，安全检查等安装保证措施；

（10）安全（事故）事件按"四不放过"原则处理，避免同类事件再次发生。

监督承包人落实应急预案措施和开展紧急情况的演练，发生紧急情况时，坚定不移执行施工现场紧急情况处理制度及监理处理预案。

安排监理人员对单榀拱肋翻身转体、缆吊吊装节段、扣索张拉、临扣拆除、三级探伤（返修）、试板制作检测、合龙段安设等重要部位、关键工序的施工安全风险控制点实施全过程跟班监理。

检查危险性较大的安装工程安全专项方案执行情况，发现偏差及时纠正。发现违反工程建设强制性标准行为、违章操作或违章施工，及时纠正或暂时中断施工，必要时向承包人发出备忘录以记录在案，使施工现场保持良好的施工环境和秩序。发现质量安全隐患，及时口头或书面通知整改。

10. 严格监理队伍考核淘汰机制

现场监理机构坚持无监理执业资格证书者不用，职业道德修养不过关的人员不用，业务能力不强的人员不用，未从事过相关工作的监理人员不用原则，保证监理人员素质。坚决淘汰那些职业道德差、执业能力低、没有事业心、不忠诚企业的人员，彻底净化员工队伍。要求全体监理人员加强自我学习，自我完善，自我升华，看重责任，珍惜岗位，胜任工作。

11. 坚持监理报告工作制度

现场监理机构单独编制黄河特大桥监理月报、周报和专题报告，并定期向业主、本公司及质量安全监督单位报告。对监理工作的重要事项，及时向业主发出备忘录。使用音像资料记录现场安全生产重要情况和施工安全隐患。

八、监理组织协调

落实工地例会制度，定期主持召开工地例会、协调黄河特大桥各参建单位履行各自质量安全责任与义务，协调处理黄河特大桥工程质量、安全、水土保持、造价、进度、合同等事宜。必要时组织业主、设计、监控、监理及施工五方会议、监理施工联席会议或专题会议，解决如设计回防、设计单位的"黄河特大桥工作联系单"、监控单位的关于"拱肋吊装方案及相关监控问题的函"等函件提出的拱肋节段预拼装、切线和折线吊装方法、线型控制、安装质量、焊接工艺、焊缝质量、第三方探伤、施工图设计优化等技术问题及现场管理问题。

组织专监掌控承包人的安全培训、技术交底、施工组织、各特种设备、缆索吊及扣挂系统、吊装工法、焊接顺序、焊接作业、探伤检测、特种作业、安全环境、第三方施工监控等影响工程质量安全的因素，协助承包人提高工程质量及施工安全方面的管理水平，促使其管理体系和责任体系的正常运转，并做好焊接工艺管理、空腹段拱节出胎中间检查及拱肋就位调整等技术复核工作，认真执行"黄河特大桥钢管拱制安规则"、焊接工艺标准和焊接操作规程，防止焊接质量通病及违章吊装安全行为的反复发生，使承包人事事有流程、事事有标准、事事有责任人，并按钢管拱安装工程质量安全风险控制要求施工。

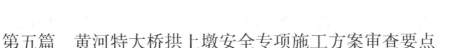

第五篇　黄河特大桥拱上墩安全专项施工方案审查要点

准朔铁路黄河特大桥拱上墩专项施工方案审查，监理要按照国家《建设工程安全管理条例》（中华人民共和国国务院［第 393 号］）、《建设工程质量管理条例》（中华人民共和国国务院令［279 号］）、《建设工程监理规范》GT/T 50319—2013 和《铁路建设工程监理规范》TB 10402-2007 以及其他基本建设法律、法规和有关文件规定，根据黄河特大桥施工图及现场实际情况进行事前控制，主动控制安全质量风险因素，最终实现重大环境因素、重大危险源、应急预案审核率达到 100％。

一、工程概况

准朔铁路黄河特大桥是按照铁路一次双线桥设计的提篮型钢管混凝土拱桥，两交界墩中心距为 381.6m，拱顶 84.0m 范围内采用混凝土Ⅱ型刚架，Ⅱ型刚架范围以外的拱上建筑主梁采用 24m 跨度的简支 T 梁，孔跨布置为 6-24 m 简支 T 梁＋14-6.0mⅡ型刚架＋6-24m 简支 T 梁，24m 简支梁墩中心距为 24.8m，拱上墩柱编号为 G1～G6（朔州岸方向）和 G7～G12（准格尔岸方向）。其中，G1～G5 及 G8～G12 号墩墩柱采用双柱式加 K 型支撑组合结构，混凝土柱中心与拱肋中心线重合，墩柱及拱顶刚架腹板横倾角与理论拱轴线拱肋横倾角保持一致（8°）。顶帽采用钢筋混凝土结构，墩柱底部设置钢箱墩座与拱肋连接，根据墩身高度在两墩柱间设置 K 型支撑。G6 及 G7 号墩无墩身，顶帽直接与拱肋连接，采用钢与混凝土组合结构。黄河特大桥主桥结构见下图：

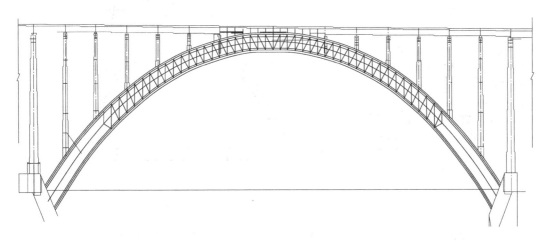

黄河特大桥主桥结构图

二、职责范围内的重大环境因素及危险源识别

黄河特大桥 G1～G4 及 G9～G12 号拱上高墩采用圆端空心墩，墩柱横向等宽，纵向变宽，墩身坡度 1:50，墩顶截面尺寸 2.5m×2.7m（纵×横），壁厚 0.4m，墩高 11.45～46.79m；G5 与 G8 号矮墩采用圆端实体墩，墩顶截面尺寸 2.5m×2.4m，墩高 5.54～

6.35m。为加强结构的稳定性，墩柱及 K 撑内除设置配筋外，另增设了劲性骨架。G1 拱上墩构造见下图：

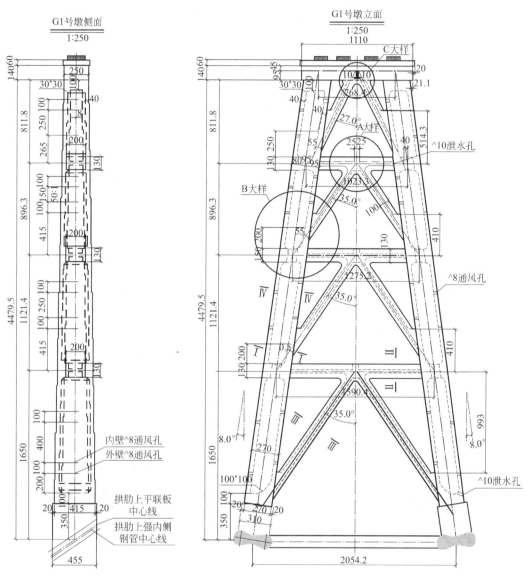

G1 号墩侧面图　　　　　　　　　　G1 号墩立面图

根据黄河特大桥拱上墩基本结构形式、东岸现有拼装场、跨河缆索吊、工程重点及难点，施工单位经研究决定拱上墩总体施工顺序：①钢管拱合龙后进行钢箱墩座的安装，②钢管拱混凝土顶升；③扣索拆除；④钢箱墩座混凝土灌注；⑤第一批（G1、G3、G6、G7、G10、G12）拱上墩柱施工；⑥ 第二批（G2、G4、G5、G8、G9、G11）拱上墩柱施工。并满足以拱顶为对称线的两半跨对称加载要求。

拱上墩主要施工方法：拱上墩柱采用在桥位分段现浇施工，柱间 K 撑采用预制吊装方式，并预留湿接头与墩柱同时浇筑；墩柱外模采用定型钢模板，内模组合钢模和定做异形钢模组拼，模板利用劲性骨架进行加固；现浇混凝土采用地泵进行浇筑，桥位处构件、设备利用缆索吊和工作索进行吊装，其中 G1、G2、G11、G12 拱上墩柱钢筋、模板利用布置于拱座基坑外的 TC7030 塔吊施工。

监理根据工程概况、拱上墩结构特征、主要施工方法、工艺流程、K 撑预制与吊装工程、墩柱模板工程、墩柱混凝土工程、风险防范等方面的审核，对职责范围内的重大环境因素及危险源识别如下：

1. 拱上墩 K 撑预制后，用两台龙门吊抬运、两台汽车吊配合缆索吊实施 K 撑"平转立"翻身、缆索吊吊装施工，K 撑单件起重吊装重量 120t，属于超过一定规模的危险性较大分项工程。

2. 拱上墩翻模、钢筋工程采用 TC7030 塔吊施工，K 撑斜撑湿接头现浇段模板支立的满堂支架及悬挑平台施工，属于危险性较大的分项工程。

3. 拱上墩柱方向内倾 8°，且三维坐标与钢管拱不可控变形有关，加上桥址地区温差大和河风大因素，墩柱倾斜会影响 24m 跨度的简支 T 梁架设。

三、管理范围内法律法规及其他要求识别

识别管理范围内法律法规及其他要求，在于评价黄河特大桥拱上墩工程施工风险，并要求施工单位完善专项方案的编制依据（注意不采用作废标准）；其次是根据《铁路建设工程安全风险管理暂行办法》（铁建设〔2010〕162 号），应确定拱上墩分部工程风险等级；再是根据《危险性较大的分部分项工程安全管理办法》（建质〔2009〕87 号文），应划分拱上墩分部工程危险性，并说明是否要组织专家评审；最后建议建设单位选择有资质的监控单位进行监测设计。

四、安全质量保证措施审查重点

根据黄河特大桥拱上墩分部工程危险性划分、风险等级，监理审查拱上墩专项施工方案的重点是施工工艺、各项安全制度、安全生产教育与培训、危险性较大工程的安全技术方案、临时工程安全技术措施、主体结构施工安全技术措施、夜间施工安全保障措施、安全应急救援预案等，具体审查以下几个方面：

1. 总体施工方案要规避工艺风险，并协助施工单位设置安全风险关键点及质量控制点，以确保卡控安全风险关键点和质量控制点有效。包括关键岗位、关键时段、关键人员、关键部位、关键环节的检查内容，通过实地查、实地测、实地看，真正查找安全风险的根源，查出实情，完善制度，补强措施。

2. K 撑起重吊装（含临时固定在节点板上到缆索吊摘钩）、脚手架〔K 撑斜撑现浇段模板支立的满堂支架及悬挑平台（主要考虑混凝土模板支撑工程施工总荷载、集中线荷载和风荷载，下同）、整体浇筑斜撑和顶帽的满堂支架及悬挑平台、G5 和 G8 刚架墩的满堂支架及支架平台〕、TC7030 塔吊起重吊装等危险性较大工程安全技术方案在专项施工方案报审前，报专监审查、总监审批。

3. 翻模工程的"模板设计组图"、"翻模设计计算书"、施工工艺流程、模板翻身操作流程和操作要点、内外支模与拆模方法与顺序、支模与拆模安全措施、内外模打磨涂油操作地点安排。

4. 墩身劲性骨架的协调变形能力、各种施工平台及支架平台，节点板、爬梯、临边

防护等主要受力杆件计算书、图纸及稳定验算等列入方案附件中。

5. 辅助设施：提升机构（龙门吊、汽车吊、缆索吊、塔吊）、翻模工程、各种施工平台及支架平台、临边防护、脚手架、安全网、避雷设施、攀登和悬空作业、墩旁通道安全防护棚等安全技术交底。

6. 钢模及其配件、钢管及其扣件进场检验与维护。出厂合格证、生产许可证以及厂家检验报告检查符合要求后，进行外观质量验收。钢管外观验收包括钢管壁的厚度计量、扣件的完整性以及重量检查，见证取样试验合格后方可使用。

7. K撑吊装程序和吊装手续，塔吊、龙门吊及缆索吊安全管理措施。

8. 钢模、K撑吊装指挥人员、塔吊司机及卷扬工等持证上岗。

9. 各种悬挑施工平台上标明容许荷载，并配备专人监督设备、材料堆放及载人数量的总重量不超过容许荷载，防止平台变形和倾覆。

10. 混凝土浇筑应考虑对称性和荷载循序增加为原则。模板装、拆卸方法要全面考虑施工荷载组合传递和其他工种配合，还应考虑悬臂构件的力学特性，并根据同条件试块强度确定拆模时间。

11. 高墩墩身、K撑构件及模板翻身吊装的抗风措施。遇六级以上大风时，禁止露天作业。暴风雨过后，高处作业安全设施及特种设备检查。

12. 危险性较大工程的应急救援预案及演练安排，应急预案人员、材料设备、措施等计划。

13. 安全高风险告知制度。项目部实施工程技术交底会、施工安全交底会。工程技术及施工安全交底书，应做到签认资格合法有效。

14. 项目部风险管理机构及职责划分、人员体检、安全教育、风险防范培训考核、现场警示、标识规划，现场设施布置，施工作业指导书。

15. 项目部风险管理部门，专职安全风险管理人员配备，专用风险监测设备配置，对工程风险实施有效监测和动态管理，定期或不定期进行反馈。根据风险监测结果，调整风险处理措施，或及时履行变更程序。

16. 项目部主要领导安全包保制度，项目部负责人和项目部各部门负责人跟班作业制度、跟班作业盯控记录。

17. 项目部技术负责人定期巡查专项方案实施情况，专职安全风险管理人员对专项方案实施情况进行现场监督和按规定进行监测。

18. 项目部主要负责人依法对本单位的安全生产工作全面负责，对拱上墩安全设施的构造措施、安全措施、临时用电等进行定期和不定期的专项安全检查，并做好安全检查记录，及时发现安全风险管理漏洞，完善安全风险管理。

19. 质量保证的组织措施、管理措施、技术措施、经济措施、质量通病预防措施、成品及半成品保护措施及冬期施工措施等。

20. 专业分包范围、分包内容、分包资质及分包合同送项目监理机构备案并报业主核备。在履行合同过程中提出分包，事前报业主批准或书面同意。

五、测量技术风险防范措施的审查重点

1. 拱肋混凝土顶升后永久拆除扣索，外荷载均由拱肋自行承担，即后续工序拱上墩

直至铺梁成桥,对结构的变形、内力影响已属于不可控制的施工阶段。因此,拱上桥墩施工时,监控单位工作任务由施工控制转换成施工监测,监测拱肋线型及标高动态变化,并使桥墩平面位置和高程满足设计要求。

2. 桥墩中心里程控制措施:桥墩中心与拱肋上弦节点中心(在拱肋混凝土顶升前,桥墩钢箱底座与拱肋定位焊接)重合,即墩座放样 X 坐标以桥墩里程为准,Y 坐标以拱肋中心为准,桥墩纵向不设预偏值。成桥墩中心里程为理论墩中心里程+拱肋上弦节点位移值(包括拱肋混凝土顶升施工加载、永久扣索拆除、拱上墩施工、主梁架设、二期恒载五个阶段)。

3. 拱脚部位高墩垂直度的控制措施:G1~G4 及 G9~G12 高墩墩顶位移受拱肋变形的影响较大,桥墩施工时墩身应设置顺桥方向预偏角,使桥墩在恒载作用下保持竖直方向。

4. 桥墩顶高程的控制措施:在考虑钢管拱安装施工预拱度与理论预拱度差值后,根据线型控制图和施工线型监测值,在墩身顶帽施工时调整桥墩高度。

5. G1、G2 和 G11、G12 高墩活动支座应根据安装时的环境温度与年平均温度 7.5℃的差值设置预偏角,防范墩顶简支梁梁端水平位移受拱肋变形的影响。

6. 施工复测、施工放样及控制测量的测量换手、测量内业的复核手续。

7. 拱肋、拱上墩相对恒温、恒压测量要求。

8. 监测信息动态指导施工。

总之,专项施工方案审查要做到:重要事项不漏项,关键内容不缺项,针对性内容不错项。编制审核表报监理站核定后,交项目部技术负责人签收。施工方按照监理审核意见修改后,再报监理复核。

该专项施工方案须经专家技术论证。施工方按照专家意见修改后,再报总监审批和建设单位批准。

施工单位按批准的专项施工方案组织施工,监理监控施工,确保可控。

第六篇　百店隧道地质灾害风险因素分析与控制

铁路建设工程监理于 1990 年开始试行，1995 年全面推行，并实行承包人自检，社会监理、业主和政府机构监督的多级管理体制。本篇结合山西中南部铁路通道工程项目特点，根据工程实际情况，对百店隧道地质灾害的风险管理进行了初步研究，祈使规范铁路隧道工程施工安全管理，预防黄土隧道施工安全事故的发生，起到抛砖引玉的作用。

安全教育培训体验馆

一、工程概况

山西中南部铁路通道百店隧道起讫里程为改 DK282＋546～DK285＋500，全长 2954m，设计为单洞双线隧道，建筑限界采用"隧限-28"，左右线标准间距为 4m，内轨顶面上净空横断面面积为 63.60m²。

百店隧道位于山西黄土高原梁峁区，隧道洞身地层为第三系细砂、粉质黏土及三叠系砂岩与泥岩。进口施工地质主要是粉质黏土夹含水砂层，出口施工地质主要是上土下石，地质复杂程度分级为中等复杂，工程条件较差，特别是土体易产生软化、泥化现象，容易产生围岩变形失稳，而引发洞口仰坡坍塌、隧道施工塌方等地质灾害。

根据"百店隧道施工图"设计说明：改 DK283＋000～DK284＋010 段正常涌水量 640m³/d、最大涌水量 960m³/d，为正常涌水量 86m³/d、最大涌水量 170m³/d；改 DK284＋110～DK284＋540 段正常涌水量 240m³/d、最大涌水量 361m³/d，为正常涌水量 330m³/d、最大涌水量 672m³/d。也就是说，隧道粉质黏土夹砂层以孔隙水为主，局部水量较大；土石分界处中含水量较大，局部基岩裂隙发育处富水，且地下水受地表冲沟的季节性降水影响较大，即隧道地下水主要风险在于分布的不确定和不均衡，地质灾害主要发生涌水、突泥事故。

二、地质灾害风险因素与主要原因分析

1. 地质灾害的风险因素分析

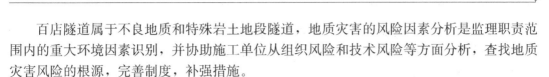

百店隧道属于不良地质和特殊岩土地段隧道，地质灾害的风险因素分析是监理职责范围内的重大环境因素识别，并协助施工单位从组织风险和技术风险等方面分析，查找地质灾害风险的根源，完善制度，补强措施。

（1）施工单位机构及其质量安全管理制度的健全程度（组织风险）；

（2）劳务分包资质、架子队九大员满足程度（组织风险）；

（3）主要专业施工人员和特种作业人员上岗资格（组织风险）；

（4）施工技术方案、施工工艺、施工技术标准、质量安全技术措施（技术风险）；

（5）超前地质预测、预报及时性、分析判断准确程度（组织风险）；

（6）施工顺序、开挖进尺、注浆作业管理工作质量（组织风险）；

（7）专职测量监控和地质监测人员数量、监测设施、测量点的完好状态、量测数据真实性、施工安全性评价准确性、信息反馈及时性（组织风险）；

（8）初期支护、临时仰拱施做及时性、支护强度（组织风险）；

（9）施工工序自检，监理复检验收（组织风险）；

（10）工程地质、水文地质及气象条件等（环境风险）。

2. 引发地质灾害的原因分析

百店隧道2010年7月开工以来，隧道进出口两个施工点发生涌水突泥、掌子面塌方等事故达五次之多，地质灾害为什么频发？经调查了解、条分缕析，引发地质灾害的主要原因总结如下：

（1）中等复杂程度的地质条件；

（2）架子队组建和管理严重不到位；

（3）富水、易塌方地段未采用分区隔离防水措施；

（4）超前水平地质钻探和环向探水孔未及时施作；

（5）先超前小导管、后开挖的施工顺序执行不力；

（6）超前小导管注浆止水和砂层加固等辅助工程措施落实不到位。

（7）钢架间距、连接螺栓不规范，支护强度削弱；

（8）水文地质监测未落实，监控量测未能预测、预报。

（9）安全生产管理中安全包保制、领导跟班作业制度流于形式；

（10）质量安全保证体系未有效运行或良好运转。

三、地质灾害的监控对策与控制方法

为了降低地质灾害发生的概率和危害程度，为预防隧道涌水突泥、掌子面等可能形成的灾害性事故发生，面对既不能转移，也不能回避的地质灾害风险，监理部采取风险自留和风险分散的对策，采用"五控"管理与技术管控相结合的控制方法，对地质灾害风险进行控制管理。笔者（黄德仁高工）自2012年10月进驻现场综合管理以后，在建设单位正确领导及强力支持下，同设计单位、施工单位大力协调，积极配合监理部落实安全生产监理工作的范围、内容、程序及措施，并在以下12个方面对百店隧道地质灾害进行了有针对性的监理管控。

1. 调整现场监理机构和人员

根据安全事故"四不放过"原则，清退责任心不强，工程验收把关不严的现场监理人

员，并抽调公司业务水平高，责任心强的监理到本项目任职，增强监理队伍整体实力，彻底扭转工作被动局面，为百店隧道地质灾害风险控制建立了项目监理组织保障。

2. 坚持施工原则

（1）"管超前、严注浆、短开挖、强支护、快封闭、勤量测"原则；

（2）"重核对、短进尺、少扰动、早成环、勤量测、快衬砌、工序紧凑"原则；

（3）隧道仰拱安全步距 30m，衬砌安全步距 60m 的设计要求；

（4）暗挖隧道采用新奥法设计与施工的原则；

（5）防排水采用"以堵为主，限量排放"原则，达到防水可靠目的；

（6）停工时，喷射混凝土封闭掌子面；复工时，对隧道洞内外监控联测进行分析，发现异常采取加强支护措施，控制初期支护变形。

3. 专项施工方案审核突出地质灾害风险防范措施

严格审核"百店隧道剩余段落专项施工方案"中地质灾害风险因素，并在总体方案、机构健全、施工方法、主要施工工序、超前地质预报、监控量测、现场管理、冬期施工、暂停施工与复工、地质灾害风险管理、应急预案等方面提出了审查意见，并编制了方案审核表报监理部总监核定后，交施工单位相关负责人签收，完善后再报批。

4. 地质灾害风险控制工作总体实施情况

（1）施工单位质量安全管理体系及其保证体系符合性审核；

（2）架子队负责人、技术负责人、测量、试验、地质监测以及安全质量管理人员、特种作业人员等资格证合格性审查；

（3）"百店隧道剩余段落专项施工方案"中安全技术措施、"百店隧道剩余段落超前地质预报专项方案"、"百店隧道剩余段落注浆专项方案"等方案符合性审查；

（4）施工现场安全设施验收符合性核查；

（5）辅助工程措施、工序质量合格性验收检查；

（6）见证检验和平行检验合格性检查；

（7）超前地质预报与监控量测的监督检查；

（8）施工单位安全费用计划和使用的监督管理。

5. 隧道进出口施工点配置专职安全员

为了加强百店隧道安全生产管理，要求施工单位按设计要求在进出口施工点配置专职安全员，数量配备能满足实际需要，作用发挥到位：

（1）巡视现场，检查与监督；

（2）检查掌子面剥落、初支表面开裂或脱皮掉块，钢架变形等现象；

（3）对关键工序、重要部位实行跟班作业（包括其他岗位）：超前地质预报施工、开挖支护及注浆过程、临时仰拱、中下台阶错边施工、仰拱开挖长度及其成环闭合时间落实等；

（4）开挖面注浆止水和砂层固结观察等安全工作，必须贯通各作业区、本道工序与下道工序间的施工信息。掌握地质灾害风险发生前安全检查的第一手资料，并与洞外施工单位生产组织调度中心保持联络畅通。

（5）做好日常安全巡视检查记录，备查。

比如，上台阶开挖过程中，发现片帮冒顶等土体不稳定问题，关键是现场应有安全员、领工员能及时组织调整或终止本道工序，并先行喷射混凝土封闭开挖面，确保开挖面土体的稳定和施工安全。

6. 完善水文地质预报与监测程序

要求施工单位增设地质监测人员，直接跟班观察超前水平地质钻孔、环向探水孔钻孔、超前小导管三个工序钻孔、开挖面注浆止水、砂层和土体固结情况，并做好掌子面水文地质测试测绘工作，结合 TSB 和红外探水等超前地质预报成果，及时预测和解决施工中的工程地质和水文地质问题，掌握地质灾害风险发生前水文地质特征的第一手资料，并对隧道涌水量、涌水压力、突然涌水和土体稳定性作出工程评价，相应提出处理措施。

（1）地质监测人员要进行跟班管理，记录超前水平地质钻探、环向探水孔钻速及其变化、卡钻及钻杆震动情况、冲洗液的颜色和流量变化等，粗略判别岩性、岩石强度、岩体完整程度、是否进入掌子面前方填充性溶腔（防泥石流）、富水溶腔、含水沙层及导水构造（防涌水）、空溶腔（防洞壁破坏后坍塌）以及地下水发育情况，并做到没有超前地质预报禁止上台阶开挖施工；

（2）地质监测人员对透水地段的水量、水压、水温、颜色、泥沙含量进行测定，水质分析；

（3）地质监测人员发现有顶钻、跳钻、水压和水量突然增大、掉块等异常或危急情况时，立即上报处理或撤退人员；

（4）循环超前水平地质钻探、环向探水孔施工结束后，地质监测人员持超前地质钻探预报、环向探水孔资料报现场监理检查签证，方可进入掌子面超前预注浆及拱部超前小导管工序施工。

7. 强化现场管理

根据"管超前、严注浆、短开挖、强支护、快封闭、勤量测"的施工原则，在"百店隧道剩余段落专项施工方案"审核表中，要求施工单位明确百店隧道进出口两个工点下列工序的现场管理岗位及责任人：

（1）进出口开挖作业（核心土留设尺寸及其加固保护）；

（2）掌子面超前预注浆、超前水平地质钻探、径向注浆、环向探水孔四个工序钻孔；

（3）掌子面超前小导管、径向注浆作业；

（4）喷射混凝土初喷与复喷；

（5）临时仰拱作业；

（6）防水板作业；

（7）钢筋、钢拱架制作和安装作业；

（8）混凝土浇筑作业；

（9）辅助设施安装和维护作业等。

8. 加强注浆工序管理工作质量及施作质量监控

根据 10 月 30 日建设、设计、监理、施工共同形成的会议纪要相关内容的落实情况及 11 月 7 日专题会议精神，在"百店隧道剩余段落专项施工方案"审核表中，提出了下列监理意见：

（1）落实注浆专业队伍以及注浆跟班作业制度，并请相关专业人员进行现场查看，做注浆作业指导，确保注浆质量。

（2）技术、地质监测人员认真研究、落实百店隧道二次衬砌防水设计要求：渗水量为Ⅰ级地下水状态，可采用喷射混凝土封堵渗水；渗水量为Ⅱ级、Ⅲ级，采用径向注浆止水措施，包括上半断面超前预注浆，应使掌子面达到无水或小于Ⅰ级地下水状态。

（3）技术、试验人员与注浆专业工班共同研讨注浆工艺、质量检验以及作业细则。

（4）补充、完善上半断面超前预注浆、小导管注浆、径向注浆等关键工序和重要部位的工程质量检验制度、质量检查验收资料。

（5）注浆管理工作质量和施工质量的组织保证措施、技术及经济保证措施，力求注浆效果满足沙层止水和土体加固质量要求。

（6）现场监理检查注浆管理人员及专业注浆人员到位情况，旁站监督注浆工序作业过程，确保注浆工序的管理工作质量和施工质量。

9. 卡控开挖工序

根据"晋中南瓦洪施隧参07-11"三台阶临时仰拱施工方法图，针对百店隧道进口施工地质主要是粉质黏土夹含水砂层，出口施工地质主要是上土下石特殊情况，监理人员多次在工地例会、专题会议及监理通知中向施工单位提出了下列要求和建议：

（1）施工单位跟班作业领导要确保掌子面超前加固、超前支护、超前地质预报、监控量测、开挖工法、仰拱跟进、衬砌跟进六达标。

（2）施工地质和设计地质不符合时，要及时进行变更设计。设计变更工作及资料收集整理必须及时、准确和完整，并应先变更，后施工。

（3）上台阶黄土实行试开挖，施工单位跟班领导或其他管理人员检查掌子面前方土体注浆止水和加固质量满足要求后，方可进行开挖。

（4）施工单位跟班作业领导要盯控施工顺序，控制开挖面暴露时间；盯控上台阶开挖进尺，控制开挖面暴露面积。控制了开挖面的暴露面积和暴露时间，也就基本上控制了塌方的可能性。

（5）仰拱开挖进尺及拱架间距超标问题要有处理预案，必须控制返工处理增加开挖面暴露时间和对土体的扰动，以便监理发现不合规施工问题时，当场能按处理预案进行监理。

（6）隧道出口中下台阶及仰拱爆破开挖时，上台阶黄土掌子面应进行封闭。也就是说，上台阶开挖和支护必须进行单循环作业，下部爆破开挖中应采用竖向打眼，尽可能做到临空面向洞口方向的控制爆破措施，减少爆破地震波对上台阶支护和掌子面土体扰动的影响。

（7）注意核心土留设尺寸及其加固保护。

（8）落实黄土隧道喷射混凝土初喷（再架设钢架）和复喷工艺，提高土体自支护能力，控制土体松弛、坍塌和开挖面暴露时间，避免片帮冒顶引发坍塌事故。

10. 监督监控量测管理

监控量测是黄土隧道一道重要工序，施工单位要把其作为关键工序纳入现场组织，并完善下列内容，保证黄土隧道监控量测工作落到实处。

（1）增加核心土纵向位移监测内容，防止核心土滑动引发安全事故。

（2）施工单位技术负责人对监控量测成果进行定期检查，检查是否具有三台阶七步流水的变形特征，确认数据真实性，找出为何不能预测预报涌水突泥、掌子面塌方事故原因，及时解决现场监控量测不能发现初期支护变形异常情况等现场管理问题。

（3）在洞口设置监控量测日报牌，并在日报牌上增加监控负责人名字，确认数据真实性、准确性，严禁填假数据和作假资料，说明每天施工安全性评价意见，掌握地质灾害风险发生前监控量测的第一手资料。监理据此检查工作面状态，监督作业人员是否可以进洞施工。

（4）监控量测重要工序实施，施工单位通知现场监理见证。

（5）按有关规定向监理递交隧道监控量测书面实时分析、阶段（周、月）分析报告，反馈围岩及支护状态信息、施工安全性评价意见，做到动态设计及信息化施工。

（6）黄土隧道开挖断面基本尺寸，要根据现场沉降、收敛数据及时、适当调整预留变形量，确保衬砌厚度。

11. 督促施工排水

（1）"百店隧道施工图"设计说明中施工注意事项第18条：管槽代替洞内排水的要求实施。目的，确保仰拱喷射混凝土、仰拱钢筋及混凝土不在有水状态下施工。底线必须坚持，掌子面积水不散排，仰拱更不能当作集水坑进行抽排水。隧道掌子面的水要汇集并架管引排，禁止下台阶积水浸泡初期支护拱脚，防止拱脚地基土体产生软化、泥化及膨胀现象，防范已支护地段黄土变形失稳而引发初期支护坍塌安全事故。

（2）百店隧道进口反坡施工排水，做到洞内两侧水沟畅通、集水井数量按方案设置、接力排水设备数量满足施工排水要求。

12. 地质灾害的风险管理

（1）要求施工单位总结分析百店隧道多次发生涌水突泥、掌子面塌方的原因、教训及处理经验，编制"隧道防塌方、涌水、突泥风险管理细则"，特别是要明确风险管理岗位及责任人，以满足质量、安全自控之所需，包括架子队人员组建，特别是领导安全包保制及其跟班作业等。"细则"报监理部审批、建设单位批准后实施，堵塞地质灾害的风险管理漏洞，消除监理、业主忧虑，确保隧道剩余工程顺利完工。

（2）要求施工单位对百店隧道进口、百店隧道出口施工点有领导跟班作业，实施一人一点安全包保制。跟班作业领导掌握地质灾害风险发生前施工现场安全生产管理的第一手资料，坚决杜绝涌水突泥、掌子面塌方事故的反复发生。

（3）要求施工单位技术负责人牵头，超前地质预报专业队、水文地质监测及监控量测班等人员参加，成立隧道施工地质灾害临近警报组织机构，归口管理和综合研究超前地质预报、水文地质监测、监控量测以及现场观察等分散的安全管理信息，对开挖面前方有可能诱发的重大的地质灾害建立临近警报系统，并评判其危害程度，提出施工预案对策。

四、结束语

百店隧道地质灾害的风险管理是一个系统工程，从"人、机、法、料、环"五个因素看，人的主观能动性是相当重要的。

真正推进铁路建设管理科学化、规范化、标准化管理，全面落实"质量、安全、工期、投资效益、环境保护、技术创新"六位一体的要求，对彻底解决施工质量安全管理责任不落实问题，确保建设工程质量和施工安全具有重大现实意义。

第七篇　以某大桥连续梁挂篮施工为例，简述其安全风险监控要点

一、连续箱梁结构形式

山西中南部铁路通道工程城川河特大桥［21m×32m 预应力混凝土简支 T 梁，1-（65＋106＋65）m 连续箱梁］，全长 940.73m。连续箱梁起止桩号为：DK260＋788.15（11 号墩）～DK261＋025.95（14 号墩），桥型布置为预应力混凝土连续箱梁桥，预应力体系为纵向、横向、竖向三向预应力体系。设计荷载为恒载＋活载＋附加力＋特殊荷载的组合。按照设计要求连续箱梁采用挂篮悬臂灌注施工。

连续箱梁截面采用单箱单室直腹板形式，顶板厚度除中支点及梁端附近外均 50cm，腹板厚 50～110cm 按折线变化，底板由跨中的 45cm 变化至根部 120cm。箱梁两侧腹板与顶底板相交处均采用圆弧倒角过度。箱梁悬臂板下设置泄水孔。支座处及中跨跨中共设置 5 个横隔板。横隔板厚度：边支座处 1.5m，中支座处 3.0m，中跨跨中 0.8m。横隔板设有孔洞，供检查人员通过。

梁体下缘按 $Y=1.388866843×10-5x^2$ 抛物线曲线变化。箱梁跨中梁高 5m，支点梁高 8.5m。主梁顶宽 11.57～11.8m，顶板厚 0.5m，底宽 6.8m，底板厚 0.45～1.2m；腹板厚 0.5～1.1m。

二、总体施工方案

城川河特大桥连续梁上跨省级公路，三孔连续箱梁梁段划分：12 号和 13 号墩两侧设 0 号块，12 号和 13 号墩之间对称设 B1～B13 节梁段，中部设 B14 合拢段；12 号墩往 11 号墩、13 号墩往 14 号墩之间设 A1～A15 节梁段，各一个边跨 A16 合拢段；主梁 0 号块梁段长 12m，B1～B13 节梁段长 3.0～4.0m，A1～A15 节梁段长 3.0～4.0m，中、边跨合龙段长 2m，边跨支架现浇段梁长 3.75m。

主梁 0 号块采用三角托架法施工，混凝土一次浇筑成型，即利用桥墩本身作为 0 号块混凝土的主支撑点，桥墩、三角托架、分配梁、调坡支架等共同形成受力体系，共同承担 0 号块的混凝土重量。

12 号和 13 号墩 0 号块顶各安装 1 组菱形挂篮，A1～A15 及 B1～B13 节梁段混凝土采用菱形挂篮悬臂浇筑施工，每墩挂篮悬臂浇注施工梁段为 2×13＋2 个。每组挂篮 A、B 节段对称浇筑，最大不平衡重量不得大于 20t（8m³ 混凝土），每节梁段混凝土一次浇筑成型。

两个边跨直线现浇段采用三角托架法施工，原理同 0 号块施工。

三个合拢段（两个边跨 A16 段、一个中跨 B14 段）采用挂篮施工。

菱形挂篮悬臂浇筑法施工，遵循先底板、再腹板、最后顶板的浇筑顺序。底板混凝土浇筑，在箱室内通过顶面板上开天窗实施作业，天窗沿全桥中线设置，每 2m 左右设置一个，0 号块设 5 个，其他节段设 2 个。混凝土采用托式地泵泵送，并通过软管进天窗。

每节梁段混凝土浇筑完毕 6～7 天后，检测同条件试件的强度、弹性模量都达到设计值，再进行预应力张拉。预应力张拉顺序为先纵向，再横向，最后竖向。由于挂篮走形轨

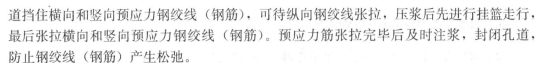

道挡住横向和竖向预应力钢绞线（钢筋），可待纵向钢绞线张拉，压浆后先进行挂篮走行，最后张拉横向和竖向预应力钢绞线（钢筋）。预应力筋张拉完毕后及时注浆，封闭孔道，防止钢绞线（钢筋）产生松弛。

本桥连续箱梁挂篮逐段浇筑施工的工艺程序为：①安装托架；②托架预压；③灌注 0 号段混凝土；④拼装挂篮；⑤挂篮预压；⑥浇筑梁段混凝土；⑦挂篮前移、调整、锚固；⑧灌注下一节梁段；⑨依次完成各段悬臂灌注；⑩浇注边垮现浇段混凝土；⑪中垮合拢；⑫打断临时固结；⑬边垮第 14、15 段；⑭边垮合拢；⑮拆除挂篮。

三、挂篮结构简述

菱形挂篮结构由主桁梁、行走系统、底模平台、吊带系统、后锚系统、模板系统等组成。

1. 主桁架是挂篮的主要承重结构，桁架分纵向两片立于腹板位置，其横向设置前后横梁组成一空间桁架，并在两侧菱形桁架两个立柱中间设置中桁架联结杆件以提高主桁架的稳定性和刚度。前后横梁下方设置分配梁，用于悬挂底篮、模板。

2. 行走系统为液压走行系统，走行轨道置于腹板位置。挂篮前后车以反扣轮的形式沿轨道顶板下缘滑行，不需加设平衡重。液压缸分为后拉油缸、行走油缸、千斤顶油缸，每侧各一个，6 个液压油缸和泵站之间全部用软管相连。

3. 底模平台由底篮前后托梁、纵梁等组成，模板直接铺于底模平台上，前后横梁悬吊于主桁架，浇筑混凝土时，后横梁锚固于前段已完箱梁底板。

4. 吊挂系统由后横桁梁、底模纵梁、吊带及吊杆组成，以连接挂篮主桁架和底模平台，吊带用 Q235B 25mm 厚钢板，吊杆采用 32mm 精轧螺纹钢筋。吊带、吊杆上端在悬吊于前后横梁桁片上，下端与底平台连接，用千斤顶提升装置来调节底模平台的标高。前吊带和前吊杆的作用是为底模平台提供前吊点，承受约 50% 的挂篮荷载，后吊带从箱梁的底板预留孔中穿过，下端与底模平台相连，上端 2 台千斤顶和扁担梁支撑在箱梁内室底板顶面上。后吊带和后吊杆承受约 50% 挂篮荷载并将其传给箱梁底板。

5. 后锚系统锚固采用双锚：一种是通过梁体腹板内的竖向预应力钢筋与走行轨相连，同时通过下拉装置将挂篮与走行轨相连；另一种是直接利用梁体腹板内的精轧螺纹钢直接与挂篮扁担梁相连。

6. 模板系统分为外模和内模。外模分模板、桁架及滑梁，外模模板由 6mm 钢板加型钢带组成，与内模模板利用内部支撑固定。侧模与底模采用体外对拉的形式进行固定。支承模板及滑梁前端悬吊于主桁架。内外侧滑梁后端悬吊于已浇箱梁翼板，浇筑混凝土时均锚于前段已完箱梁翼板，拆模时放松锚固端，随平台下沉和前移。

内模亦由模板、骨架、滑梁组成。支承模板、骨架的滑梁前端悬吊于主桁架，后端悬吊于前段已浇箱梁顶板。挂篮行走时，内外滑梁同时随挂篮前移。内模板采用组合钢模和型钢带组成，与外模对拉，内支撑固定。内支撑设调节螺栓支撑，在角隅处，型钢骨架设螺栓连接，用以调整内模宽度适应腹板厚度变化，内侧设有收分模板，以适应后面每一段箱梁高度变化。

堵头模板采用木模板，根据锚垫板、钢筋、预应力管道伸出位置分块、准确、竖直拼装，并和内外模连接成整体。

四、挂篮施工安全风险识别与评价

城川河特大桥连续梁属于30t轴重重载大跨连续梁（大于80m），且连续梁挂篮属于承重结构体系的非标设备，由于取消了平衡重，加上其安装、行走、使用及拆除过程均系高空作业，故挂篮施工属于超过一定规模的危险性较大分项工程，还属于危险性较大的拆卸工程。因此，挂篮工程施工安全风险主要存在管理风险（组织风险、环境风险和技术风险略），风险分析如下：

1. 因挂篮主构架前后悬臂较大，操作不当会容易形成失衡倾覆风险或导致走行装置滚出桥面而造成重大事故。

2. 高空作业风险大，如高空坠落、高空坠物等。

3. 底模平台直接承受悬浇梁段的施工重量，挂篮走行装置的前后竖向吊杆螺纹滑丝松动，前后吊带未打紧会造成底模平台事故。

4. 梁段混凝土悬灌施工及挂篮拆除未均衡作业，会造成工程质量或施工安全事故。

五、挂篮施工安全风险监控要点

综合上述，挂篮是重大危险源。如何监控挂篮重大危险源、防范挂篮工程管理风险？除监理项目部设置风险管理机构，落实各级监理人员岗位安全责任，制定各项安全监控办法、专项安全实施细则和旁站方案，对挂篮工程风险实施总体控制外，驻地监理还必须坚持"没有安全技术措施不施工、没有进行安全技术交底不施工、危险因素未排除不施工"的三不施工原则，根据施工图及施工现场情况，对挂篮施工安全风险实施分项控制。分项监控要点阐述如下：

1. 悬臂浇筑梁段所用的挂篮要符合《客货共线铁路桥涵工程施工技术指南》TZ 203—2008 中 11.3.12 规定，对挂篮设计制造单位资质、出厂合格证书、出厂试验、抗倾覆安全系数（不得小于2）等进行合格性审查，查看使用说明书，签署相应表格并留存备查。

2. 对照强制性标准，审核桥梁施工组织设计、连续梁专项施工方案（有专家论证）、安全风险评估报告、安全专项施工方案、重大危险源的应急预案，审核记录下发施工单位签收。

核验安装挂篮前梁段的施工托架或支架检算设计。

3. 查验高处作业人员的安全教育培训和考核记录、连续梁工程技术交底会以及挂篮施工安全交底会纪要。工程技术及施工安全交底书（有必要的附图），应做到签认有效，资料收集备查。

4. 旁站监督悬臂梁段（0号块）和边跨现浇段采用托（支）架预压过程，核查预压记录，确认已消除非弹性变形和测量弹性变形，且预压荷载能满足设计要求（否则不得使用），并签收备案。

5. 由安全监理人员复核挂篮现场组拼验收手续，签署意见并收集备查。未经安全监理人员签署认可的不得投入使用。

如在冬期施工过程中，增加保温棚设施，复核对挂篮整体稳定性的检算，并不得损害挂篮结构及改变其受力形式。同时，审查保温棚底部安全设计和监督底部安全措施的落

实，防范作业人员从保温棚底部坠落事故发生。

6. 旁站监督挂篮载荷试验，确保按箱梁截面的等代荷载和位置加载。核查挂篮承载能力检验记录，确认测定挂篮弹性变形（弹性变形值＝卸载后高程-卸载前高程），消除非弹性变形（非弹性变形值＝加载前高程-卸载后高程），并签收备案。

7. 跟班监督挂篮走行"先增设（通过精轧螺纹钢和上锚扁担梁把挂篮后支点直接锚固到桥面混凝土顶板上）、后解除（主桁架工作后锚杆）"的锚固体系转换原则的落实，检查挂篮防止失控溜滑安全措施（尾部安装反方向移位制动装置）。

8. 检查挂篮走行轨上挂篮走行到位的标识及限位块，复查挂篮走行系统、吊挂系统、模板系统，并确认侧模与梁体无拉筋等连接、内模倒角部位与梁体无连接，并记录有关安全状态。

9. 跟班监督挂篮走行轨按设计要求铺设（确保挂篮反扣轮承面不偏压），做到走行轨前移就位后立即锁定。

挂篮走行轨锁定经专人检查合格，做到作业人员撤离挂篮底模平台，且吊挂底模平台的保险钢丝绳要处于工作状态，方可进行挂篮卸载（放松内模的后吊杆、底模后横梁的吊带和吊杆）。

10. 旁站监理挂篮纵移，确保两侧主构架、底模、侧模、主构架及内模系统匀速平行同步滑移，直至浇筑梁段位置。

11. 挂篮锁定、锚固体系转换后（先锚固好主桁架后锚，再提升底模平台和内外模板至设计标高后，立即锁定底模平台后吊带、吊杆、撤除钢绳和上一段的滑行吊带后回到原状态）的合格性验收检查，做到走行轨、箱体内室、翼缘外侧等所有精轧螺纹钢锚固力应调式均匀，并使用双螺母锁紧。验收检查意见记录在监理日志上。

特别注意：锚固系统精轧螺纹钢上要标注连接器紧固到位标记。梁体腹板内的竖向预应力钢筋与走行轨相连以及锚固系统精轧螺纹钢与挂篮扁担梁通过套筒连接时，竖向预应力钢筋及精轧螺纹钢端头要标记进入套筒长度，确保在套筒内两者端头顶紧。

12. 在梁段悬臂灌注施工前，对挂篮的锚固系统（菱形主桁架后端必须与走行轨锚固好）、吊挂系统（特别是托底梁悬吊钢丝绳直径以及插接长度、托梁钢丝绳与横梁接触点加保护垫块）和限位装置、模板（横向拉杆螺帽设垫片，有效地固定模板）实行复检制度，确保前后吊带均匀受力，以防吊带未打紧，造成底模平台、外侧面承重后和已成梁段产生错台，而发生侧模下沉和翼缘板外模撇现象。验收签证后，方可进行下道工序混凝土的施工。

13. 监督施工单位安装混凝土输送的备用管道，旁站监理梁段混凝土对称浇筑，不平衡重不得大于设计容许值，防范不平衡施工导致挂篮倾覆或对 0 号块根部受力产生严重不利影响。

14. 千斤顶油表定期检验。查验构件间销轴对号入孔（两端要露出，防范一端露出过长及另端未露出），保证保险卡必须处于工作状态，并禁止使用替代品。

15. 挂篮菱形主桁架在反复加载（混凝土灌注）、卸载过程中，巡视检查菱形主桁架之间的联结系、前上横梁与主桁架之间的联结及底模架纵横梁之间的联结、各杆件之间的联结螺栓、走行轨组焊焊缝、后锚扁担、前后吊带、吊杆、反扣轮及后锚等关键受力部位，并注意不平衡力矩的控制，记录巡查结果，并要求施工单位配专人监测挂篮使用状况

（声音、晃动、倾斜），确保挂篮施工时安全。

16. 检查安全警示标志、高处作业人员定期体检记录、登高作业工具袋，并要求安全带佩戴必须高挂低做。

17. 检查挂篮四周、底模平台、纵向预应力作业平台、横向预应力张拉吊篮工作平台、梁段顶板端头（临空面封闭）、已浇筑梁顶四周（设围栏设施：防护栏并挂安全网）以及筑梁段底部（悬挂安全防护网挂安全网）安全防护是否符合强制性标准要求，并做到挂篮下方坠物范围进行围护警示隔离。

18. 检查所有动力、照明电路须按规定铺设，以防漏电。监督夜间作业，必须做到设置足够的照明设施，否则禁止施工。

19. 监督施工单位履行安全生产责任，落实"危险源"公示，确保安全生产费用的足额投入，严格按标准化作业，并要求加强挂篮施工组织，做到分项工程负责人统一指挥挂篮走行工作，分项工程技术负责人跟班预应力张拉，管道压浆时试验员要到场。

20. 监督检查施工现场高处作业的消防工作、冬季防寒、夏季防暑、文明施工（加工厂及桥面上预应力筋及波纹管等材料覆盖防锈蚀防断裂防伤损保护措施、梁段已穿好钢绞线的波纹管及横向预应力钢绞线外露部分覆盖防锈蚀保护措施，桥面上废旧波纹管、水泥袋及混凝土等杂物不要堆积并及时清理）等各项安全相关工作。

21. 督促施工单位落实定期安全生产检查、经常性的安全检查。组织或参加施工单位专业性的安全检查以及季节性、节假日安全生产专项检查等，并按《建筑施工安全检查标准》JGJ 59—2011 对施工单位的安全自查情况进行抽查。

22. 监督预应力体系为纵向、横向、竖向三向预应力体系按《铁路预应力混凝土连续梁（刚构）悬臂浇筑施工技术指南》TZ 324—2010 第 4.8.3 条规定施工，并确保横向（每一段的最后 1 根横向预应力筋应在下一梁段横向预应力筋张拉时进行张拉）、竖向、纵向三向预应力及时张拉后，做到按有关规定时间和稠度及时灌浆封锚。

第八篇　安全岗位 泰山之重

安全监管人员责任重大。现场安全隐患消除不易，唯有尽心尽责，方能在突发事故追责时，坦然面对，并承担该承担的责任，减轻处罚。安全监管人员应履职尽责，坚守底线，不碰红线，力避责任事故发生。由此编写成如下（24 句）四字言，宣传警示，以期共勉提高。

安全岗位，泰山之重。
身在其位，当谋其政。
职责坚守，底线勿碰。
尽力整治，竭尽所能。

现状堪忧，更要清醒。
怨天恨地，出事无用。
"击鼓传花"，祈祷不中？
"防不胜防"，履职避风。

想当"好人"，安全失控；
灾难突发，"首责"加重。
"上下"牵连，一疼都痛。
不当"恶人"，或罪判刑。

上级支持，信心大增；
领导后盾，我当先锋。
关口下移，预控程控；
重小抓大，心狠手硬。

事故发生，坦然镇定。
逐级上报，应急响应。
首保生命，防止次生[a]。
调查追责，力争主动。

形势逼人，不存侥幸。
不受牵连，尽责才行。
吸取教训，神经紧绷。
消尽事故，都保前程。

[a]指次生灾害。

第九篇　安质控 保百年——三字言一百句

施工现场监管者的重要工作内容就是监控安全和质量，项目条条很多。其监控要点编写成如下（百句）三字言概括之，言简意赅，易看易记。张贴宣传，广而告之，效果颇佳。今编入此书，以供参考。也请读者持续补充完善。

安质控，重任担。抓安全，保平安。严质量，保百年。
施工前，规划编。细则全，合规范。查体系，审方案。
核图纸，把重点。原材料，要复检。不合格，令退还。
关键点，必旁站；全面控，仔细看。找缺陷，攻难点。
隐蔽处，从严监；守程序，消缺陷。确无误，再开干。
验收时，严把关；对图纸，资料全；签章齐，无漏检。

安全事，全员管。三类人，证件全；特种工，持证干。
三教育，满时间；两交底，签书面。临危处，设护栏；
孔洞口，要盖严。动火前，两证全；防火具，在旁边。
高处攀，防护全；安全网，警戒圈；安全带，必查验。
警示牌，要显眼。超预控，过程监。把关口，作业面。

勤动脚，各处转；勤动嘴，多规劝；勤提醒，防未然；
勤动手，记录全；留痕迹，避风险。不听劝，通知单。
还不改，停令签。再不听，业主管。扔蛮干，安监站。
防事故，要演练。事故出，不隐瞒。立救援，照预案。
分工清，还抱团；凝合力，齐出拳；违规退，现场安。
人为本，舒心愿。讲诚信，大局观。无事故，终圆满。

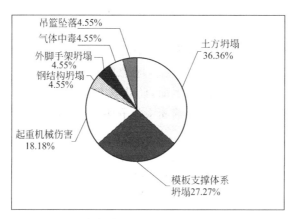

2015 年较大事故类型统计分析情况

第十篇　隧道防爆监理安全责任问题及改进建议

一、隧道爆破特点

隧道是地下暗挖工程，当前主要采取爆破开挖的施工方法。

在隧道爆破开挖施工过程中，爆破作业主要采取爆破网路为"孔内同段、孔外微差"的非电微差起爆技术，起爆雷管选取国产Ⅱ系列15段非电毫秒雷管，掏槽眼、掘进眼选用 ϕ32 乳化炸药，周边眼采用 ϕ25 小药卷间隔不耦合装药结构的光面爆破，尽量减少掌子面爆破对隧道相邻支护结构及周边围岩的震动影响。

但是，爆炸物品是由政府有关部门控制的特供物资。

同时，爆炸物品是隧道工程建设中的重大危险源，隧道爆破开挖还属于超过一定规模危险性较大的特殊工序，发生意外爆炸风险的概率较高。

二、隧道防爆监理安全责任的探讨

1. 隧道爆破安全监理有关规定

(1)《爆破安全规程》GB 6722—2014 有关爆破安全监理规定

第4.4条　矿山内部且对外部环境无安全危险的爆破工程不实行分级管理。

第5.1.2条　爆破设计施工、安全评估与安全监理应由具备相应资质和从业范围的爆破作业单位承担。

第5.4.1条　经公司机关审批的爆破作业项目，实施爆破作业时，应进行安全监理。

第5.4.3条　爆破安全监理单位应在详细了解安全技术规定、应急预案后认真编制监理规划和实施细则，并制定监理人员岗位职责。

(2)《建设工程安全生产管理条例》有关安全监理规定

第十四条　工程监理单位应当审查施工组织设计中的安全技术措施或者专项施工方案是否符合工程建设强制性标准。

工程监理单位在实施监理过程中，发现存在安全事故隐患的，应当要求施工单位整改；情况严重的，应当要求施工单位暂时停止施工，并及时报告建设单位。施工单位拒不整改或者不停止施工的，工程监理单位应当及时向有关主管部门报告。

工程监理单位和监理工程师应当按照法律、法规和工程建设强制性标准实施监理，并对建设工程安全生产承担监理责任。

（3）民爆物品使用单位验收审批案例

根据 2013 年××通道隧道复工民爆物品使用单位验收审批情况，民爆物品使用单位报请当地政府有关部门验收审批内容如下：

民爆物品管理有专职领导负责并在岗、使用民爆物品证明齐全有效、企业安全管理机构健全管理措施到位、审批人员受企业委托办理相关手续、取得民爆物品库安全评估、库容量情况（超供问题）、监控系统与 110 指挥中心联网、安装爆破人员指纹机签到仪、安装周界报警仪器、人防物防技防犬防、防雷设施是在有效期内、保管员落实双人双锁、爆破员清退簿册清楚认真、落实防静电服装和设备、消防措施到位、配备民爆物品运输专用车辆、储存库其他安全隐患、涉爆人员管理档案健全、各项管理制度与版面落实、六种登记簿册健全、企业领导定期对六大员组织进行学习、六大员取得培训合格证、六大员与企业签订保证书、六大员持证上岗并签订责任书、保管员重奖重罚制度、短信报告制度与登记簿、辖区派出所与使用单位责任书，等等。

2. 隧道防爆监理安全职责与责任

（1）监理职责归类

根据《建筑法》、《安全生产法》、《建设工程质量管理条例》、《建设工程安全生产管理条例》、《建设工程监理规范》GB/T 50319—2013 等有关法律、法规、标准、规范、规程、规章、规定等，建设工程监理质量安全职责大致分为十类：

1）审核质量安全管理体系及其保证体系符合性；

2）审查施工单位、分包单位资质合格性；

3）审查项目负责人、技术负责人、测量、试验以及安全质量管理人员、特种作业人员、特种设备操作人员等资格证合格性；

4）审查原材料、构配件、施工机械设备进场合格性；

5）审查实施性施组中安全技术措施、危险性较大分部分项工程（包括超过一定规模危险性较大的爆破工序）、施工临时用电、应急抢险方案、冬季雨季等季节性安全专项方案、大临工程和临时设施、防洪、防火措施等符合性；

6）核查危险性较大工程和施工现场安全设施验收符合性；

7）核查施工起重机械等特种设备验收符合性；

8）查验工序、分项或分部工程质量合格性；

9）见证检验和平行检验合格性；

10）核查施工单位安全费用的计划和使用情况等。

（2）隧道防爆监理安全职责划分

根据国家和行业监理规范以及有关监理管理的有关规定，隧道爆破是不需报当地公安部门审批的爆破工程，不属于分级管理对象，监理单位不具备隧道爆破安全监理资质。监理单位虽然没有爆破安全监理资质，但可以从隧道防爆安全方面进行有选项的监控。如进行安全监理项目：爆破专项施工方案、突发事件的应急预案、爆破施工单位爆破资质等级与业务范围及有效期，施工安全管理体系，涉爆手续，安全操作细则，持证上岗、上岗安全教育与培训、安全作业交底、安全防护措施、安全警戒、进出洞和贯通安全，爆炸物品领用量及领用手续（只能事后抽查，无法卡控隧道爆炸事故），退库单签认及退库（只能事后抽查），爆炸物品库清库代存和撤库等。可以做到"站好位、打好工、不越位"，又能规避监理不到位的法律责任。因此，隧道防爆监理安全职责划分，既符合现阶段的国情，也是比较公平、公正和科学的。

（3）隧道防爆监理安全责任分析

由于监理单位没有爆破安全监理资质，也就是说，监理单位对隧道爆破施工安全不能进行全方位、全内容、全过程的监控。

下属项目就不属于土建监理工作内容：

1）爆破施工单位涉爆管理人员专业（属于建设单位工程招投标管理）；

2）涉爆从业人员是否是正式职工、爆炸物品库及专用运输车辆的检查验收（属于当地公安部门审批管理）；

3）爆炸物品装卸运输（属于爆破施工单位管理，监理是非爆破从业人员即无资质，委托监理合同也没授权，也不能授权进行检查和旁站）；

4）架子队组建和管理（属于爆破施工单位、建设单位及建设行政主管部门管理，现实是"劳务承包企业"大包干。通过"阴阳合同"变成架子队。建设行政主管部门在此方面亟待"破题"）；

5）爆破物品申领与退库手续（属于爆破施工单位管理，委托监理合同也没授权，也不能授权报没有资质的监理进行检查）；

6）起爆药包加工、装药、填塞、连线等以及早爆、迟爆、哑爆、残爆问题的处理（属于爆破施工单位管理，监理是非爆破从业人员，没有资质就不能进入掌子面）等。

工程建设质量安全实行承包人自检，社会监理、建设单位和政府监督机构的多级管理体制，且承包人建立质量安全保证体系，并确保各种保证体系良好运转。但是，当前隧道防爆安全管理的现状，监理在"不出事前"是管不了的，"出了事"就说监理拿了钱（监理费）不办事，或者说监理到底还有没有用？我们不禁自问：建设单位直接管理爆破施工单位是否更合适？委托监理承担不该有的责任妥不妥？

涉爆事故主要原因在于其他参建单位管控不到位。如因为涉爆管理人员不专业、涉爆从业人员非正式职工，爆炸物品库及专用运输车辆验收不规范，架子队组建和管理存在问题，爆炸物品装卸运输、爆破物品申领与退库存在问题，爆破作业违规等而引发的隧道爆炸事故，就不能习惯性地要求土建监理承担事故责任。因为这些都不属于委托监理范围。何况监理没有涉爆资质，也没有涉爆投标资格，更没有合法涉爆公权力。

综上所述，我们认为在发生隧道爆炸事故时，监理安全责任仅承担应属于非爆破从业人员的安全管理责任。

特别提出，自2008年采用"国退民进"改良办法，推广劳务承包企业劳务用工管理模式以来，"劳务承包企业"总是跟"软实力"眉来眼去。"劳务承包企业"管理往往受到各种非正常因素的制约，爆破施工单位项目现场管理机构也就疏于或难以实施有效的管理，导致隧道爆破施工单位"架子队的劳务管理"严重不规范。大部分隧道施工点架子队人员组建未完全按照《关于积极倡导架子队管理模式的指导意见》（铁建设〔2008〕51

号）设置，仅由1~2个刚毕业的技术员（质检、实习生）代表爆破施工单位和"劳务承包人"担任的隧道现场负责人（架子队队长）来共同进行现场综合管理，包括爆破员、现场安全员、炸药库保管员也都未由爆破施工单位正式职工担任等。这种架子队，存在大包、转包、违法分包现象。监理在不出事前仍然是管不了的，"出了事"就说监理没有查分包资质，可相关建设工程有关法律、法规、规范等都没有明确架子队是分包单位，监理何以依法进行检查？再说，爆破施工单位认为架子队是他们内部的工程施工队，不是分包单位。因此，监理单位不仅要承担工程质量安全监理责任，还面临爆破施工单位架子队组建和管理不合规问题所带来的巨大安全风险（包括隧道爆炸、支护坍塌、掌子面塌方及涌水突泥等事故责任）。

三、隧道防爆安全管理的改进与建议

1. 监理单位应完善隧道防爆安全监控办法

（1）监控基本思路

监理单位受建设单位委托进行现场监督管理，为了控制和最大限度地降低隧道爆破施工安全及爆炸物品的管理风险，防范监理行为责任、工作技能及内部管理风险，首先要尽最大努力把自身工作做到位，并全过程细化隧道防爆安全的监控环节，以达到防范和降低隧道爆炸风险之目的，这也是隧道安全、优质建成的关键。也就是说，监理单位要统一制定隧道防爆安全监控办法，现场监理机构要对驻地监理人员进行教育与培训，让全体监理人员掌握隧道防爆安全监控范围、内容、程序、方法和措施，并从隧道钻爆安全专项方案、爆破作业安全技术交底这个源头开始，到爆炸物品入库登记、发放、领运、使用、清退、销毁、撤库等环节进行不漏项、不越位的全过程、全方位的监督和控制。

（2）立足本职工作

监理单位虽然不能进行爆破安全监理，但依据《建设工程安全生产管理条例》、《建设工程监理规范》GB/T 50319—2013及委托监理合同等，立足本职工作，从隧道防爆安全角度出发，规定防爆监理范围、内容、程序、方法，明确全体监理人员防爆监理安全职责，对标调整监理人员进场、制定和健全有针对性的安全监理制度和危险性较大分部分项工程监控办法，认真审核设计施工图以及施工单位提交的施工组织设计、开工报告、技术方案、安全方案、进度计划，精心监控现场，大胆管理施工单位，防范隧道爆炸风险。同时，由于监理日记写完一本要上交或每月底要上交现场监理机构，监理单位还应统一制定监控台账或检查表，以便保存而应对上级单位的检查或化解危急事件对监理单位的处理责任。

（3）主动承担责任

物竞天择、适者生存。就建设工程管理而言，工程建设监理也只是现场监督管理的一个环节。而建设单位是工程建设四方主体之一，按照FIDIC条款，业主、设计、监理、承包商是同等地位的法律关系，相互间靠法律及标准来制约。但是，有关建设工程监理规定：监理单位在工程项目中的工作是建设单位的项目管理延伸。也就是说，中国建设工程项目管理特色：建设单位是监理单位的"衣食父母"，还决定监理单位、爆破施工单位的信用评价。因此，监理单位要合法合规监理，守护住道德和法律底线，要始终牢记忍辱负重、顾全大局的中华民族传统美德，对上级单位等检查发现的诸如质量通病、安全盲区、

资料遗漏、环水保死角等等要主动承担责任。

2. 建设单位应完善工程招投标和工程管理办法

（1）针对爆炸物品是重大危险源，在隧道工程招标文件中应明确爆破施工单位必须设置由爆破工程技术人员担任的爆破技术负责人或爆破工作领导人，主持制定爆破工程全面工作计划并负责实施，监督爆破作业人员执行安全规章制度，组织领导安全检查，确保工程质量和爆破施工安全。

（2）针对超过一定规模危险性较大的爆破工序，应明确爆破施工单位必须配置爆破工程技术人员，并持有安全作业证，在隧道爆破作业现场进行指导和旁站管理。

（3）针对爆炸物品是重大危险源和超过一定规模危险性较大的爆破工序，建设单位、建设行政主管部门应严查隧道架子队的组建和管理。

（4）建设单位与爆破施工单位之间，在委托监理合同范围内的联系活动应当通过监理单位进行，并全面维护监理单位的合法权益。更重要的是也要守护住道德和法律底线，让工程管理更加透明。工程发生质量安全问题时，只说监理不到位是不够的，要问责爆破施工单位作为工程质量安全控制的主体，为何不对工程质量安全进行全过程控制？更要追本究源架子队肆意蛮干等深层次问题。

3. 爆破施工企业应诚信守法、严格履约

（1）针对爆炸物品是重大危险源，炸药库保管员、现场负责人（架子队队长）必须由爆破施工企业正式职工担任，确保爆炸物品发放使用工作受控。

（2）针对爆炸物品是重大危险源，爆破施工单位必须配置爆破物品专用运输车辆，禁止"劳务承包人"的任何车辆（买菜、工地运输小四轮农用车、皮卡车、小面包车等）从爆炸物品库到隧道施工现场运输爆炸物品。

（3）针对爆炸物品是重大危险源，爆破施工单位应建立爆炸物品保管、领发、运送三联单制度，爆破工程师审核领料单，保管员必须严格按爆破工程师签字确认的领料单发放，领取人和押运员从库房领取雷管和炸药运送到隧道施工现场临时存放点。爆破作业结束后，现场安全员、领取人、押运员共同确认爆炸物品数量和签认退库单，并确保当班及时退库。

（4）针对超过一定规模危险性较大的爆破工序，爆破施工单位应配置爆破工程师进行隧道钻爆参数及爆破安全设计，确保每作业班审批领取爆炸物品数量符合爆破方案设计的每循环进尺总装药量，并指导爆破作业及安全措施的落实。

（5）针对爆炸物品是重大危险源和超过一定规模危险性较大的爆破工序，隧道现场安全员必须由爆破施工单位正式职工、经验丰富的爆破员或爆破工程技术人员担任，经常检查爆破开挖工作面、爆炸物品现场使用和退库执行情况。

（6）监理工作是在爆破施工单位建立健全的技术管理体系和质量安全管理体系的基础上实施的，应督促爆破施工单位对"架子队"组建和管理要执行"管理制度、人员配备、现场管理以及过程控制标准化"，坚决杜绝一个隧道施工点仅派1～2个刚从学校出来的技术人员管理现场的现象。

4. 建设行政主管部门应完善工程监督管理办法

尽管历史是无奈的，但未来并非不可改变。我们的政府和所有参建单位只需要有勇气窥建设工程偷工减料问题这个"斑"，就可以穿透解读中国现阶段隧道工程建设中"劳务承包企业"分包合同管理这个"豹"。

　　建议建设行政主管部门应加大建设工程招投标活动和承包合同的督察力度，坚决打击在建设工程中"架子队劳务管理"下的爆破施工单位内部指定大包、违法分包的现象，以及施工质量安全管理责任不落实问题等。

　　迫切要求建设工程招投标、信誉评价及架子队等方面潜规则问题的及早解决（这是潜藏的腐败问题），它有助于准确把握监理工作的地位、作用以及安全责任。特别是监理技术层面上的改进更是自然简单的。我们期盼工程建设环境真正法治化。

第十一篇 施工安全人员和现场监理如何合力管控现场安全

当前，施工安全形势严峻，现场负有管控安全职责的施工安全人员，责任重大。现在，施工安全人员职业也是一个高危职业，一旦出现安全责任事故，首先要被追究责任（或双规）。同样，现场安全监理的主要职责也是监控安全。双方的安全目标一致——督查并消除安全隐患，确保不出安全事故。

显然，现场安全人员站在纠正安全违规的前沿，是制止安全违规、消除隐患的"尖刀兵"。从班组的（兼职）安全员、队级安全员、安全工程师到项目安全总监，形成了"四道"专职安全检查关卡。而现场安全监理从（兼职）安全监理、专职安全监理到项目安全总监（或专管安全的副总监）又形成了"三道"监控安全的防线。

即施工项目部和监理机构双方共有管控安全的"四关卡三防线"。

现场主管安全的这"七道"守关人员，如果没有认真把关、积极主动配合和相互大力支持，没有关关抵抗、道道施压，来合力对付现场无时无刻、随时随地出现的各种"人的违规行为"和"物的隐患状态"，而是关关"失守"、道道"放水"，那么，现场必然会出现安全隐患和问题，甚至会失控出现安全事故。安全事故一出，双方将都会被问责或双规，甚至坐牢。

一、"四关卡三防线"，七道人员把关，为何仍会出现安全事故

主要原因简述如下：

1. 施工项目主要负责人支持安全人员工作不够，个别的甚至不支持。关键是不舍得安全投入——支付安全文明措施费"缺斤少两"，常常忘记"安全效益是最大效益"。这就使得各级安全人员不敢大胆作为，只好不情愿地"放水"。

2. 现场各级施工安全人员没有尽心尽责，没有认真排查隐患，推诿、扯皮不作为，或受自身安全技能的局限。（施工方有"四道关卡"，如果任何一道守关人员及时发现并制止了安全事故的苗头，或形成合力及早消除了事故隐患，安全事故就不会发生。）

3. 安全监理和施工安全人员之间存在隔阂，没有有效沟通，没有相互支持，没有合力整治违规。

4. 部分监理人员存在安全意识淡薄、态度不端正，督促消除安全隐患不力，或受自

身安全技能的局限等。

5. 现场比较严重的问题是：在对待安全违规的态度和整改方法上，一些安全管控人员和管理人员护短和狡辩，削弱了整治安全违规结果和行为的力度。

希望我们双方各级安全管控者关注这个问题。在各自起到应有的带头作用的同时，告诫其下一级安全管控者不要这样做。

6. 已经查出的安全隐患，整改落实不及时。口头指出的安全隐患，一些施工负责人推拖拉，现场管理人员敷衍应付。安全人员下发了书面的"安全隐患整改通知书"，或监理人员签发了"安全隐患整改通知单"，也敢消极对待。多次催促，仍不及早整改、落实和回复。甚至，眼看着这些安全隐患被"推拖拉"成安全事故。

以上主要原因的存在，致使安全隐患和问题堆积，量变到质变，最后失控进而出现了安全事故。

二、双方如何相互支持合力管控现场安全

1. 在如何确保现场施工安全上，双方应有效沟通、达成共识，并思想统一

现场施工安全人员和安全监理：

双方安全目标相同——督查管控现场安全，确保不出安全事故。

双方安全利益相关——如果出现安全事故，双方首先都将被问责、罚款或双规。

双方安全共识一致——彼此明白各自的安全责任重大。

在消除查出的安全隐患上，可以有效沟通，达成共识。安全人员应守住前沿的"四道关卡"，尽力消耗或消灭"违规力量"，而安全监理则应坚守"三道防线"，做其后盾，给其支持，齐心协力，采取一切手段，坚决阻挡"违规兵力"越过最后防线。唯如此，现场安全方可控。

2. 最重要的，双方现场各级负责人应大力支持安全管控人员的工作

项目主要负责人——项目经理和总监，是不希望现场安全失控、出安全事故的。这将牵连到其个人、企业利益和信誉，那么就会大力支持现场安全管控人员把好每道安全关。管控安全者一般都会得罪人，也不落好，项目经理和总监需要给予理解、赋予其权力并大力支持，方能使其无后顾之忧地自觉自愿地持续当"恶人"。

同时，我们安全人员和安全监理也应尽心履职，勤奋工作，做出安全控制的业绩，以取得项目经理和总监的信任和支持。

3. 各级安全管控者应坚守底线，持续保持责任心

我们各级安全管控者应有"四怕"：怕违规、违法失去人身自由，怕上级问责愧对领导信任，怕丢面子，怕失去自我实现的机会平台。有了这"四怕"就会收敛私心，站稳立场，坚守安全底线，履行职责，持续增强责任心。进而，认真排查出隐患。发现安全隐患，会绝不放过，并关关设防，道道施压，催促整改落实到位。最后确保不出安全事故，从而规避个人风险，进而规避项目和企业风险。

4. 各级安全管控人员应相互支持，齐心协力整治安全违规

在现场，安全管控人员和安全违规行为的对抗是"持久战"，绝非一时一日一月可就。我们需要相互支持，需要持续保持耐力和"斗志"。消除安全隐患，双方所有前一级的管控人员是后一级的"尖刀兵"，而后一级管控人员是前一级的"后盾"和督导员，层层检

查、制止，级级施压、整治，方能守住最后不出安全事故的"红线"。

5. 双方内部可以适度争执，应尽量减少"口水仗"

在现场，当双方存在分歧时，可以争执，但要适度。不要斗嘴斗气，不得争吵不休。为了安全可控，各自都不要"护犊子"，不要"死要面子活受罪"。应相互包容和适当妥协，避免"同流合错"。应努力克服相互轻视、拆台的"老毛病"，少打"口水仗"。有了隔阂，及时沟通消除。

6. 在安全管控上，双方共同提倡"抓大重小"

现场诸多事故案例剖析原因一再证明，"抓大放小"，不可用于当今的安全管控工作。它与"千里之堤溃于蚁穴"、"隐患细节决定成败"的安全管控理念相反。

实际上，我们在日常安全工作中，根本就没有所谓的"大事"可抓。我们所有的重要安全工作具体细化开来都是"小事"。因此，我们每天安全管控的主要工作内容就是自始至终都不能放过一个安全隐患、不能疏漏一个安全细节。

我们每天要做的只有：关注每一个安全隐患，把诸多安全"小事"，一个个耐心认真地做好。如果容易消除的"小隐患"不消除，"大的"在整改的过程中，必然会大打折扣。切记，"小的"安全隐患累积到一定程度必然会质变成"大的"安全事故。

我们只有按照轻重缓急一个个消除了"小的"隐患，才会累积成避免任何安全事故发生的"大事"。所以，我们双方应大力提倡：抓住"大患"不放松，重视"小患"不放宽。即"抓大重小"。

7. 不幸发生安全事故，双方必须做到"四不放过"，并及早上报

一旦出现安全事故，无论大小，我们安全人员和安全监理必须做到"四不放过"，以避免同类安全事故再发生。切记，对安全事故的漠然，草草收场，就是对下一场安全事故的"鼓励"。

同时，必须按规定的时间和程序上报。随后，应主动配合和协助上级调查组工作。如果查出我们自己存在过错、失职和渎职行为，应主动承担责任。

8. 双方要积极应对上级单位和部门的各种安全检查

实际上，如果平常我们把现场各项安全工作做好，那么，我们无论遇到什么样的安全检查都不用紧张和忙乱。

根据经验，我们现场安全管控人员应对上级的检查，应做到如下几点：

我们要正确理解上级的各种安全检查。这诸多安全检查的目的和作用与我们日常检查的目的相同，可以促使我们各项安全管理工作的改进。我们应借助于上级的每次安全检查，整治现场安全违规，力争使每次安全检查起到应有的整治作用，以使自己管区范围内的安全始终处于可控状态。

对待上级的每一次安全检查，施工和监理双方应热情主动，积极配合。

在上级来检查前期，应及时或提前把我们的安全资料和现场安全隐患排查一遍，"借力打力"，合力施压催促施工人员消除现场的安全隐患，规范施工安全行为等。

在上级检查时，施工和监理双方应严肃认真，对查出的安全违规行为（问题）不辩解，更不得当场狡辩和顶撞。要主动承认存在的问题，承诺限期整改、回复闭合，并举一反三到其他工序和作业面。

另外，对不同的上级检查，我们在应对方面要有所区别。我们双方内部的各种安全检

查，应确保每一次安全检查都起到纠正安全违规和提高安全管控水平的积极作用，应主动"露丑"，自觉上报所存在的安全"顽症"，让自己以外的力量来施压整改，迫使自己管区的安全违规行为收敛。

对业主及政府行政主管部门的安全检查，我们更应高度重视，积极配合，借助其安全督查的力度，整治现场安全违规，以使现场安全可控。

9. 安全监理查出安全隐患和问题的同时，要帮助施工方提出如何防止再发生的措施和建议

现场安全监理要尊重施工安全人员，不可以只是指出安全隐患和问题，没有提出如何纠正的措施和建议。查出安全隐患和问题不是目的，目的是要和安全人员一起施压，促使管理人员和施工人员整改，并举一反三到其他工序和作业面，进一步采取措施避免今后再次发生类似安全隐患和问题。这也要求我们安全监理努力掌握安全技术知识，对发现的安全隐患和问题，知其然，也知其所以然。

总之，我们现场施工安全人员和安全监理，双方应经常有效沟通，达成共识并统一思想；无论如何都必须敢于作为，尽到职责；必须相互配合、相互支持，齐心协力整治安全违规，主动消除安全隐患，确保现场安全可控，确保不出安全事故。从而，规避我们个人的安全责任风险，进而规避项目和企业风险。

最后如下三句警言列入文后：

"安全监管人员不及时消除事故隐患，事故隐患就始终纠缠安全监管人员。"

"领导轻视消除事故，事故突发拖垮领导。"

"企业不消灭重特大事故，重特大事故就毁掉企业。"

第十二篇　以黄河特大桥大型机械设备为例，简述安全监控要点

准朔重载铁路黄河特大桥采用了缆索起重机、扣挂系统、龙门吊、施工升降机、塔吊等特殊大型机械设备、特种设备以及大临工程设施等施工措施。为了确保黄河特大桥监理工作顺利实施，北京铁城监理公司准朔铁路监理站安排一名副总监兼分站长主管现场，施工高峰期间现场在位监理人员达到11人。通过监理站上下重视，各参建单位积极配合，成功地实施了黄河特大桥东西两岸拱座深基坑开挖、钢管拱安装、钢管拱混凝土顶升。

下面就黄河特大桥大型机械设备施工专项安全监理工作总结如下，以对类似工程施工监理有所裨益。

一、分析工程难点，掌握施工部署

1. 工程概况

黄河特大桥是为朔州至准格尔新建重载铁路上跨黄河而设，它位于黄河龙口水库库区。桥东西两岸分别位于山西省河曲县（朔州岸）与内蒙古自治区准格尔旗境内（准格尔岸）。该桥主体结构按照铁路双线（预留）桥设计，由引桥及钢管拱主桥组成，设计范围为DK134+521.72～DK135+177.12。主桥采用净跨360m的钢管提篮拱结构形式一跨跨越黄河，两交界墩中心距为381.6m，拱顶84m范围内采用混凝土Ⅱ型刚架，拱座基础与交界墩基础共用，全长655.60m。桥跨布置形式为（2×24m+3×32m）预应力混凝土T梁+1×380m上承式钢管混凝土拱+（2×32m+2×24m）预应力混凝土T梁。引桥基础有为明挖基础和挖井基础，墩身形式为单线、双线圆端型实心桥墩和空心桥墩，桥台采用T型桥台。

2. 工程难点

（1）东西两岸拱座深基坑挖深达40m，出碴困难较大。

（2）东西两岸交界墩高达50m以上，保证高墩的施工难度大。

（3）钢管拱的空间定位和焊接质量保证难度大。

（4）钢管拱内顶升灌注C50钢纤维混凝土、补偿性无收缩混凝土，一次顶升高度达39.4m，一次顶升量为640m³，施工质量安全保证难度大。

（5）拱上墩高达46m，拱上现浇刚架，高空作业难度大。

3. 大型机械设备施工部署

（1）跨黄河修建280t缆索起重机一座，早期用于主桥钢管拱起重吊装，后期用于拱上墩K撑"平转立"翻身、安装以及吊装边跨预制成品T型梁；10t缆索起重机主要用于配合拱上结构施工，该缆索起重机依附于280t缆索起重机塔架上设立；25t、50t汽车吊用于缆塔拼装及其他起重吊装作业。

（2）在东岸施工现场设钢管拱拼装场地，配置了四台龙门吊。早期用于哑铃型拱肋起重预装，再配备200t液压平板车，用以转运拱肋立体分段等龙门吊无法起吊的大型构件，可实现拱肋分段从总装工位到缆索起重机吊装工位的90°转身；后期用于抬运、加上两台汽车吊配合缆索起重机实施拱上墩K撑"平转立"翻身。

（3）东西两岸5号、6号拱座深基坑出碴采用100t履带吊作为垂直运输设备，挖掘机

在基坑内装斗，履带吊提升吊斗并垂直运输和装车，自卸汽车外运。

（4）西岸 ST7030 塔吊，早期用于缆塔和扣塔安装，后期用于拱上墩翻模、钢筋工程、K 撑斜撑湿接头现浇段模板支立满堂支架及悬挑平台施工。

（5）东岸设置 90m³/h 拌合站 1 座，拌合站设试验室；西岸设 90m³/h 搅拌机组 1 台。钢管拱混凝土施工高峰期间，东岸在既有拌合站场地新建一套 90m³/h 搅拌机组 1 台，西岸租赁一套 90m³/h 型商混站（距施工现场 16km）。

（6）东西两岸缆塔、扣塔各配置了一台施工升降机，主要输送作业人员上缆塔、扣塔作业和检修。

（7）扣塔大临工程设施用于钢管拱斜拉扣挂安装。

二、研判监理依据，充分做好事前控制工作

1. 依据监理依据，分析危险性较大的分部分项工程

根据"新建铁路朔州至准格尔线 DK134＋850.57 黄河特大桥施工图"、"黄河特大桥缆索吊设计图"、《危险性较大的分部分项工程安全管理办法》（建质［2009］87 号文）、《铁路桥涵工程施工安全技术规程》TB 10303—2009、《钢结构工程施工及验收规范》GB 50205—2001 等，黄河特大桥危险性较大的分部分项工程分析如下：

（1）东西两岸 5 号、6 号拱座设计尺寸 35m×23.6m×20.3m，深基坑最大开挖尺寸分别是 45m×38m 和 49m×45m，开挖深度 33～40m，是超过一定规模的危险性较大的分项工程。

（2）钢管拱安装跨河 304m、起重最大拱段重 263t、高空作业高度达 75m、钢结构跨度 360m，属于超过一定规模的危险性较大的分部工程。

（3）缆索起重机起重钢管拱单件起重量达到 263t，属于超过一定规模的危险性较大的起重吊装工程和安装拆卸工程。

（4）拱上墩 K 撑预制后，用两台龙门吊抬运、两台汽车吊配合缆索起重机实施 K 撑"平转立"翻身，然后由缆索起重机起重吊装施工。K 撑单件起重吊装重量 120t，属于超过一定规模的危险性较大分项工程。

（5）拱上墩翻模、钢筋工程采用塔吊施工，属于危险性较大的分项工程。

（6）拱上墩上安设脚手架工程：K 撑斜撑现浇段模板支立的满堂支架及悬挑平台（主要考虑混凝土模板支撑工程施工总荷载、集中线荷载和风荷载，下同）、拱上墩顶节整体浇筑斜撑和顶帽的满堂支架及悬挑平台、G5 和 G8 刚架墩的满堂支架及支架平台，属于危险性较大的分项工程。

（7）龙门吊、塔吊起重设备安装拆卸，属于危险性较大的安装拆卸工程。

2. 识别管理范围内法律法规，评价工程风险

认真研判《建设工程安全生产管理条例》、《铁路建设工程安全风险管理暂行办法》（铁建设［2010］162 号）、《特种设备质量监督与安全监察规定》（国家质量技术监督局令第 13 号）、《起重机械安全规程 第 1 部分：总则》GB 6067.1—2010、《工程建设安装工程起重施工规范》HG 20201—2000、《大型设备吊装工程施工工艺标准》SH/T 3515—2003、《特种设备注册登记与使用管理规则》（质技监局锅发［2001］57 号）等，黄河特大桥属于特殊结构的跨河长大、高墩桥梁，且拱座深大基坑工程采用爆破开挖，即属于高

风险工点，工程风险就是监理主要质量安全风险。

具体风险分析如下：

（1）深基坑边坡失稳，坑边、河边施工荷载过大引发坍塌事故。

（2）280t缆索吊起重运输、扣塔斜拉悬臂、扣挂失衡倾覆风险。

（3）钢管拱安装施工过程中，体系转换与设计不符，导致钢管拱成桥线型与设计不符。

（4）钢管拱混凝土在不对称顶升过程中，拱轴线偏向其中一侧导致拱肋变形超标；8条钢管拱肋、4条平联板在混凝土顶升过程中，焊缝胀裂引发质量安全事故。

（5）拱上墩墩柱向内倾8°，且三维坐标与钢管拱不可控变形有关，加上桥址地区温差大和河风大等环境因素，墩柱倾斜会影响简支T梁架设。

（6）拱上现浇刚架墩高空作业风险较大。如K撑起重吊装事故、悬挑施工平台或支架平台坍塌、混凝土爆模坍塌、高空坠落、落水事故、高空坠物等。

（7）起重机械事故、如起重伤害、起重机械用电、火灾事故等。

3. 突出总监岗位的安全责任，实施监理风险总体控制

突出总监的职能作用和安全责任。总监组织专监根据施工图及现场情况，主持编制了各项安全监控办法、专项安全实施细则和旁站方案等，对监理风险实施总体控制。

（1）制定"危险性较大的分部分项工程监理管理办法"；

（2）制定"大型机械设备监理管理办法"；

（3）编制"危险性较大工程安全专项监理实施细则"；

（4）编制"安全风险管理监理实施细则"；

（5）编制"高风险工点监理计划"；

（6）编制"安全监理实施细则"；

（7）编制"黄河特大桥监理实施细则"；

（8）编制"黄河特大桥安全监理细则"；

（9）编制"黄河特大桥旁站监理方案"。

4. 识别职责范围内的重大环境因素及危险源，严格审查专项方案

对职责范围内的重大环境因素及危险源、管理范围内法律法规及其他要求进行识别，主动控制黄河特大桥大型机械设备、特种设备及大临工程设施施工安全风险因素，最终实现重大环境因素、重大危险源、应急预案审核率达到100%。

（1）按照安全标准化管理规定，对于高风险工点工程风险管理实施细则经监理单位审查、建设单位审定后，纳入实施性施工组织设计。

（2）高风险工点专项施工方案经施工单位技术负责人审定后报总监审查，并报建设单位批准。应急救援预案报业主备案。

（3）坚持施工组织设计审核制度。根据工程质量安全风险预控工作程序，对施工单位危险源识别和评价、安全风险评估报告、实施性施工组织设计、起重设备安装拆卸工程安全专项方案、危险性较大的分部分项工程安全专项施工方案、超过一定规模的危险性较大分部分项工程安全专项施工方案等进行审批。

（4）施工监控技术方案按程序审批，并报业主工程部、安质部核备后执行。

（5）根据图纸深化设计程序，钢管拱合龙等重要专项施工方案在设计院给出审定意

见，要求施工单位完善后报监理机构批签。

（6）在审查施工单位施工组织时，必须把大型施工机械的配备作为监理重点审查内容，并监督施工单位落实到位。

5. 分包单位资质及业绩核准

组织专监审核分包工程是否与投标分包计划相符、缆索起重吊装专业分包资质等级、注册资本是否满足分包工程规模要求，查验其安全生产许可、资质、营业执照与质量管理体系认证是否符合要求等。"分包单位资质报审表"审批后，分包合同送项目监理机构备案并报业主核备。施工单位在履行合同过程中若提出分包，要求其事前报业主批准或书面同意。

6. 落实专项方案审批程序、分散监理风险

黄河特大桥桥位施工属于高危作业，应落实专项方案审批程序，坚持"安全第一、预防为主"的安全生产方针，全面的、全过程的、全方位的展开安全生产监理工作，对监理风险实施分项控制。

（1）黄河特大桥高风险工点专项施工方案、土石方大爆破工程、深基坑及支护工程、高空作业工程、起重吊装（钢管拱、拱上墩K撑）及缆索起重机安装拆卸工程、钢管拱混凝土工程、高大模板（墩身翻模部分）工程等超过一定规模的危险性较大分部分项工程安全专项施工方案，要求施工单位组织专家进行技术论证，规避工艺风险，分散监理风险，并检查专家论证意见是否纳入专项方案中。

（2）施工单位按照施工图编制的大临工程指导性施工组织设计，自行组织具有相应资质的单位对缆索起重机大临工程进行详细施工组织设计，再另请一家资质单位进行复核和评定，并按照程序评审与报批。

（3）拱上墩墩身劲性骨架（变形）、节点板、爬梯、临边防护等主要受力杆件计算书、图纸及稳定验算等列入拱上墩专项施工方案附件中。

三、重在落实，事中把关

针对黄河特大桥特殊结构桥梁超过一定规模的危险性及特殊性，我们以安全标准化建设为核心，采取施工准备阶段严格源头把关、施工阶段强化过程控制的监理方法，大胆对黄河特大桥项目部进行管控，并从以下十个方面实施大型机械设备、特种设备及大临工程设施的分项监理工作：

1. 查验缆索起重机、扣塔、施工升降机等制造厂商资质、出厂合格证（含防坠安全器）、制造监督检验证明、使用说明书，施工升降机备案证明等原始资料。

2. 查验缆索起重机、扣塔、龙门吊，施工升降机、塔吊的报验手续、验收检验、试吊记录、定期检验，定期维修及日常保养资料。

3. 查验特种设备安装、拆卸及操作等特种作业人员资格证及电梯工复审记录、特种作业人员上岗前安全教育培训以及高空作业人员体检、高空作业安全防护、有关施工机械设备及安全设施验收，各种安全标志。

4. 检查项目部大型施工机械设备安全管理制度、规章、规程及落实情况，各岗位大型施工机械安全管理职责及落实情况，主要负责人和项目部部门负责人跟班作业制度及落实情况；大型施工机械安全生产的措施及落实情况；定期安全检查情况；大型施工机械安

全生产应急预案准备及演练；机械设备进出场登记等情况。

5. 检查各类提升机构（龙门吊、汽车吊、缆索起重机、塔吊）、翻模工程、各种悬挑施工平台及支架平台、临边防护、脚手架、安全网、避雷设施、攀登和悬空作业、墩旁通道安全防护棚等施工安全技术交底。做到施工升降机各部销、螺栓及开口销不使用替代品；塔吊吊钩有防脱装置、特别注意塔吊与缆索起重机、扣挂系统之间有防碰撞措施；龙门吊有吊钩防脱装置、防溜锁定装置及防碰撞装置，使用中走行轨道上无异物情况等。

6. 检查安全高风险告知制度。项目部实施工程技术交底会、施工安全交底会。工程技术及施工安全交底书，应做到签认有效。

7. 按照黄河特大桥监理实施细则和旁站监理方案，对黄河特大桥大型机械设备、特种设备及大临工程设施需要旁站的工序和部位还需进行旁站，跟班监督这些重要部位或工序的设计技术要求、安全措施是否落实。

钢管拱混凝土顶升前，见证应急发电机及应急输送泵试运转，防范混凝土顶升施工过程中不测事故发生。

8. 遇六级以上大风时，禁止露天作业。暴风雨过后，对大型机械设备、特种设备及高处作业安全设施进行检查。

9. 定期检查和专项检查，突出对关键岗位、关键时段、关键人员、关键部位、关键环节等安全风险关键点的检查，排查大型机械设备施工安全隐患，及时发现苗头性、倾向性问题以及容易引发安全事故的苗头。

10. 突出整改时效，对严重隐患要立即解决，防范事故发生；对各种不规范、不标准、不符合要求的惯性违章和违规行为及时纠正或暂时中断施工或予以整治或停止使用。

现场存在紧急或重要的安全问题或隐患，及时口头或书面通知整改。

四、总结经验，抓好事后控制工作

黄河特大桥采取特殊大型机械设备施工，且特种设备较多。因此，总结大型机械设备施工安全专项监理工作，在以后监理工作中继续发扬，汲取教训，推广经验，很有必要。

1. 铁路建设工程质量安全是一个系统工程，从"人、机、法、料、环"五个因素看，大型机械设备安全监理工作是相当重要的。也就是说专监要有铁路建设项目综合管理知识，才能胜任综合性较强的铁路建设监理工作，有效推进铁路建设监理科学化、规范化、标准化，全面落实"质量、安全、工期、投资效益、环境保护、技术创新"六位一体的要求。

2. 大型施工机械设备安全监理工作与主体工程监理一样重要，工作程序、监理方法、控制措施及监控力度应与主体工程监控要求同样，根据监理工作依据，按照规范化管理、工序化施工、标准化验收，才能使大型机械设备施工安全受控。

3. 在政府相关职能部门的领导下，同建设单位、设计单位、施工单位和监控单位大力协调配合，认真贯彻"预防为主、综合考虑"的安全监理原则，行使质量安全监督权（否决权），严格按监理程序控制。

即过程控制标准化，做到把关住源头、控制住过程、卡住工序、管理住细节，才能取得增强安全意识、实现安全生产的效果。

五、持续改进建议

1. 问题是最好的教材，岗位是最好的课堂，团队是最好的老师。在大型机械设备安全监理实践工作中，要自我诊断，找出薄弱环节，并坚持学习工作化，工作学习化，将学习有关法律、法规、规章及规程的成效转化为分析和解决实际问题的能力，形成"靠素质立身、靠学习进步"的氛围，并研读大型机械设备、特种设备等使用说明书，使所有专业技术要点均处于有效监控范围。

2. "宁当恶人，不当罪人。"不能降低工作标准，不能漏检，更不能放松现场的监督、管理，提升以前期防范（找出风险点）、中期控制（止住出血点）的风险管控专项执行力，及时发现和果断纠正施工单位安全管理问题，消除大型机械设备、特种设备等安全隐患，做到不失职、不渎职，从而规避自身、现场监理机构及监理单位责任风险。

3. 站好位，不越位，合法合规监理。

4. 监督施工单位做好与大型机械设备相关的等工程危险源控制工作、工程监控量测工作，提高信息化施工手段。组织对重大危险源相关作业和高危作业实施平行、旁站监理。当出现施工单位不配合监督管理或野蛮施工的事件，及时签发监理通知，或暂停施工整改，或向监理站报告处置，以使现场施工安全、工程质量全面受控。

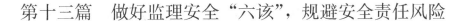

第十三篇　做好监理安全"六该"，规避安全责任风险

——概括新版《建设工程监理规范》GB/T 50319—2013
第 5.5 节"安全生产管理的监理工作"有关规定

一四年，监理规范出新版。

重安全，安全履职添新篇。

防事故，监理责任重如山。

避风险，下述"六该"须做完；

该"写写"，规划细则内容全；

该"审审"，体系资格加方案；

该"查查"，巡视检查找隐患；

该"发发"，安全通知及时签；

该"停停"，严重隐患停令颁；

该"报报"，拒不执行报"主管"。

唯尽心，出事或会不牵连；

唯尽责，安全可控避风险。

注：1."六该"：概括新规范 5.5 章节中监理各项安全工作，即"写、审、查、发、停、报"。

　　2."主管"：指与建设工程有关"主管部门"。

第十四篇　安全文明施工费投入现状分析和有效对策

建筑施工现场，风险源颇多，安全隐患随时随地出现，参建各方都时刻紧绷安全这根神经。为了避风险，只好"不厌其烦"地做如下形式的日常安全工作：

1. 张贴安全标语。"安全第一"，"生命至上"，"安全责任重如泰山"，"安全效益是最大效益"——这诸如此类的安全警句和标语，喊得山响，到处悬贴。

2. 各种安全检查。日查，周查，月查，季度查，季节查，节日查；挂牌查，巡查，暗查，专项检查、复查（下发通知单、通报，整改，回复，闭合）——这频繁重复的安全检查，我们不得不深陷其中。

3. 各种安全会议。安全交底会，工程周例会，监理周例会，安质月度例会，安全专项检查会，事故通报会，层层级级传达会——这雷同的讲安全的会议，几乎天天有。

每每还要求参建单位的主要领导每会必签到。有的"会油子"嘲笑说，我们天天占用时间开安全会，就没有时间落实安全会议事项了。

以上这些劳神费力的日常安全工作，其实际效果如何？其持续效果又如何呢？

请看施工现场，明面上的各种安全隐患或熟视无睹，或屡纠屡犯。督促整改总是"消极应付"，甚至"软抵硬抗"。文件没少下，会议频繁开，安全事故该出还出。一个项目，同类安全事故一而再再而三地重现……

为什么，进而对原因再问为什么，再进一步向深处追问为什么……

只要认真追究，追问三个以上为什么，就会找出深层根源。显然，深层次问题稍加解决，现场的诸多安全问题定会迎刃而解。

那么，安全隐患消除不力、"屡纠屡犯"，以及事故多发的根源是什么？

最根本而直接的原因，就是安全投入不足，参建各方舍不得安全投入！

各参建单位支付安全文明措施费"短斤缺两"，落实安全保证措施"偷工减料"。大多数劳务人员的安全培训及交底流于形式。劳保用品购买发放"凑合了事"。甚至"保脑袋"的安全帽也购置比较便宜的（不合格）。在岗安全管控人员"滥竽充数"或是"聋子的耳朵"。甚至常常遇到——安全管控人员要求的稍微严一点，就会受到其上级的训斥、违规者的威胁，甚至殴打……

更严重的，部分施工项目或工序层层分包，劳务队伍管理是"以包代管"。在实际的分包协议中，尽管写着出了安全问题和事故由基层劳务队承担，但各基层劳务队因到手的"蛋糕"利润大大缩小就更舍不得安全投入……

这就是现场施工安全管理的现状，这就是安全难管的本质。

如果我们（业主、监理机构和施工安全管理人员）不严加管控"安全文明措施费"，使各项安全投入（资金、材料设备、人员等）落到实处，真正满足现场实际安全的需求，那么，想使现场安全始终处于可控状态就极其困难。上面所述的诸多安全口号、安全检查和安全会议等形式尽管很热闹、很劳神费力，但如同"水上浮萍"——都只能是面上的花架子。

如何有效应对？

以前常规的管控手段已经不能有效遏制安全问题和事故的发生，现在我们管控的最强

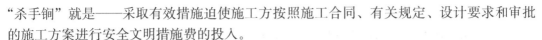

"杀手锏"就是——采取有效措施迫使施工方按照施工合同、有关规定、设计要求和审批的施工方案进行安全文明措施费的投入。

首先，在招标文件中，业主应要求投标单位列目详述安全文明措施费使用情况及所需费用明细。

在施工合同或协议中，必须明确该标段所需安全文明措施费包含的项目明细，明确如何使用（严禁挪用、克扣）、如何审核签认、如何支付等。同时，明确结余的款项归业主，决不允许转换成"其他费用"或利润。超支的、必要的款项按规定程序审批后，业主应及时支付。

在进场后的首笔预付款中，就要单列安全文明措施费支付比例，该首笔费用应满足临建和开工后一段时间的现场安全要求。

总之，在施工合同中，就是要明确业主支付的安全文明措施费必须百分之百地用于现场施工。无论多少层分包，此费用不得克扣和挪用。

其次，业主应树立参建该项目所有安全管控人员的权威。

要求各参建单位按合同承诺的安全工程师到位履约，不得擅自更换。建立"施工项目部安环部长（或安全总监）（有的项目部设置的安质部，要求其分成安环部、质量部两个部门）—监理部安全总监（或兼管安全的副总监）—业主安全负责人（或监管安全的副经理或总经理）"的自下而上的"三级安全直管系统"。并赋予参建各方安全管控人员足够的权利，同时也赋予其职责，明确奖罚条款。

其三，按月单列支付安全文明措施费。

在开工前，由施工项目部的安环部按照合同条款及总体施组计划要求，组织编制出安全文明措施费（每月）使用计划明细表。上报监理部，经安全总监（或兼管安全的副总监）核签后，再上报业主安全负责人（或监管安全的副经理或总经理）审批。该使用计划明细表将作为今后施工中每月实际支付安全文明施工费的对照依据之一。

在施工中，每个月底，施工项目安全部应组织编写本月安全文明措施费实际使用明细表并附相关真实票据和资料，以及编制下月使用计划，按上述"三级安全直管系统"程序自下而上限时报批。签认手续完备后，业主财务部应及时支付，以保证后期现场安全措施费的及时投入。

其四，各上级政府行政主管部门，应把"安全文明措施费"使用情况作为核查的重点。定期不定期核查，账物对应，可追溯。发现违规使用，应严处。

施工须安全，安全有条件。省工又减料，出事肠悔断。我们不应当做后悔莫及的傻事。

总之，只要有了足够的安全文明措施费投入作保障，自然各项安全措施的落实到位和各种安全隐患的消除就不会只做"表面文章"。只要安全管控人员有了实实在在的责权利和坚强后盾支持，其各项安全检查自然会认认真真，查出的问题自然会及时督促整改到位。同时，前述的形式主义的花架子也会大大减少。

唯如此，参建各方才舍得安全措施费用的投入，所有安全管控人员才会尽责，所有施工人员的安全意识才会不断提高，现场安全才可控，安全事故才可以避免，上下各级领导才心安。

第十五篇　隧道复工主要安全风险分析与防范措施

山西省中南部铁路通道从 2010 年年初开工以来，黄土隧道多次发生掌子面塌方和支护坍塌安全事故。从 2013 年元月开始，ZNTJ-6 标剩余隧道工程有黄土隧道（百店隧道、蒲县隧道）、水平岩层隧道（隰县隧道出口、前古坡隧道）、土石分界隧道（百店隧道出口），且暂停施工 2～6 个月余。通过制定隧道安全风险防范监理对策和有针对性、前瞻性的防范措施，并严格按照施工程序控制各隧道复工，取得了增强安全意识、实现安全复工与复工安全的监理工作成效。

一、隧道安全风险分析

中南通道 ZNTJ-6 标剩余隧道工程地质条件复杂，暂停工时间较长，加上过了一个严寒的冬季，隧道初始风险已构成和影响各隧道复工及项目目标实现的因素之一。分析如下：

1. 百店隧道掌子面封闭后复工时黄土地应力和地下水压力放散易导致集中爆发而产生地质灾害事故，风险等级为高度。

2. 百店隧道进口、蒲县隧道进出口及斜井仰拱开挖长度超标、拱架间距及螺栓连接不规范，容易形成大地压而产生土体变形失稳，存在初期支护大收敛、大变形及坍塌风险，风险等级为高度。

3. 百店隧道出口、隰县隧道出口爆破开挖存在意外爆炸风险，风险等级为高度，贯穿整个隧道施工。

4. 前古坡隧道爆破贯通地表施工（周边环境有乡村公路和百店隧道出口营区）存在第三方人员风险，风险等级为高度。

5. 百店隧道出口土石分界处土质含水量大，在施工扰动下容形成软塑层，存在涌水突泥的地质灾害风险，风险等级为中度。

6. 百店隧道进出口拱部黄土夹富水砂层，掌子面深孔注浆及拱部超前小导管注浆不到位、上台阶开挖长度超标、施工顺序不当，存在施工塌方风险，风险等级为中度。

7. 蒲县隧道斜井挑顶进入正洞，存在喇叭口初期支护开裂、大变形风险，风险等级为中度。

8. 蒲县隧道斜井交通运输存在溜车风险，风险等级为中度。

9. 隰县隧道出口水平岩层紫红色砂质泥岩开挖成型困难，存在拱腰部容易掉块、顶部冒顶及塌落风险，风险等级为中度。

二、隧道安全风险防范思路

1. 隧道安全风险防范监理对策

在隧道安全风险防范中，地质是基础（施工环境中主要是地质状态：岩土性质、地下水、断层、地应力等），人是根本（辨识安全风险、落实复工条件、规范施工操作、关键节点验收），而预防是关键。

结合剩余隧道工程实际情况，隧道安全风险防范主要监理对策如下：

（1）根据建设单位各项安全工作指示，结合工程实际情况，进行监理内部自查自纠，以符合监理项目安全风险控制要求。

（2）按照"持证上岗、结构合理、专业配套、数量合适、职责明确、精简高效"的原则，进行专监和监理员配备，以满足现场监理工作需要。

（3）学习和掌握建设工程监理相关的法律、法规、规章及政策，认知行为责任、工作技能、技术资源、管理等监理自身风险。

（4）坚决执行工程建设安全强制性标准，控制地质环境与施工单位组织、管理、技术以及第三方等监理外部风险。

（5）认真执行《安全生产法》"安全第一、预防为主、综合治理"的安全生产管理方针，做好安全风险控制工作，打好剩余隧道工程复工开局第一仗，做好安全风险防控为"五控制、两管理、一监督、一协调、一稳定"监理任务顺利完成奠定基础。

2. 严格把关隧道复工条件的落实

隧道施工应具备法定的安全生产条件：施工环境、机械设备、施工设施、管理组织、制度、技术措施等。隧道主要复工条件：

（1）工程进入扫尾阶段，要求施工单位继续兑现投标承诺的各类管理人员进场，严格履约现场架子队的组建和管理，各隧道施工点架子队人员重新报监理部审查、建设单位备案。

（2）经过一个冬季后，复核施工单位隧道洞外控制桩、水准点及洞内施工中桩点复查成果，防范控制桩及水准点移位和沉陷；对隧道中线、高程、平面位置以及洞内外监控量测复测成果进行检查，控制初期支护变形和防范隧道在扫尾阶段打偏。

（3）针对超过一定规模危险性较大的隧道爆破作业这一特殊工序，查验隰县隧道出口、百店隧道出口、前古坡隧道等爆破作业安全技术交底是否明确：爆破作业统一指挥、爆破器材在施工现场作业点的暂时存放要求、洞内装药安全区及洞外危险范围划定、警戒岗哨布设名字、警标设置要求等。

（4）检查施工单位复工安全教育与培训、重大危险源与应急救援管理、安全隐患排查，施工计划等统筹安排和重点布置。

（5）按照《建筑法》及监理程序，进行复工关键节点验收，审批施工单位"工程复工申请表"和"复工申请报告"。监理部核实隧道满足复工条件及现场实际情况是否满足安全、质量、综合管理等各个方面的要求，批准复工后方可动工。复工情况及时向业主报告。

3. 坚决实现重难点隧道工程的安全复工

百店隧道剩余段落是重难点工程，进口地质为粉质黏土夹富水砂层，出口地质是上土下石（拱部粉质黏土夹富水砂层，且土石分界处富水）。百店隧道复工安全监控始终是放在监理各项工作的首位，不仅复核隧道施工安全风险重新评估报告，掌握初始风险等级、残余风险等级以及隧道风险等级，还通过对各类专项方案审核，协助施工单位找出工程关键岗位、关键时段、关键人员、关键部位、关键环节等安全风险关键点及其检查内容，并积极配合建设单位把关隧道三个阶段复工安全风险评估工作：

第一阶段：施工单位编报隧道复工安全专项方案、注浆专项方案（包括注浆专业分包资质报审）、试验段专项施工方案及高风险应急救援预案，并落实复工安全专项方案内容。

隧道超前地质预报、监控量测、隧道控制网复测、临时仰拱、止浆墙等现场复工安全措施等工作完成后，再编制复工安全评估资料，提出复工报告及架子队组建、施工人员、原材料、机械设备、火工品使用单位验收（包括火工品库房）、上岗教育培训等复工准备工作资料。经监理部核实满足保证现场技术、质量、安全、试验、测量、物资等管理人员足够，现场安全、质量隐患消除等要求，复工关键节点联合检查验收合格，进行复工安全评估和签认。施工单位填写复工准备自检表和工程复工申请表，经总监签发复工令后，方可复工。

第二阶段：隧道试验段注浆结束后，进行注浆效果评估。

第三阶段：隧道试验段施工完毕，提交试验段总结报告，并进行评估。编报隧道剩余段落专项施工方案后，正式施工。

三、隧道安全风险主要防范措施

针对中南通道项目特点，结合 ZNTJ-6 标各隧道工程实际情况，为让建设单位满意，实现工程项目监理目标（合同约定的工期、质量标准、合同价款、安全文明施工控制目标），以工程承包合同、委托协议书、技术规范、设计图纸及有关文件为监理依据，坚持没有安全技术措施不施工、没有进行安全技术交底不施工、危险因素未排除不施工的"三不施工"原则，通过超前监理，预防为主，动态管理，跟踪监控的监理方法，对 ZNTJ-6 标剩余隧道工程复工进行安全风险管理，主要采取"因地制宜、量身定做"的防范措施：

1. 前事不忘，后事之师。深刻吸取安全事故教训，反思事故深层次原因，落实监理安全监管责任。见微知著、未雨绸缪，对重难点隧道工程、关键环节及特殊工序的后续施工要采取有针对性的防范措施，提高监理控制风险的能力。如复工前进行"隧道施工安全监理交底"、"百店隧道专项安全监理交底"、"岩石隧道防爆安全监理培训"，指出了隧道复工安全风险、监理依据、监理内容、监理方法和主要监理措施。

2. 对超过一定规模危险性较大的爆破工序，要求制定安全专项方案；对经重新评估为高度风险，要求按照风险管理实施细则编制专项施工方案，并纳入重大危险源的管理，制定重大危险源应急预案，进行日常动态的监控；实施预案演练，演练总结和改进。

3. 审查新编专项施工方案是否明确：技术负责人牵头，超前地质预报、水文地质监测及监控量测人员参加，成立隧道施工地质灾害临近警报组织机构，归口管理和综合研究超前地质预报、水文地质监测、监控量测及现场观察等分散的安全管理和风险监测信息，对开挖面前方有可能诱发的重大的地质灾害建立临近警报系统，并评判其危害程度，提出施工预案对策。

4. 查验隧道复工新上场人员上岗培训教育记录（分批进场、分批培训与交底、分批检查）及各类安全技术交底的执行情况。

5. 审查施工单位安全生产管理组织机构，查验安全生产管理人员的安全生产考核合格证书、爆破从业人员、特种设备操作和特种作业人员上岗资格证书。

6. 检查隧道钻爆安全专项施工方案、石方爆破（桥隧串接）防爆安全措施的落实，核查爆破高风险告知、爆破统一指挥、洞内装药安全区划定、警戒岗哨布设、警标设置是否符合方案要求，抽查装药警戒线以内非装药人员的组织撤离情况。

7. 审查隧道出洞、相向贯通安全专项方案是否提出安全预警机构、安全职责、安全

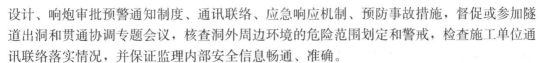

设计、响炮审批预警通知制度、通讯联络、应急响应机制、预防事故措施，督促或参加隧道出洞和贯通协调专题会议，核查洞外周边环境的危险范围划定和警戒，检查施工单位通讯联络落实情况，并保证监理内部安全信息畅通、准确。

8. 对施工现场的施工安全状况及应急措施进行巡查，参加安全防护设施检查验收，并在验收手续上签署监理意见。

9. 根据工程建设强制性标准，检查各类专项方案安全技术措施的落实及应急预案的演练情况，检查施工单位安全防护、文明施工措施费使用，审核并签署现场有关安全技术签证文件。

10. 监督隧道安全六达标：一是洞口工程、超前加固、超前支护达标；二是超前地质预报、监控量测达标；三是开挖工法、工装设备、变更设计达标；四是初期支护、仰拱跟进、衬砌跟进达标；五是排水、防火防爆、风险评估、应急预案达标；六是架子队管理达标。

11. 查验富水黄土隧道掌子面超前水平钻探芯样和水文监测记录，复核超前地质预报成果。

12. 加强富水黄土隧道掌子面深孔注浆工序管理工作质量，加强对钢花管孔底注浆方式、注浆顺序、注浆工艺、注浆参数、注浆压力（为静水压力2～3倍）单孔注浆和全段注浆结束标准等施作质量及止水效果的监控，确保注浆效果能满足检查与评定要求。

13. 监督、检查富水黄土隧道拱部超前环向探水孔和洞内泄水减压孔的施作，并要求施工单位纳入正常的施工管理。

14. 坚持富水黄土隧道"管超前、严注浆、短开挖、早支护、勤量测、紧封闭"施工原则。当富水黄土隧道掌子面深孔注浆后仍有滴流和股流时，旁站超前小导管作业，落实二次注浆，降低开挖面涌水量，确保掌子面拱部土体稳定和拱部施工安全，改善开挖和支护作业环境，减少支护后径向注浆。

15. 监督、检查富水黄土隧道辅助施工措施落实：

（1）CRD工法中隔墙、临时仰拱；

（2）仰拱降水：在隧道仰拱开挖段前方2m，设置降水坑，用潜水泵将降水坑中的水抽出洞外，确保掌子面积水不散排，仰拱开挖及其混凝土浇筑处于不浸泡状态。

（3）支护后渗水段止水注浆：对支护渗漏水段落采取径向注浆，降低围岩渗透系数，控制涌水量，达到堵水效果，防范隧道失水可能引起的环境问题。开挖后支护前处置地下水方法：掌子面深孔注浆后仍有股流（有动水压力）时，用编织袋包稻草堵塞砂粒涌出，防止水力劈裂（淘空）、软化前方地层，再预埋橡皮管引排地下水。

（4）隧道基底加固处理：为提高基底承载力，在仰拱开挖后四方验槽确定处理措施，或在仰拱填充混凝土浇筑完成强度达到100%后，对基底采用钢花管桩加固，减小基底的变形及列车动荷载作用。

16. 坚持富水黄土隧道"先加固、后开挖、少扰动"（如果在钢架安装后不及时进行后续工序喷射混凝土施作，而反施工顺序施作每环39根超前小导管，则增加扰动的次数、强度、范围及持续时间，是构成和影响掌子面塌方、涌水突泥事故主要因素之一）的施工原则，监督先超前小导管、后开挖的施工顺序的落实。盯控施工顺序，控制开挖面暴露时间；盯控上台阶和仰拱开挖进尺，控制开挖面暴露面积。上道工序未完成或未经验收，严禁进入下道工序施工。

17. 监督黄土隧道开挖方法，检查隧道核心土留设尺寸、纵向位移监测及其加固保护，防止核心土纵向滑动引发安全事故。

18. 监督、卡控黄土隧道钢架安装间距不超标，严格控制钢架成品和半成品的加工质量（包括螺栓孔尺寸），控制好钢架腰部的连接、锁脚锚管（锚杆）的锚固和连接。对于V级富水黄土隧道地段，加大预留变形量，并用I16型钢代替纵向连接偏弱的螺纹钢筋（抗拉，但不受压和抗扭曲），加强支护体系安全，防范钢架被大地压（压不断）推倒倾覆而坍塌。

19. 督促落实黄土隧道喷射混凝土初喷（再架设钢架：I25a型钢太重，人工安装难度很大，宜采用I20a型钢）和复喷工艺，提高土体自支护能力，控制土体松弛、垮塌和开挖面暴露时间，确保开挖面土体、初期支护的稳定，避免片帮冒顶引发坍塌事故。

20. 监督、检查黄土隧道从掌子面到下台阶部位施工总长度、初支封闭成环时间、中台阶与下台阶错开开挖、工序衔接、工艺间隙、备用电源、确保超前支护、开挖、支护的工序转换安全。

21. 加强富水黄土隧道施工现场巡视频率，采用现场观察手段，巡查开挖面注浆止水和砂层固结、掌子面土体剥落、初支表面开裂或脱皮掉块、钢架变形等异常现象，危急情况时立即要求撤退作业人员；掌握地质灾害风险发生前安全监理信息的第一手资料。

22. 监督施工单位把监控量测作为关键工序纳入施工组织，确保隧道地应力基本释放，为预防隧道仰拱混凝土纵向开裂提供控制开挖进度依据。见证监控量测工序实施（安全员跟班作业），检查监控量测日报牌以及施工安全性评价意见，掌握地质灾害风险发生前监控量测的第一手监理资料，并据此监督施工人员是否可以进洞施工。

23. 根据建设单位下发的"黄土隧道及软弱围岩地段隧道安全施工强制性规定"：黄土隧道IV还是V级围岩仰拱及二衬安全步距应比《关于进一步明确软弱围岩及不良地质铁路隧道设计施工有关技术规定的通知》（铁建设〔2010〕120号文）提高5m的标准执行。

24. 检查黄土隧道斜井交通运输安全：斜井洞口防滑、井身防溜、井底防撞、紧急避险洞、斜井沿途标识警示、交叉口缓冲带的设置，确保出碴过程中洞内作业人员安全。

25. 监督黄土隧道洞门施工与监控量测，防范边仰坡坍塌。

26. 检查隧道洞内防水板铺挂、钢筋绑扎、衬砌等高空作业安全防护，防范发生上部物体掉落击伤下部施工和通行的作业人员，或操作平台四周防护不到位等导致坠落事故。

27. 检查隧道衬砌台车、防水板铺设、台车消防情况。

28. 监督隧道反坡施工排水，做到洞内两侧水沟畅通、仰拱混凝土内集水井数量按方案设置、集水井安全防护、接力排水设备数量满足施工排水及安全文明施工要求。

29. 查验空压机、拌合站启封后的安全检查及试运转记录。

30. 检查隧道进出口周边环境、安全围挡和警示牌，实行封闭管理，严禁非施工人员进入施工现场。

31. 监督、检查火工品使用管理：火工品库公安机关验收记录、火工品审批、发放、退库手续及台账是否合规有效，火工品每班审批量是否符合方案中每循环进尺总装药量，炸药和雷管应是否分车押送，火工品两个领取人资质、现场临时存放设施及专人警卫、火工品退库及撤库是否符合方案要求。

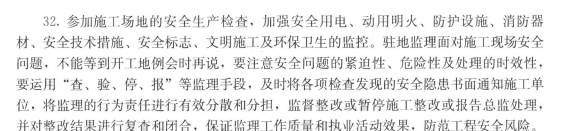

32. 参加施工场地的安全生产检查，加强安全用电、动用明火、防护设施、消防器材、安全技术措施、安全标志、文明施工及环保卫生的监控。驻地监理面对施工现场安全问题，不能等到开工地例会时再说，要注意安全问题的紧迫性、危险性及处理的时效性，要运用"查、验、停、报"等监理手段，及时将各项检查发现的安全隐患书面通知施工单位，将监理的行为责任进行有效分散和分担，监督整改或暂停施工整改或报告总监处理，并对整改结果进行复查和闭合，保证监理工作质量和执业活动效果，防范工程安全风险。

33. 针对隧道架子队更换、现场相应安全生产管理人员发生变化以及工程实际情况，编制关键工序安全方面的预防措施，由专监在复工前向施工单位重新进行安全监理细则交底，使施工单位明确监理意图，力争保证工程安全质量控制目标的实现。

34. 监督施工单位按照图纸和有关规范施工，控制工程质量，严格对各分项、分部工程进行中间检查和验收。未经验收或验收不合格的隐蔽工程不能掩盖，禁止进行下道工序施工，防范施工质量问题引发工程安全事故。

35. 检查水泥和减水剂过了一个冬天后是否过期，核查主要建筑材料、设备、构配件的质保资料或进场报验手续，把好进场关，防范原材料质量问题引发工程质量安全事故。

36. 监督施工单位加强施工技术管理和生产组织管理工作，要求隧道衬砌混凝土抗裂防渗施工贯穿于防排水全过程，确保隧道拱墙和仰拱混凝土结构自防水质量满足不裂、不渗、不漏要求。

37. 遵照"黄土隧道及软弱围岩地段隧道安全施工强制性规定"要求处理工程变更：围岩较差地段必须向围岩较好段延伸5～10m；隧道内施工当断面发生突变时，如斜井向正洞开挖、下锚关节、下锚段、安设通风机段，隧道内避车洞开挖段等，围岩必须提高一级处理。审核工程变更和会签工程变更，做到根据超前地质预报和监控量测成果，确保设计变更工作及资料收集整理及时、准确和完整，做到围岩稳定性判释准确，先变更，后施工，设计支护措施不偏弱。

38. 检查施工单位各种资源配置与进场到位情况，监督施工单位按施工合同及编制的施工进度计划施工，控制重难点工程进度，防范工程扫尾抢工期而引发质量安全事故。

39. 认真学习《建设工程安全生产管理条例》（第五十七条）、《建设工程监理规范》GB/T 50319—2013等法律法规及规章，始终记住建设工程安全生产的监理法律责任，提高监理业务水平和控制风险的能力；尽职尽责履行委托监理合同授权范围内的职业合同责任，积极防范工作技能、技术资源方面的自身监理风险以及监理部、监理单位的管理风险。

40. 提倡"脑勤、眼勤、嘴勤、腿勤、手勤"的工作作风，加强工程技术学习，熟悉设计文件，熟练掌握验标、规范、各类文件规定要求，及时记录现场安全生产和安全监理工作情况，做到监理日记能充分记述监理工作过程，并体现监理工作质量和监理效果。

第十六篇　整治隐患 监管从严

对待现场诸多安全隐患，提倡抓大重小；敢于指出，不护短，并及时消除。就如何整治隐患编写成如下（18句）"四字言"概括之，言简意赅。张贴宣传，成效也佳。

现场隐患，及时发现；
熟视无睹，迟早"崩盘"。
履职尽责，可控避险。
指出隐患，都勿护短。
合力整治，按规就范。
顺利平安，全体圆满。
只看隐患，不看人脸；
现丢小面，后保大脸。
"恶人"勇当，无事都安。
消除隐患，刻不容缓；
怠慢拖延，挨批责难。
万一出事，悔极肠断。
大小隐患，皆须监管；
小患不改，纠大折半；
蚁穴毁堤，量变质变。
整治隐患，人人当先；
监管人员，更要直面。
不躲不瞒，督导从严。

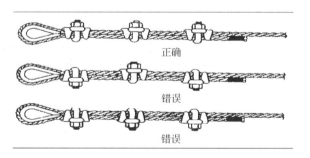

钢丝绳绳卡安设示意图

第三部分　管理与协调等常见问题解决方法

第一篇　现场监理机构内部常见30个问题及解决方法

现在大部分监理单位现场监理机构人员实际情况是：东西南北老中青，想法做法各不同；临时搭伴两春冬，刚刚磨合又西东。自负相轻难沟通，凝聚力差老毛病；私利小节看太重，争吵斗气伤感情。行业旧习本难除，短期行为又加重……

毫不讳言，现场监理人员更换较快，内部的矛盾和冲突是大量存在的，甚至过激的冲突也时有发生。诸多比较纠结的问题有其共性，在现场重复出现，但许多情况下我们处理的并不好。所以，如何监控现场的方法和手段，除了各种监理规范教科书中所明示的以外，还需要对常见诸多具体问题解决方法进行分析、汇总和介绍，进而改进、优化后再大力推广。

下面，就现场监理人员经常见到的30个比较纠结的具体问题及如何妥善解决的方法进行简述。抛砖引玉，供参考借鉴。

1. 监控好施工现场的首要问题是什么？

在各种监理规范教科书中，写了很多怎样监控好现场的要求。但根据现场实践体会，从其本质原因到最后结果的过程应该是：

首先，应有"四怕"：怕违规违法，怕上级问责，怕丢面子，怕失去自我实现的机会。进而，收敛私心，站稳立场，坚守底线，责任心增强。

再进而，就会：注重预控，严把源头；加强程控，工序卡控；关注细节，严格验收。

最后，现场一切始终可控，规避责任风险。

一旦有了这"四怕"，就会尽力克服"短期化行为"，收敛私心（私心人人有，但就怕膨胀到放肆的程度），抵制诱惑，自觉与施工方保持适当距离，持恒坚守底线。

只有私心收敛，我们才能对待现场违规，持恒做到"三铁"（铁心、铁面、铁手段）。

进而，迫使我们持恒保持和增强责任心，迫使我们尽心尽力做好"三控两管一协调一履职"的各项工作。尤其，监管好现场的安全和质量。

只要有了责任心，我们就会认真看图纸，认真学习专业知识；人就会勤快，内业资料也会认真去做；就会自己想出各种方法和手段使现场违规减少，安质可控。

只有这样，现场的一切才可控，才能规避我们的个人风险，进而规避监理站和公司风险。

以上这"从本质原因到最后结果的过程"，是现场监理在基层第一线的实践所反复证明了的。

2. 如何让业主满意？

首先，摆正位置。目前，业主和监理的关系在某种程度上就是"老板"和"打工者"

的关系。摆不正位置，身段放不下来，监理工作就开展不下去。

其次，踏踏实实做事，认真履职。业主出钱"买"服务，跟我们买东西一样，物有所值才行。要顺利开展监理工作，我们必须取得业主信任、支持。这一点非常重要。

其三，主动作为，及时沟通。主动做工作，多提好建议，业主就会高看你。比如，经常到业主领导那里汇报工作。监理例会的发言，提几条下一步工作重点。给业主发个函，分析当前存在的问题，提出处理建议。跟业主领导发个短信，及时汇报近期工作，并提一点建议等。

要精心准备每一次会议发言。遇到问题时，要勇于担当，主动承担监理责任。

其四，积极应对业主检查。检查的实质就是"一个要查，一个要躲"。业主检查对工程管理的促进作用跟我们监控的一样，它是外在的、被动的，其解决的问题有限。但是每一次检查，都能决定业主对监理人员的评价，即所谓"一年就一天，一天顶一年"。因此，我们必须重视各级检查。应对检查，要编制一份迎检手册，督促、指导施工方准备好内外业和迎检过程。同时，高度重视我们自己监理资料的准备。

每次检查总会查到问题。查到了，就承认，承诺整改。在当场，不要辩解、狡辩，不要硬碰硬。

3. 向下属安排工作采用什么方式？

监理人员都是技术人员（知识分子），应讲究安排工作的方式。直接发号施令不妥，应多沟通、勤商讨。先提出问题，让大家充分说话。对不同的意见，不要急着评论。人们常常对自己的想法和决定，会全力以赴去完成。但是，作为总监还应保持紧急时发号施令的权利。

4. 两个及以上监理人员共同监控一个项目，其工作关系如何处理？

首先，监理站或监理组负责人必须根据这几个监理人员的具体情况，把他们的工作进行认真详细的分工。若其上级没有来分工，他们自己也必须耐心地坐下来认真商量，进行分工，最好书面记录签认。做到：分工明确，各负其责。未尽事项，商讨解决。但应明确，分工不分家，合作不拆台，互促互进。

同时，应开诚布公地谈出各自今后的想法和做法，交流经验，求同存异。在此基础上，有如下四点也必须达成共识，并互相遵守。

（1）任何情况下，不可在施工方人员的面前贬低和丑化对方。

（2）在现场，就某一个问题存在分歧时，不可当着施工方人员的面争执，禁止争吵。

（3）若是大是大非问题达不成共识，双方都有责任及时上报组长、副总监或总监。最好两人当面同时向上汇报。无论谁向上汇报都要实事求是。

（4）每个星期至少应该坐下来认真沟通一次，就存在的问题进行有效沟通。

其他生活上的"小过节"，也要心平气和地说出。

5. 若甲乙监理共管一个项目，甲乙两人同时查验工程，该如何相互配合？

一起查验前，除了看明白相关的图纸、规范、"验标"和施工方案外，甲监理乙监理要先沟通一下，确定一下这次查验的重点、难点和注意事项等。

在查验过程中，当甲监理在要求施工方人员改正不规范做法时，乙监理也要及时表明其认同的态度，以示两人要求一致从而加强甲监理严格监控的力度。即使甲监理说出比较过分的要求，乙监理也不可当面反对，顶多保持沉默而已。注意，若乙监理确信甲监理所要求的内容错了，应及时暗示甲监理停止。

实践证明，对待质量和安全问题不存在"抓大放小"。在检查时，每个监理不可以态度暧昧，不可有讨好施工方之言行。

6. 若甲乙监理共管一个项目，甲乙前后对某工序分别检查时，如何处理好发现的问题？

甲监理查验走后，乙监理复查或巡查时又发现质量安全问题怎么办？乙监理应该及时纠正，并迅速告知甲监理情况。

复查或多道检查就可以避免遗漏问题。这是符合质量和安全控制程序要求的。

注意，现场施工人员的如下应答不能成为乙监理不尽责、"不作为"的理由。

"甲监理查验过了，没说什么"，或"甲监理让我们这样干的！"。

施工人员的话不可全信，他们或有"断句取义"或有挑拨离间或有蒙混过关之动机和意图。所以，乙监理在处理此问题的事中或事后，应及时地把当时情况和处理结果告诉甲监理。

这很有必要。

7. 甲监理被新分到乙监理监管的工地怎么办？

首先，相互介绍情况，熟悉现场，沟通思想，交流监控方法。同时，相互了解彼此的性格和脾气。最重要的是：尽快商讨，进行认真详细分工。

甲监理不要轻易或直接否定乙监理以前的工作。当然，乙监理也不要讳疾忌医。

对待某个问题，两人看法存在分歧时，可以争执，但要适度。不要咬文嚼字，不应斗嘴斗气，不得争吵不休。应各自调整彼此容忍度，保留有益的个性和想法。学会相互包容和妥协。我们要尽量克服"同质性"，避免"同流合错"。

其他处理和注意事项同前所述。

8. 甲乙监理分属两个监管段，甲从乙的监管段经过时，发现问题怎么办？

若甲监理不及时纠正所发现的问题就是失职，同时也让施工方误以为监理人员团队不是一个整体。如果发现的是比较严重的问题，甲监理没有立即纠正，就是严重失职。

但乙监理对甲监理纠正此问题后的想法和态度要端正。

理论上，乙监理应当欢迎其他监理人员多到自己的管段来，检查并纠正施工方的诸多问题，以加强乙监理的监控力度，使乙监理的管段质量和安全始终处于可控状态。其他人比乙监理要求严，可促使乙监理也严格监管，这样，乙监理的管段更不容易出问题。

如果甲监理看到乙监理管段存在严重的质量和安全问题，而乙监理却并不认为严重，且态度不端正，则可推断该管段质量和安全很可能已经处于失控状态，不久可能出现大的质量和安全事故。则甲监理应当而且必须如实向总监甚至监理公司负责人"越级"汇报，哪怕由此而"得罪"乙监理，也是应当而且值得的。

这就叫"大事讲原则"。

9. 向上级领导汇报工作应注意的事项？

首先尊重领导，礼让三分。其次简明扼要，实事求是，既不夸大也不说小。领导想听时再继续说，如果他不想听要想办法转换一下汇报方式。汇报应只说过程及方法，不代替领导做决定。不能从头说起，要说重点；说到差不多就好，领导想问才接着说。无论领导怎么反应，不要否定上级，都先说"是"，再回去适时制宜，及时调整工作方式。

10. 下属越级汇报怎么办？

如下属遇到了无法承受的大问题，变成了"大是大非"，其直接上级（依次为：组长、总监代表/副总监、总监、分公司/部门领导等）解决不了或者不想解决，就不得不越级汇报。

记住，越级报告应该视为"非常态"，"他或她"可能真的没有办法了才越级汇报，而不能是经常的"常态"。我们各级领导不能限制越级汇报，不可以"出卖"越级汇报者。应该先认真听听并侧面了解事情真相，然后，再告诉越级汇报者应依层级报告，看其直接负责人怎样处理这件事。

记住，作为下属，有意见最好私底下和其直接主管好好商量。要考虑明白，越级汇报后可能产生的一些不良后果。

11. 上级越级指示下属怎么办？

自己不可以向上级领导抗议，因为上级领导可能不以为然，下属单位和部门又不是"独立王国"。也不可以询问下属，因他可能不愿意说。自己最好明示或暗示由下属自行决定要不要给自己汇报。自动给自己报告的，要尽心辅助，力求办好。下属不报告的，其自行负责。我们应该或不得不让上级和其下属拥有某种关系。

12. 提倡"交叉查验"及其好处

针对现场监理各负其责、各管一段的弊端，监理站应当提倡相邻管段和相近专业的监理人员互相进行"交叉查验"或"交叉复查"。即对重要工序、关键部位，安排就近或相关的监理人员相互交叉检查、复查。如果该项目复查后，还出现问题，应对复查者连带问责。有实证，这种"交叉查验复查制度"，对监理人员相互督促及规范现场施工很有效。

显然，"交叉检查"有如下好处：

（1）对重要工序、关键部位或隐检工程，换人交叉检查，可以相互复核，并有效地避免差错和遗漏。也可以相互学习监控经验。

（2）该管段专监和交叉检查者互相督促又相互"给力"，可以有效地防止现场违规施工队的"偷工减料"现象，并有力地制止其他违规行为。进而，可靠地规避了该管段现场监理的风险。

（3）交叉检查者比自己要求还严，可促使该管段监理员和专监也严格监管。

（4）适当缓和了该管段施工方因现场监理人员时时处处从严要求所产生的日积月累的不满情绪。

13. 如何克服监理人员间"不关我事"、"不关你事"的现象？

首先，管理各层应及早预测和发现员工之间、监理组或分站之间"界面"处未明确分工的事项，在没有出现大的（扯皮）矛盾之前，及时合理分配解决之，并根据实行期间的反馈情况及时调整和优化。此外，还应做到：

（1）对出现工作"界面"间的"推脱拉"和扯皮情况，发现一起，就立即剖析、解决一起，不能拖。同时把同类问题一并解决并进而举一反三至其他问题。

（2）在监理内部的各种会议上和文件中，大力倡导员工、组或分站之间"多管分外之事"。采取有效激励措施，鼓励和保护身边"多管事"的热心人，尽力改变"做事多，出问题就多，可能挨批评多，但薪金或好处却不一定多"的现象，以便逐渐使团队内部个别"见事躲"的冷漠人都变成"爱管事"的热心人。

（3）完善监理站内部各部室、分站或组整体问责制，借用外力和上级施压来促使各部室、分站或组等小团队内部的思想统一，增强凝聚力，主动协作。

唯持续如此，才能大大发扬监理站团队协作精神，提高内部工作效率和应变能力。

14. 遇到违规的施工方上下联手"对付"现场监理人员，怎么办？

我们只有更深地了解和分析他们，尤其了解违规者相互间利益链条关系，分出"阶层"，进而分化瓦解这些"监控阻力"或"违规团伙"。

尤其，应力争避免施工方的技术、质检人员与违规的劳务队伍联手，一起对付现场监理人员。

施工方的技术人员、安质检人员和总工等是技术岗位职务，他们负有安质管控的责任。监理人员和他们在安全质量管控上目标一致。他们如果够理智，就应当坚定地站到我们监控这一边，并且应站在抵抗违规的最前沿，做好他们"前沿"的分内工作。

现状非常复杂，不容乐观。这就使得现场监理，在确实搞好监理内部团结、力防违规的施工方人员挑拨离间的同时，也要做一些瓦解施工方"违规团伙"的工作，主动联合施工方人员中的一些责任心强、想干好工作的人，一起向现场不规范的行为施压，以确保现场可控。

这很重要。

15. 如何对待不作为的施工项目部负责人

首先向监理机构内部各上级领导汇报，请求施压整治。

总监也可以向业主、甚至当地政府的安监站和质监站报告，请他们施压整治。

但实际上，该项目负责人最怕的是其直接上级领导。如果我们不怕"短期"得罪他，就可以采用婉转的或直接的方式向其直接上级领导通告现场实况，那么，现场问题的整改力度和纠正效果会更好。

有实证，向其直接上级领导通告现场实况的"告状手段"确实有效。

不过，需要因事制宜，讲究技巧。

16. 监理组长、副总监和总监等上级领导应支持驻地监理工作

现场各监理人员应该独立地监控好自己管段内的施工。专监、监理员是岗位职务，都有各自的职责。在现场无论谁说什么，让你怎么做，你要清楚，最后现场签字并承担主要监控责任的都是你。

首要的，上级领导应该相信并支持驻地监理的工作。

在现场，驻地监理总是要求施工方按设计图和规范施工，并严格按"验标"验收，但部分施工方总是要打折扣的，甚至驻地监理从现场刚离开，就"偷工减料"。

这种情况，驻地监理每时每刻、每道工序和每个作业点都不得不直接面对。这种持续的"对抗"是持久战，也是意志、智能、体能的消耗战。如果上级领导不相信和支持驻地监理，他们怎么进行这场持久的消耗战？

对于施工方人员向监理站或组汇报的驻地监理"是非"的情况，上级领导应该认真核实真真假。不可当着施工方人员的面贬低驻地监理，要从维护监理整体威信出发慎重处理。

此外，现在的现场监控形势和十年前的不可类比，现在的监理人员和五年前的也不可同样看待。各监理单位应认真总结实行了十几年的"总监负责制"的经验和教训，进而改进和优化之。建议试行"总监管理下的分工负责制"或叫"总监负责下的岗位分工制"，

以使"总监减负，主抓大事"，"责任下担，均衡分工"。同时，强化约束，增加制衡。加大监理公司机关对各项目的管控督查力度，以规避现场监理项目的总监责任风险。

17. 如何应对上级单位和部门的各种检查

实际上，如果平常监理机构及各级监理人员把监理人员的各项内、外业工作做好，那么，无论遇到什么样的检查我们都不用紧张和忙乱。

根据规定和经验，现场监理人员应对各级的检查，应基本做到如下几点：

在思想上，我们要正确理解上级的各种检查。这些检查是上级单位部门的职责所在。这诸多检查的目的和作用与监理人员"三控两管一协调一履职"的目标相同，它可以促使我们现场各项工作的改进，应当积极响应。我们应借助于上级的每次检查，整治现场违规，力争使每一次检查起到应有的作用，以使自己管段的质量和安全等方面始终处于可控状态。

在态度上，应重视上级的每一次检查，并应热情主动，积极配合。

在行为上，首先，应及时或提前把监理的内业和外业工作自查自纠一遍。同时也借力施压，催促施工方消除现场的安质隐患，规范施工行为，做好文明施工，完善内业资料等。

其次，检查时，我们应严肃认真，不怠慢、嬉笑，严禁与施工方人员勾肩搭背，不故意隐瞒存在的问题。对现场查出的违规行为和问题不替施工方辩解，不得当场狡辩和顶撞。要主动承认存在的问题，并承诺督促施工方限期整改、回复闭合。

另外，对不同的上级检查，其各有着重点，我们在应对方面也应有所区别。

对监理机构内部的各种检查，应认真，确保每一次检查都起到纠正现场违规和提高现场管控水平的作用。同时，作为驻地监理应自觉上报自己管段所存在的安质"顽症"，让自己以外的力量来向施工方施压，迫使自己管区的违规行为收敛。

对政府行政主管部门的检查，如安监站、质监站和环保部门等，我们更应高度重视，积极配合，借助其检查的力度，整治现场违规，规范施工，以使现场全面可控。

18. 在安质监控中，应大力提倡"抓大重小"，不应再讲"抓大放小"

诸多实证说明，在质量和安全监控中，对于施工中的每个细节是无"大"、"小"之分的。"蚁穴虽小，可溃大坝"。确实是"小细节决定大成败"。

实际上，在日常安质管控工作中，根本就没有所谓的"大事"可抓。把所有的重要工程、关键工序具体分解细化开来——都是"小事"。很显然，这些"小事"都直接影响到现场施工的"大事"。

同时，"小的"累积到一定程度必然会质变成"大的"。如果容易做到的"小"事不做好，"大的"在实施过程中，必然会大打折扣，也是无法严格管控的。许多实例证明，监控人员在"小处"放松一步，实际施工时，已相当于放松了两步、三步。到后来，欲收回那最初"几步"，非花大功夫不可。所以应该提倡：重视"小的"不放宽，抓住"大的"不放松。即"重小抓大"。

19. 超前预控，事半功倍；强化程控，事后无悔

监控手段（要点）：注重预控，加强程控，严格验收。

超前预控最重要，预控得当，将事半功倍。如果施工过程中，发现问题，返工起来比较困难。如果最后验收时，才发现问题再来处理就更困难。

既然一些问题我们可以预见其不良后果，我们为什么不能超前谋定、未雨绸缪，在萌

芽状态、在过程中就予以彻底消除呢？而非要等到事故出现再无端丧失声誉并耗费大量人力、物力成本去补救呢？更何况有些事故一旦发生，根本就无法弥补，想后悔都来不及。

工程出现这样或那样的质量、安全事故，绝不是"运气不好"，也不是一时引发的，而是若干薄弱环节的叠加、若干不规范行为的凝集、若干时间过程的积累才会出现。

如果我们在进行质量安全监控的过程中，盯紧每一个环节，把好每一个关口，控好每一道工序，用合规的工序来保证合格的质量，用合规程序安全来保证项目的安全。质量安全隐患在萌芽初期就得到有效遏制和纠正，事故就能消于无形。我们最后验收时就不会后悔。

20. 如何履行监理机构的安全生产监理责任？

《建设工程安全生产管理条例》第五十七条对监理单位在安全生产中的违法行为法律责任做了相应的规定。《关于落实建设工程安全生产监理责任的若干意见》（建市〔2006〕248 号）中，对安全生产监理责任进行了明确。《建设工程监理规范》GB/T 50319—2013 中 5.5 条款做了详细要求。监理机构应做到：

该审查的一定要审查——核签盖章，手续齐全。

该检查的一定要检查——巡查和旁站，发现问题及时纠正。留下书面、影像资料。

该停工的一定要停工——严重隐患，及时签发暂停令，并报告建设单位。

该报告的一定要报告——拒不整改或不停工，应及时向有关主管部门报送监理报告。

《关于落实建设工程安全生产监理责任的若干意见》（建市〔2006〕248 号）明确规定，监理单位履行了规定的职责，施工单位未执行监理指令继续施工或发生安全事故的，应依法追究"监理单位以外的"其他相关单位和人员的法律责任。也就是说，监理单位履行了《建设工程安全生产管理条例》规定的职责，若再发生安全生产事故，要依法追究其他单位的责任，而不再追究监理企业的法律责任。

这样，政府主管部门在处理建设工程安全生产事故时，对监理单位，主要是看其是否履行了《建设工程安全生产管理条例》和规范中所规定的职责。所以我们必须尽到各自的安全职责。

21. 现场施工出现问题和事故怎么办？

（1）现场监理查出一般性问题，应当场指出并要求纠正。如果施工方推托不予整改，现场监理应立即按程序逐级上报，各级负责人根据问题严重程度，立即做出必要反应，下通知，指令返工，开现场会，要求其写出情况汇报，"四不放过"，从重"整治"，并举一反三至各个作业面。现场监理机构只要树起基层现场监理威信，也就树起了规范和程序的权威。只有这样，现场违规行为才能达到有效控制。

（2）如果在巡视检查过程中，发现存在安全事故隐患的，应按照有关规定及时下达书面指令，要求施工单位进行整改或相关工序停止施工。施工单位拒绝按照监理机构的要求进行整改或者停止施工的，我们应及时将情况向业主报告。

（3）若现场不幸发生了安全和质量事故，现场监理必须按公司和监理站的规定立即上报。监理机构的任何人都不得隐瞒不报，必须在 1 小时之内电告公司，在第一时间上报业主或安质监部门来处理。施工单位和监理机构应主动配合和协助上级调查组工作。如果查出监理机构存在过错、失职和渎职行为，应主动承担我们应该承担的监理责任。做好善后工作，并引以为戒。

警示：在国家和行业主管部门三令五申要求严格安全管理的形势下，在信息流通十分流畅的今天，任何自觉或被迫参与瞒报安全事故的行为，都将把企业和从业者个人置于十分危险的境地。当不幸事故发生后，各级监理人员对责任方企图大事化小，瞒天过海的行为必须坚决制止、及时报告，这才是企业和个人自救的最好办法。

22. 新释"严格监理，热情服务"

过去要求现场监理机构"严格监理，热情服务"，即对施工方要"严格监理"，对业主应"服务热情"。理想丰满，但现实骨感。现状如此，应与时俱进，现在，我们也不得不改变观念和方法。

建议提倡"适应业主，配合施工。"对施工方"以监为主，帮带辅助"，即在监管的同时，应大力帮助、带领和促进，以使现场各项工作（三控两管一协调一履职）顺利进行。

23. 如何做到"以监为主，监帮辅助"？

现场监理不能只是监工。在当前施工单位整体综合素质不高情况下，监理人员工作也要人性化，要做到"以监为主，监帮结合"，以提高现场施工人员的技术和管理水平。监理人员日常巡查、检查和旁站监理工作，使得我们随时随地都要和施工人员打交道。在重要安质等问题上我们必须坚持原则，不讲任何情面，该整改的整改，该返工的返工。但在其他方面，监理人员有能力帮忙的话，应当真心实意、耐心细致地帮助。超前预控，及时提醒，以防患于未然；出出点子，想想办法，提提合理建议，改进施工措施。

若一味采取"卡"的方法，只会增加矛盾，反过来也会"卡"了监理人员自己，使双方工作都处于被动局面。

只要施工方按规范和程序施工，只要服从和尊重监理，我们可以在方案优化、工艺改进等各方面给其适当"帮助"，对其年轻的技术人员给予适当"师带徒"。但要有度，牢记以监为主。所谓的"大差不差"，不按图纸施工、偷工减料的"帮带"，应严格制止。

24. 要有定力，与施工方保持距离

如果我们"吃喝卡拿"了，与施工方的关系就庸俗了，我们就很难监控（收拾）住施工方了。所以，为了自己的管区现场可控，我们应自觉约束住自己的嘴和手，洁身自好，与施工方保持距离。尤其，必须与包工队保持距离。当"盛情难却"，万不得已去吃喝时，也要叫上我们其他监理人员和施工方的有关人员一起去。这也是保护自己的一种手段。

25. 驻地监理也要看看施工方的优点

监理人员站在"挑毛病"的立场去看待施工单位本也无可厚非，但如果把这种"挑毛病"的立场转变为"戴有色眼镜看问题"，其结果只能适得其反。

其实，当前激烈的市场竞争早已磨砺出一批实力强、信誉好、管理先进的强势建筑企业，他们的管理方法、施工技术同样也是监理单位应该汲取的，施工工人的吃苦耐劳、乐观向上的精神也是监理人员应该学习的。

监理人员只有既能从"本位"上看问题，又能进行"换位思考"，才能促进自身工作能力的提高，带动监控手段的不断改进。

26. 对待现场违规现象的态度应端正，一些负责人不要护短

在现场，查出了存在的安质问题，一些人首先想到的不是立即承认并尽快纠正，而是马上找各种理由极力护短。尤其在当时，当着违规者的面一次次辩解，进行消耗心力、精力、体力的"口水仗"。

如此整治违规，效果会如何？

这使得违规者一边看着我们"表演",一边耻笑嘲笑我们:"怎么回事?本来我(违规者)是斗争的对象,矛头怎么就突然转向,变成了'执法者'之间的无休止的'互咬'了。"违规者很聪明,立即就看出了"缝隙",见风使舵,马上就分出敌我,也接上火了,并加强了火力。

尤其,有些管技术、安全和质量的人,在当时不说话也就罢了,而是也站在监理的对立面,和违规者联手,去辩解甚至狡辩。

有些管现场进度者更是如此。这就大大削弱了整治违规结果和行为的力度。我们现场,许许多多违规现象不能及时得到解决的根本原因就在于此。

监理人员应了解此情况,自觉抱成团,和施工方守底线的管理者联手,并相互支持呼应,来一起整治现场违规。

27. 如何对待各种酒场应酬?

毫不讳言,现场监理常常不得不面对各种酒场应酬(近来少多了,这是好现象)。多数酒场是:"始于礼,卒于乱"。常见起哄、耍酒疯、口无遮拦、酗酒,甚至被灌倒或送进医院。轻者头脑昏昏影响工作几天,重者病倒或永不睁眼,乐极生悲。不加掌控的酒场,往往费时费神费金钱,还伤身体伤情感,与其请客的初衷相反。或有人不怀善意,会使得不清醒者迷迷糊糊进入圈套,到醒悟时后悔莫及。也会出现出丑抹黑状况,使得监理威信受损。有何妥当办法应对吗?

首先,我们应看穿酒场本质,并约束自己少参加。当不得不参加时,应时刻清醒,保护自己是第一位的,没必要加重身体的"三高一肝"(高血脂、高血糖、高血压和脂肪肝)。建议喝酒前应"总瓶限量",即少开酒瓶。酒席间每个人应尽量做到不起哄不发难。如果有人酗酒应善意劝说。应提倡"倒酒要浅,多敬少喝";有酒量者应照顾酒量小者;多多交谈,并及时结束。整个酒场应"急慢有度"并始终用理智掌控,已达到融洽和圆满。

28. 监理人员之间应保持适当距离

关系太密切了,缺点、弱点一览无余,彼此间就会轻视感大于尊重感。同事间保持一定的距离是利于长久相处的。在一起时,努力做到:

有事谈事,闲事少谈;"东长西短",克制免谈。若自控不住,尽量用含蓄语言。

中国人的老毛病——爱背后议论人。既然是老毛病,我们每个人除了克制不在背后说别人的是非外,面对别人对自己的闲谈也应该一笑了之,并宽恕说你的人。如果自己做不到,那就向对方指出来,说出你的苦衷。我们最好不要背后贬低和诋毁别人,不利于团结的话最好强迫自己不要闲传。

从辩证法角度考虑,我们应该容忍对自己"不好"的同事存在。他可以促使你努力克服懒惰而进步,也可使你在某些方面不过度张狂、放肆而守规矩。

同事间相处要注意的原则:保持距离,多看同事优点;学会吃亏,不贪小便宜;能帮忙时,要尽量帮忙,不必太计较。希望同事如何对待自己,就先从自己做起。

29. 深刻理解"给好心,不给好脸。"克服惰性,珍惜工作机会

如果没有外在的压力,凭我们的自觉性和定力,很难克服我们自身的弱点和惰性而不断进步。

"好心棒下出好人"。无外在的压力,人进步很难。每天有一个外人,用督促的"鞭子"不时地"抽打"我们的惰性,迫使我们不断地进步,我们应当感到庆幸。不给你好脸

的人，其实给了你好心。

我们要珍惜监理工作机会。"今日工作不努力，明日努力找工作。"

尤其年轻人不可以贪玩，游戏人生。

30. 如何安排好我们非监理工作以外的生活？

根据现状我们有必要规范非监理工作状态，使其更好地为正常监理工作状态服务。

首先，我们要把工作状态和非工作状态相对分开。若一味地连续工作和想工作上的问题，人会烦躁伤神伤体的，且工作效率不一定高。白天应坚持和施工方人员一样地正常上下班，把当天的主要工作尽量在这八小时以内做完。其他时间，除了必要的报检、旁站外，也要妥善消磨之，要做一些对身心健康和工作进步有益的事，至少是无害的事。

要努力培养好的生活习惯，改正不良习惯。如酗酒，成宿半夜地打麻将或上网，迟睡晚起，不吃早饭，不爱运动……

现场监理培养优良的习惯有利于监理威信和权力的建立。我们应该为施工方的质检、技术人员和施工人员做出榜样。

以上对现场监理经常见到的 30 个主要共性问题的解决方法进行了介绍和简析，甚望各位同仁共同完善之，以使之成为现场监理解决所遇诸多问题方法的"范本"。

最后以"多凝聚　抱成团"三字言，结束此篇。

> 在一起，就是缘。
> 互有长，不轻看；
> 看优点，少护短；
> 共促进，齐完善。
> 多沟通，少偏见；
> 多理解，少满怨；
> 多争论，知底线；
> 互"洗脑"，折中间；
> 也争吵，和谐伴；
> 少窝斗，要抱团。
> 抓大事，不放松，
> 重小事，不放宽。
> 对违规，齐心监，
> 防挑拨，沟通先；
> 说正话，减口端。
> 履职责，避风险。
> 分内事，尽责管；
> 分外事，能则管；
> 界面事，都要管。
> 求大同，存小异；
> 求和谐，多笑脸；
> 求多赢，都圆满。
> 多交心，齐共勉。

第二篇　现在监理行业存在主要问题剖析和改进建议

自推行监理制度以来，至今已近30来年了。我们有太多经验和教训，累积的诸多问题，确实该认真反思和切实改进了。否则，"缩小监理项目范围"或"取消监理"就离我们不远了。

（注：当前正在讨论的"取消监理"问题，本文将不过多涉及，有意者请看网上所发表的文章）

附着在我们国情上的监理行业发展至今，在不断自我完善和壮大的同时，不可避免地被各种外界不良因素所感染，从而制约了监理行业的发展。现状已如此，我们怎么办？

一、首先深刻剖析自身问题

深刻反思，自我揭短，从内找因。

1. 违规操作，相互压价

部分监理企业为了揽活相互拆台揭短，为了中标压低标价，为了生存不惜采取行贿、串标、围标等各种违法行为。甚至，与业主签订损害自身利益的"阴阳合同"等。部分企业负责人认为中标不靠业绩、实力和信誉，而是靠关系和其他。

2. 不重承诺，不讲信誉

为了中标，投标书中承诺上场监理人员——穷其企业所有专才，承诺上场设备仪器——超招标文件要求配置。一旦中标后，则一减再缩，不能兑现。从而导致现场监控不力，安质失控，业主连批带罚还通报，企业信誉受损。

3. 注重揽活，轻视管控

大部分企业把主要精力放在投标上。中标后先进行监理费分劈，苛刻地确保上交企业费率，考虑现场管理该项目基本运转费用不足。现场监理机构的其他（人财物金等）诸多管理事宜"分配"给总监了事。由于项目多，所聘总监良莠不齐，有的德能不足，加之对其权力约束不够，造成了项目监管失控。有的监理企业根本没有成立类似督查所属诸多项目安全质量的部门，每年对其承揽的许多项目的督查（定期或不定期）一次也没有进行过。除非业主约谈或出了大问题，才不得不督查一次。如此管控项目，何以"用现场保市场"？

4. 滥竽充数，培训不足

有的企业正式员工很少。有的现场监理机构"有活急忙招人，无活提早辞人"。临时招聘一些员工（退休人员和刚毕业学生）滥竽充数。只考虑项目减成本，未考虑长远留人才。所谓培训教育只为取证或证件延续，没有真正为提高员工素质而适当投入培训费。这使得多数被招聘人员也得过且过，"能捞就捞"，加剧其"此处不留我，自有留我处"的短期化行为。有的企业虽挂靠证件人员占比很大，但现场能不用有国证人员的就不用。如此的培育人力资源机制，企业何以做强做优？

5. "吃拿卡要"，腐败监理

由于上级单位和部门管控不力、教育不够，加之部分监理人员失德、自我约束不足，"吃拿卡要"现象较多。甚至与不良承包商（分包商）勾搭，默许其偷工减料、违规计量。

有的监理机构为了减成本，支付低工资，让现场监理人员找施工方解决吃住用等问题，甚至默许其"卡要"等。有的企业现场出了腐败问题，搞内部消化，私下勾兑了事；没有"杀一儆百"，威慑众人，遏制腐败。如此不清廉，何以从严管控？

以上种种主要问题，不仅加剧了相关监管部门和参建企业的不满，也把自己搞的"臭名远扬"、信誉扫地。自身不强，弱点较多，就怪不得别人说三道四。

内部如此现状，还不反省，痛定思痛，深刻变革，今后何以生存发展？

二、业主方问题简析

1. 不信任监理

大部分的业主方（约占被调查数量的32%）并不赞同政府的强制监理，即便已实行监理的项目，许多业主都有自己的一套班子来进行工程管理，这反映了业主固有的观念，对监理工作不认同，认为监理不能提供业主需要的服务。按理说业主委托了监理，就不应再插手现场具体管理，但实际是绝大多数业主并未真正放手，而是从骨子里就对监理方不信任、不尊重，总是怀着各种目的以各种方式插手。在这种情况下，监理最大的工作就是签字和盖章。还有些业主要求监理方先验收后，再报其业主代表复查，以便"监督监理工作质量，确保工程质量和安全"。如此委托监理而不加信任，监理方何来威信和尊严？

2. 拿监理当挡箭牌

而业主把他的一部分职责委托给监理方去完成，并非按监理合同规定的范围和权力实际委托，通常多为质量控制和安全管理——即责任最大、最得罪人、最易引起冲突的工作。如果建筑工地出了安质事故，业主就根据其所谓的委托对监理企业（监理工程师）进行处罚，当政府安质监站追究业主责任时，业主就拿监理企业（监理工程师）来"挡箭"。

3. 支持监理工作不足

当项目的进度、投资与施工的安全质量发生矛盾时，在施工方的纠缠和活动下，此时业主方往往屈从于进度和投资压力，暗示监理方放松安全质量管控，合并和减少监理程序。

三、施工方问题简析

1. 反感被监理

施工方接受监理方的管理是因其与业主签订的合同要求和国家推行监理必须履行的义务。监理人员驻扎现场，对施工方全部看得清、摸得透，对其违法分包、层层转包、偷工减料、管理混乱等违法违规行为往往还是会毫不留情地指出并责令整改的。这在很大程度上遏制其逐利动机顺利实现，故反感被监理。

2. 监理被充当监工，转嫁责任压力

现状是施工方技术、安质检人员不足，管控水平也不高，现场监理人员不仅"帮带"充当其技术角色，还自愿或被动地进行着各种巡视、旁站、安全管理等。尤其在当今内外部压力下不得不充当"监工"，施工方用向监理报验代替其三检制（自检、互检和专检），这减轻甚至变相替代了施工方自身的技术质量管理工作，把其责任和压力转嫁到了监理头上。

3. 出事后往监理方推责任

政府各级监管部门和业主的各种形式的检查，或发生安全或质量事故后的调查处罚，施工方往往以"监理指导的"、"监理每天都在"、"监理认可"等把监理推出来做"挡箭牌"，让监理方承担"监管不力甚至不作为"的责任和后果。而政府某些监管部门和业主也不想承担本应承担的监管责任，于是，监理就自然而然地变成了"替罪羊"。

四、监管部门问题简析

1. 加大监理责任

在目前的建筑市场环境下，政府有关部门的监管难度也在增大，而规避甚至推诿自己本应承担的责任和后果，是某些监管部门和人员不得已的做法。如：业主未办施工许可证就施工，边设计边施工等违规行为，这些本来应是政府某些监管部门的法定职责，但却推给监理方去监督并担责。还让拿着业主方监理费的监理方再去监督甚至举报业主方的某些行为等，把监理企业的责任无限扩大。

2. 苛责监理

当发生了安全或质量事故时，在其他各方规避自身责任、嫁祸监理方时，政府监管部门应按照法律法规和监理规范的相关规定对监理进行处罚，不可以超出这些规定苛责监理。

五、不正确观念简析

1. 现场什么都让监理管

有人认为监理工作就是什么都要管，故无论是进度拖后、投资增加、工程安质出问题、环水保违规、文明施工不达标和合同纠纷，甚至农民工工资拖欠等等各种问题，都是监理工作不力造成的。如果监控到位，"预控"全面，"事后"跟进，怎么还会出各种问题？

监理方权力（签字权、停工权、计量计价权）很大，就应当监控好。于是，签订监理合同时，业主方要求监理方包质量、进度、安全、环水保和文明施工等，甚至要保证必须获得"鲁班奖"等，否则就依此克扣少得可怜的监理费。政府监管部门也往往依此随意给监理方扣上"未履行监理职责"的帽子而逃掉自己本应承担的责任。一旦发生问题就连施工方也会随声附和辩解"这是监理方问题"，如同监理方是现场的总监工和万能者一般。

2. 现场监理可有可无

有人说，懂点工程的（甚至不懂的）只要戴上顶监理帽就是监理了。认为，现场转一转叫"巡查"；眼睛瞄一眼叫"检查"；作业面站一会儿叫"旁站"；检验批资料上签个字就验收"合格"了……监理人员素质差，所以待遇低，进而高素质的人才流失殆尽。只剩下素质差者当监理，这样的监理能有多大用？

此外，自推行监理制度以来，总有部分开发商出于自身的利益，以种种形式规避监理、操纵监理，到处宣扬监理没有发挥作用；总想变换各种办法来取而代之。对此，有些政府部门及人员，看不清问题的实质，盲目听信一些不诚信开发商的言论。

可见，业主方看不起监理方，所以监理费一再打折。施工方仗着财大气粗，也会挑拨离间。而政府的各级监管部门无论是平日巡查、一阵风式突查或在处理安质事故时，也总是敲打着监理方……

六、今后如何办

1. 增强信心，拥护改进监理制度

众所周知，《建设工程质量管理条例》、《建设工程安全生产管理条例》以及各地制定的有关地方法规等文件，均赋予了监理企业在工程质量安全监理方面的责任，项目监理机构按照相关规定在施工现场实施了全方位、全过程、全天候的监理。虽然由于诸多原因，未能完全发挥第三方独立监控的作用，但其在我国大规模基本建设和城市建设过程中确实发挥了很大作用，做出了不可磨灭的贡献。

在目前工程层层转包、包工头偷工减料情况下，工程质量和施工安全存在诸多隐患，而监理人员在施工现场（旁站）管控（盯控），是施工项目安质人员、业主安质部和安质监站所无法替代的。

身为监理人员不必自惭形秽，应坚信监理制度进行改进和创新后，必会解决监理制度现有诸多问题和不足，进而发挥出监理制度有效而积极的作用。我们应当拥护持续改进监理制度。

2. 清理和整顿建筑市场环境

建筑市场参与企业众多，不仅各种不同职能、体制、管理模式直至不同素质的人群全部汇集到一起来。即使是施工方，也是有各种各样的总包和分包及其相关材料设备生产、租赁、供货等企业（BT项目更甚）。施工人员更是有成百上千来自五湖四海农民工组成。工程质量（百年大计）就是在他们的敲打中形成。由此可见，担负着"三控两管一协调一履职"（铁路监理工作是"五控两管一协调一督促"）的监理方，其工作难度有多大。由此可知，做好每一项工程，减少质量和安全事故，仅靠监理一方的规范是做不到的。尽管政府各级监管部门一直进行着各种形式的督查、巡查和突查等，但收效也不大。

我们如何规范工程建设各方呢？

首先是政府部门自身的规范和廉洁自律。对监理的支持应有实际行动：要求业主对投标监理费不降点，在实际督查中不应走过场，真正解决好源头的监管问题，树立监理方在工程管理中的威信。

其次是施工方的守法遵规。现在建筑市场的不规范究其根源就是由施工方违规行为造成的（偷工减料、行贿送礼等）。唯有加大其违法违规成本方能根治某些施工方不良行为。

其三是业主的积极作为。大家明白，业主掌握着关键资源（钞票），是所有参加企业中占据主动地位的一方，所以业主利用其经济手段是可以管理好工程项目的。

当然，监理方也不可推诿责任，怨天尤人，应主动履职，积极作为，以规避责任风险。

所以，清理和整顿建筑市场，政府必须言行一致，真正给力；施工方守法遵规；业主方积极作为，监理人员才能在一个规范、健康的建筑市场环境和条件中生存并成长起来。

3. 政府相关部门理解和大力支持监理工作

首先，现在各方应重新认识并真正搞懂监理方的定位和应承担的职责。明白监理方不是承包商，其对项目的施工质量、安全文明、进度等不具备实际"控制能力"；也不是隶属于政府靠财政拨款的安质监部门，其对现场各个参建企业及其违法违规行为无处罚权和威慑力。监理方的能耐极其有限，其只能是起着协助、提醒的作用。政府应勇于承担起基本的监管职责，不应该把自己的法定职责靠强制力推给监理方去承担。

其次，政府的监管部门在实际检查中，重点应是施工方而不是监理方。不可以苛责监理方。要支持监理工作，树立其威信。

4. 监理方应自我约束自我完善

在当前严峻情形下，监理方应抱团取暖，苦练内功，不断提高各方面素质和水平，自觉规范和约束自己的行为和言行，同时积极维护监理方自身的合法权益和名誉，为监理方争气、鼓气，真正做到自强不息、有尊严、有地位。为此：

（1）监理企业应支持改进监理制度，并相向而行。既然现在的监理制度和行业存在诸多问题，就要拥护和支持改进（改进不是全盘否定，而是通过改进适应市场经济的发展，有利于工程项目安质监管和提升，有利于监理行业科学发展）。所以，监理企业和监理人员应开动脑筋探讨改进的思路及方案，积极建言献策、提出合理化建议。要改进就有阵痛、有危机感。发展需要改进，改进又促进发展和企业的转型升级。监理企业及其从业人员应相向而行，顺势而为。

同时研究开发新的服务产品。今后监理企业靠政府来维系生存是不客观的，应顺应市场需求研究开发新服务产品。工程咨询的领域其实是很广泛的，只要潜心调研就能找到真正适应市场需求的咨询服务产品。再比如，监理企业探索现场开办建筑工人（劳务工）技能培训"学校"，以弥补当前由于一线工人培训缺失，造成安全质量事故频发等等。

（2）更新监控理念，形成习惯。没有适宜的监控理念，就没有可靠的监控方法和行为，进而，也就没有可控的现场。然而，符合现场实际的监控理念一旦被广大员工所掌握，形成团队气候，就会从中产生出可靠而实用的监控方法和行为，并使得现场诸多方面处于可控状态。

是的，太超前的监控理念，因"理想化"远离现场实际，员工接受不情愿，实施起来就有阻力；而滞后的监控理念，虽然顺手而习惯，但照顾了部分团队人员的惰性，不利于大多数员工的进步，不利于管控好现场施工。所以，监理企业所倡导的监控理念，至少应适宜或适度超前，持续关注现实的成熟的监控方法，并进行总结、优化并推广，方有大效。

目前应适应监理人员的"一仆二主"定位，热情服务业主，同时兼顾社会责任。首先站在业主角度和立场去思考和解决问题，为业主提供满意服务，严格督促施工方落实业主所要求的事项，切实按照委托监理合同中的要求做好监理工作，以确保所管标段安质可控，顺利拿到监理费。此外我们还应按照国家法律法规和监理规范的要求履行监理社会职责，保持公正、公平。

（3）针对前文剖析的自身五大主要问题，应深刻反省，痛定思痛，进行持续整改。应讲信用重承诺，按照合同要求和现场实际情况配齐监理人员，其数量和素质满足现场监控需要，以减少监理的履约风险。应确保现场监理人员的收入，在做到"高薪养廉"的同时，加强督导和教育，切实杜绝监理腐败现象。只要我们上下左右持恒努力，就能面貌一新并达到各方的认可。

（4）现场项目管控方式也要改进，例如：

1）实行了28年的"总监负责制"弊端不少，应与时俱进。当今现场监控形势和20年前的不可类比，当今的主要监理人员和5年前的也不可同样看待。我们应认真总结实行了28年的"总监负责制"的经验和教训，进而改进和优化之。笔者建议试行"总监管理下的分工负责制"或叫"总监负责下的岗位分工制"，以使"总监减负，抓大放小"、"责任下担，均衡分工"，强化约束制衡力，防范职务犯罪。监理企业要加大对各项目的管控督查力度，以规避总监"不为"或"乱为"的责任风险。

2）稳妥解决好监理机构内部矛盾的共性问题。现场监理人员经常遇到的问题、矛盾和冲突有其共性，如果解决、协调得不好，会削弱监控力度并影响凝聚力。我们应总结其解决方法，改进优化后进行推广。

3）做到"以监为主，帮带为辅"。业主更希望监理人员利用其丰富的经验"帮带"施工方。在日常巡查、检查和旁站中，在重要安质问题上必须坚持原则，不讲情面，该整改的整改，该返工的返工。但在其他方面，监理人员应真心实意、耐心细致地"帮带"施工方。

4）应大力提倡相邻管段和相近专业的监理人员相互进行"交叉检查"或"交叉复查"。即对重要工序、关键部位或隐蔽工程，安排就近或相关的监理人员相互交叉检查、复查。如果该工序或部位交叉检查、复查后还出现问题，将对"交叉检查或复查者"连带问责。

5）结合现场监理工作实际情况，我们把安监总局倡导的"四不两直"（即不发通知、不打招呼、不听汇报、不陪同接待，直奔基层、直插现场）暗查暗访的检查方式应用于现场安质监控中等。

总之，形势逼迫我们反省，危机感逼出使命感。面对挑战和机遇，我们必须增强信心，改变观念，拥护革新。同时苦练内功，创新方式，以期立于不败之地并做强做优。

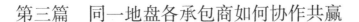

第三篇　同一地盘各承包商如何协作共赢

在施工现场，尤其市政工程施工现场，项目监理机构在协调同一作业区域内各承包商诸多事务过程中，参建各方都深刻感觉到：

协调效率不高，不重承诺，扯皮斗气，是是非非，积怨加剧。许多交互作业项目做得"既损人又不利己"，应该"双赢"而"双亏"或"多亏"，使得现场协调人员徒费口舌，为难受气。

我们需要反思，总结经验，改变思路，完善方法，以利消减矛盾，提高效率，力争"双赢"或"多赢"，并保证工期和效益。有如下想法和建议供思考。

一、各承包商应"看得远，算大账，相互让，求多赢"

同在一个作业区段内工作，相互间磕磕碰碰，"你求我，我求你"之事在所难免。这绝不是一次交往，不是几天、几个月，可能是几年。若不看长远，只看重诸多零碎小事，就会成怨，扯皮互耗，累计起来各自的损失必然都大。

各承包商如果拿"人民币"和工期来"斗气"，确实不值得。应发挥风格，"你敬一尺，我反敬一丈。"千万不可"被冤一次，记仇十次。"

若承包商基层人员斗气，其上级人员应及时化解之。不可小心眼，火上浇油。"你卡我一次，我卡你两次。"反之，"你卡我两次，我卡你四次。"心态坏了，积怨加剧，互气互损。事后设身处地一想，何必呢？

二、在现场各承包商应主动协商解决相互间的问题

现场各承包商之间小大问题协商解决顺序：①先基层解决；②再中层沟通；③后高层协调。

实例证明，愈在下面基层解决，效率愈高，损失愈少。愈求上层解决，则协调成本愈高。

例如，基层"几句好话"、"一根烟"或"一包烟"就可解决的事情，如果扯皮积怨并上交，就可能变成"一条烟"、"一顿酒席"，且工期也耽误了。

其实，在施工工序上谁先谁后，谁让谁，只要理智地去思考，一目了然。这次我让你，下次你让我，扯平了。扯不平，请吃顿饭，又互不欠了，多简单。

如果，两个承包商的班组级解决不了，就由队长级出面解决；队长级解决不了，由副经理出面；又解决不了，再由项目经理出面坐一坐，一般就解决了。作为上层领导，不能光听下层人员添油加醋、赖东赖西乱汇报，应多向好处想，缓和矛盾，以利和平共处，资源共享，互利互惠。

如果在同一个作业区段内，两个施工承包商的主要负责人很少沟通，互不"理睬"，这就是很奇怪的一件事。如果光通过业主或监理人员浪费口舌地传来传去是不明智的，且效率低。

例如，你的挖掘机就在跟前，我的在几百米甚至几公里以外，无论如何算，还是用你的最划算。如果扯皮斗气、矛盾加剧，则变成"我宁愿多花半个台班、多耽误半天时间也

不用你的"。

"你拆了你的围挡，我不用你的，我再安设我的。"这不是拿"人民币"和工期来"斗气"吗。这是非理性的行为。

三、若两个承包商高层出面也协调不出结果，才可再请两个地盘的监理人员出面化解

两个地盘的现场监理人员应站在公正角度并从问题顺利解决的立场和愿望出发，各自"压服"其地盘承包商的乱要价以及不讲风格的行为，而非指责对方承包商的不是。如果这样，只会起火上浇油的反效果。两个地盘监理人员更不能争吵起来，好像拿了各自承包商多大好处似的。如果这样，只会使情况更糟，不利于问题的解决。应平静下来，各自理智地讲明理由和情况。若仍"摆不平"，可再请各自的总监出面来"摆平"。若仍不行，再向业主报告，或召开协调会，按照合同要求和轻重缓急的程度说服或"压服"一方执行之。

需要协调的某事"合同条款"以及其"轻重缓急的判断"，难道非要让业主来定夺吗？负有协调责任的专监或总监就不能判断吗？到底是因为什么就定夺不了呢？请深思。

四、应重承诺，讲诚信

如果某承包商答应三天之内交出施工场地，十天半月仍拖着不办。这样做事不可以。你这次骗了对方，下次呢？我们应有基本的诚信。

这只能说明双方积怨已深，现场监理人员的管控力太弱，需逐步化解之，以免造成更大的"双亏"或"多亏"。

业主或监理主持召开的各种协调会议，其定下来的事项执行情况，统计一下就可以知道，问题上交后的效率有多高？效果怎么样？

经验证明，参与协调的人愈多，效率愈低，其效果也不见得好。

五、认可的惯例：谁最需要，谁就应主动，谁就应先多付出一点

即使多付出的这一点——"小亏"，只要事情顺利解决后，"小亏"就变成了"大赢"，相应地就变成了"双赢"或"多赢"。

六、为了大局，灵活记工

为了减少"口水仗"和施工顺利，零碎的小工和台班费，监理和业主代表可见证并书面记录下来，让最需要而积极的相关承包商先干起来——无论这活该不该他干。

在施工过程中工程变更和计量之处很多，有机会即可把这几个"零工"和"台班费"计入。这可以省去不少麻烦。为了顺利施工，该灵活之处就得灵活，要为大局，看大处，无私心。

七、应首保安全质量，不分心不疏忽

想一想"四大控制"中的安全和质量，如此多人花费如此大精力投入无休止的开会、"打口仗"、扯皮斗气的协调之中，多么不值得！

如果我们在安全和质量上分了心、疏忽了，一旦出事故，再扯皮斗气也没用了。

请算一算，因测量放样技术差错和质量问题造成的返工而引起的工期耽误、成本增大，就知道一味地强调抢进度和劳体费神地都去参与所谓的协调工作的偏颇和欠妥。

参战各方的我们，应该"看得远，弃小利，求多赢"。应该优先解决问题于基层，于两个承包商之间，而不应太多地上交矛盾。我们应该做到"重承诺、讲诚信"。提倡"先吃小亏，后占大便宜"。更应该，花大精力于现场安全和施工质量上，而不是相反。

唯如此，我们才能有效地协调好同一地盘上的几家承包商，做到"双赢"和"多赢"。

第四篇 "总监负责制"存在弊端及改进建议

实施"总监负责制"以来，总监在组织、管控项目施工与协调各方关系（三控两管一协调一履职）等7个方面做出了很大贡献。多数总监都具备良好的政治道德品质、丰富的项目管理经验和较高专业技术水平；知人善任，乐于沟通，善于协调；具有人格魅力，处事公道，为人正派，心胸坦荡，以身作则，并起榜样作用。

然而，在"总监负责制"实施过程中也暴露了诸多问题，并有逐渐加剧之趋势。假如监理公司所授权的总监政治道德水平不高，综合素质较差，现场项目监理机构就会出现"不为"或"乱为"、受贿行贿和贪污腐败等现象，进而使得现场失控、出现安质事故，并造成严重后果。出现这样的实施效果，这不是"总监负责制"的初衷。

与时俱进。现在很有必要认真总结实行了28年之久的"总监负责制"的经验和教训，针对其"弊端"及时地进行适当改进。

一、"总监负责制"存在的主要弊端

1. "总监负责制"过分突出总监权力，不利于充分发挥监理机构团队作用

很明显，项目监理机构是个团队，有时一个项目监理人员多达上百人，有各种岗位和专业，这绝不是突出总监一个人就可以使现场诸多监理工作处于可控状态的。

关键问题：授予总监人、财、物等权力是基于总监政治道德品质较高、责任心强、管理经验丰富和有较高专业技术水平，基于其处事公道正派、能够起表率作用，以及有利于履行项目监理机构监控职责的目的而给予的。然而，现实中，一些总监（思想觉悟不高，道德素质较差，监理证件挂靠，或年龄偏大而思想保守等）存在混事的现象；一些年轻总监只因注册证较多符合招标要求而当上总监，其涉世不深、管控经验不足，缺乏协调和控制局面的能力；个别总监私心大，短期化行为严重，或乱作为，甚至违法乱纪；还有挂名和兼职总监问题等。

而副总监（或总监代表或分站长）只能在总监所授权的范围内被动地工作，无法充分发挥其应有的作用，他们也无法监督和约束总监，其他监理人员更是"唯命是从"了。有些项目由于总监的独断和私心，其属下的一些专监竟然不敢根据监理规范赋予自己的职责大胆管控现场。如签发"监理工程师通知单"，若总监不同意，就不能签发。还存在个别总监"强迫"现场专监在有缺陷的实体质量验收文件上签字的现象。如果那个监理人员不"顺着"总监，该人就会被以种种理由调整到其他项目或被清退。还有个别总监把项目监理机构当成"家庭作坊"，在一些重要岗位安排亲戚朋友。若把这些违规情况反映到公司，个别领导则以"总监负责制"为由选择性地听取所反映的情况。

由此可见，如果我们过分强调总监权力和作用，就相对削弱了副总监（总监代表）、监理组长和专监等其他监理人员的作用，不利于群策群力，不利于项目监理机构团队凝聚合力来整治现场随时随地出现的诸多违规现象。如果对总监权力不认真监督和约束，遏制其"不为"和"乱为"，其他监理人员就不能够按照监理规范的要求充分发挥其应有的作用。

2. 既然是"总监负责制"，部分监理公司就"一包了事"或"放而不管"

部分监理公司在项目中标后先进行监理费分劈，确保上交公司费用后，剩余费用归总监支配（其最后结余或归总监或按照比例奖给总监。监理费节余是减人结果，减人所增加工作由现场监理承担，其节余分配应符合"法理情"）。现场监理机构的诸多管理事宜（人财物金等）"包"给总监了事。现在由于监理项目多，所聘总监良莠不齐，加之总监为一方"诸侯"，对其权力监督约束不够，造成了内部管理混乱，基层员工怨声载道，更换频繁，进而使得项目监管失控。有的公司根本没有设立类似督查所属诸多项目的部门（如安质部或督察部），每年对其承揽的诸多项目的督查（定期或不定期）一次也没有进行过。除非业主约谈或出了大问题，才不得不督查一次。

如此"一包了事"或"放而不管"地监理项目，何以可控？

3. "总监负责制"使得总监责任大、负担重，需要"减负"

不是"总监负责制"吗？所以，每次开会，业主各部门的组织者为突出会议重要，每每要求总监签到。每周总监参加或组织开会至少4次（市政工程地铁尤甚）。与项目有关的所有事项都先找总监，各种检查得陪同，协调不停，汇报不断，手机24小时接个不停。

"会会总监到，事事找总监。"总监分身乏术、疲于奔命。加之项目监理部编制人员不足（为缩减成本），大小事务很多，总监忙的昏天黑地，诸多内部矛盾因不能够及时疏解而量变到质变，最终不可调和。真是"千头万绪"系总监，使得总监内外交困，身心疲惫。由此可见，需要给总监大大"减负"，以便总监分轻重缓急、有条不紊地做好本职工作。

4. "总监负责制"在主客观上使得监督和约束总监权力不够，易生腐败

若总监权力没有来自外部的监督和内部的约束，光凭其良心和道德来自我约束规范自己，终究不能长久。有不少实例，由于上级单位和部门对总监监督不力，项目监理部内部又无人敢约束，加之总监不守底线，就会出现其与不良分包商勾结，默许其偷工减料、违规计量等以权谋私、受贿行贿等现象。有的总监为了减成本，让现场监理人员找施工方解决吃住用等问题，甚至默许其"吃拿卡要"等。甚至，现场总监出了腐败问题，有的公司搞内部消化，极力说情桌下勾兑"私了"；没有"杀一儆百"威慑众人，来遏制腐败现象蔓延。如果监理公司对所有总监不进行持续的监督和约束，尤其对有问题的总监放任不管，这既害了总监自己也危害到监理公司的声誉，进而影响到监理公司的生存。

5. "总监负责制"使得少部分总监搞"独立王国"

有的监理公司项目多，大多远离公司驻地，无暇监管。"山高皇帝远"，于是，有的总监就在其项目监理部搞"独立王国"，不接受公司派去的人，排斥异己，任人唯亲。这部分总监一般资格较老，对公司过去或现在有突出贡献，公司暂时离不开他们。有的总监唯我独尊，狐假虎威，公司的制度、纪律对他们形同虚设；有的总监心有异志，另立山头。若公司派去人员进行督查，就不配合或弄虚作假……这样的总监虽少但影响较坏。

"总监好则项目好，总监差则项目差。"

但以上"总监负责制"客观存在的种种弊端，就是一些监理项目监管失控的一个重要因素，也是项目监理部和监理公司被追究监理责任的主要风险源。这在很大程度上严重影响了监理公司的发展，进而影响整个监理行业的形象。所以，监理单位主要负责人和政府相关部门管理人员急需改进和完善"总监负责制"。

二、改进"总监负责制"建议

我们应总结经验，汲取教训，并与时俱进。首先应明确总监是项目经理机构的"组织者"，而不是大权"独揽者"或"指令者"，并大力倡导"总监组织下的岗位分工制"。在新版《建设工程监理规范》GB/T 50319—2013 的 3.2.1 条款中，总监的 15 项职责，光"组织"二字一共提了 10 项（13 次）。由此可见总监主要是"组织者"的角色——组织所属监理人员开展各项监理工作的。这体现了民主集中制和群策群力，也可使总监部分责任下放，分工合作，同时也为总监减轻负担，利于其"抓大放小"。

监理公司在加强对总监监督和教育的同时，应完善并增强对项目监理部内部的约束制衡机制，防范各种职务犯罪。应明确总监不得无故干涉其他监理人员正常行使监理规范和监理公司有关制度所赋予的职责。

"不受约束的权力，必然产生腐败。"

监理公司要加大对各项目的管控督查力度，公司党支部和纪检部门应定期派人约谈项目监理部主要管理人员，以防范其"不为"或"乱为"而引发监理责任风险。

基于此，再补充如下改进建议：

1. 监理公司及时补充修改"总监负责制实施办法"

各监理公司可以参照"浙江省公路水运工程施工监理'总监负责制'实施办法"，并结合本公司项目管理制度和当前现场新情况认真补充修改完善"总监负责制实施办法"。如：

（1）严禁总监与施工方造假谋求好处——这是违法行为。严禁监理站（总监）"吃空饷"——这是"变相"受贿或贪污。一经查出，必须从严处理，严重的应报送司法部门处置。

（2）总监的直系亲属不得在其负责的项目监理部从事监理工作，也不得在其监控的任何施工单位及其分包人、材料供应商等与该工程监理有关联的单位工作。总监若不能做到的，应回避。

（3）总监不应代替验工计价监理签认施工单位验工计价单。

（4）总监可以介绍人进公司，但招的人（尤其亲属）不宜进自己管辖的监理站。总监聘用亲属（包括旁系亲属）的，应主动向监理公司和业主说明。

（5）除总监之外人员的竣工奖，应由公司督导核查并及时发放。可以规定：该监理人员调离或离场 3 个月后，其所监理项目无质量和安全问题，所得竣工奖就应在第四个月之内主动发放。

电话费等报销或发卡应按照公司规定执行，总监不得利用职权无故卡发或不发。

（6）规定公司定期组织财务部、人力资源部联合核实监理站所有人员工作情况，以及薪金发放情况，以预防财务违规情况发生。

2. 监理公司应在项目监理部内部设立"内协组"来帮助总监工作

有实证，目前在项目监理部内部设立"内协组"来协助总监工作，是符合实际，可行而有效的。

（1）"内协组"工作目标

确保项目有序、平稳、和谐、安全而顺利地运转。

（2）"内协组"主要工作

1）协助总监公正处理内部的利益（奖金）分配；

2）协调内部人员相互关系，及时解决内部矛盾；

3）及时防范所有监理人员的道德和责任风险；

4）及时处理项目监理部内外部非常事情（在制度和规范外的）；

5）管理内部食堂伙食费开销等。

（3）"内协组"组建和运作

该"内协组"组长及成员都由本项目监理人员兼职。人数应根据当前监理现状、各项目业主要求和项目大小来定（3～7人）。要求组长一般是党员，大专以上资格，在本监理公司服务6年以上且具有一定的管理能力。总监一般担任副组长，总监应支持组长按照公司相关规定履行职责。

一开始成立项目监理机构时就建立"内协组"，由公司协助组建，报备后开始工作。

一般情况下，"内协组"应每月定期召开一次碰头会，由组长组织，解决当月内部存在的主要问题，提醒下月和今后应注意的事项，并有会议记录。若遇特殊情况，应及时召开。"内协组"应每月向监理公司（党委）书面汇报当月协助工作情况。

显然，在项目监理部内部增加了"内协组"这个制衡机制，以可使其主要监理人员不得"不为"和不敢"乱为"，并防范职务违规和犯罪。

3. 监理公司应不断完善对总监的考核和奖惩制度

各监理公司都有一套对总监的考核和奖惩制度，应抓落实，真兑现，并与时俱进及时修改完善该制度。

监理公司应通过多种渠道及时掌握各项目监理部内、外部工作动态，尤其控制"失控"苗头，防患于未然。不可以到"出事"了才知道，或"出事"了还不知道。应采取"四不两直"（不发通知、不打招呼、不听汇报、不陪同接待，直奔基层、直插现场）的督查办法，不定期地督查各项目监理部，每年至少督查一次。对不能胜任总监岗位的总监，经业主同意后及时替换。

按照监理公司规定及时对总监进行考核。考核前要求总监按照其岗位职责和德、能、勤、绩、廉等五个方面做好本人自评和自查自纠，并在项目监理部"内协组"会议上公开讨论通过。

考核分为两项：过程考核和年度考核，由项目业主与监理公司共同完成。

过程考核：业主权重占60%，监理公司占40%。

年度考核：监理公司占60%，增加项目监理部内部（内协组）的考核因素；业主占40%。同时把过程和年度考核与中间交工和竣工验收的结果相结合。

考核总监工作不可以仅看文字资料，考核人员不应该仅听总监汇报。应不断完善考核方法，开通考核人员与现场主要监理人员沟通（谈话）渠道，了解总监履职情况。尤其了解总监对现场监理工作支持度及对现场安全质量问题的处置情况。唯如此，考核人员才能全面了解情况，考核结果才能恰如其分。

4. 监理公司应培养和教育总监，并及时支付其相当酬金

监理公司应及早辞退年龄偏大且素质不高的总监。对已有的素质较高的老总监，可以为其配一位年轻得力的副总监或总监代表，以保证项目监理机构的有效运作。应帮助总监

解决实际困难并进行教育，以使其技术与经验持续发挥作用，在诸多方面成为年轻人学习的榜样。

监理公司应持续加强对年轻总监的培养。锻炼他们多方面的能力，培养他们做人做事的品行，以及协调和管控全局的能力。对重点骨干人员，监理公司一定要用优惠政策来稳住其心。

监理公司应记住："高薪不一定养廉，但低薪一定不能养廉。"

在项目监理部，总监责任重大，其身心付出也很大。按照责权利相匹配原则，监理公司应尊重总监和其辛勤付出的劳动，应及时支付与其身心付出相当的酬金。事前承诺的考核奖金应无条件地及时兑现。不应该让总监垫付项目监理部管理费，不可以拖欠其薪金，更不可以默许其到施工方处"吃拿卡要"。

"总监强，则项目强。"对总监管理得当，监理公司将持续拥有一批高素质的总监，那是公司的资源、品牌和形象。相反，若"放而不管"，实例证明，监理公司终将会为此付出很大代价。尤其在监理人才资源短缺的今天，高素质的总监尤显珍贵。

毋庸置疑，实施"总监负责制"以来所取得的成绩是很大的，值得肯定的。但以上诸多弊端是客观存在的，消减这些弊端不是件容易的事，这需要监理从业人员和行业管理人员共同努力才能解决。

通过我们群策群力和集思广益，对这些弊端的改进办法会更加妥当。我们应适时改变观念，创新方式，并勇于尝试，以期实施16年来的"总监负责制"不断改进并持续完善。

第五篇　监理 BT 项目存在问题及解决方法

一、BT 项目简述

BT 项目即建设—转让（Build-Transfer）。项目立项后，一般地方政府招标选定总包商；总包商根据项目发起人的建设要求和标准，进行设计、建造等工作。项目完工验收合格后移交地方政府，然后地方政府开始对项目进行回购及使用管理。双方一般签订总价合同（现在城市地铁项目是地方政府与总包商签订总价合同）。一般地方政府成立"某项目有限责任公司"（以下简称业主）来管理该项目的建设和运营。

业主的主要工作是确定建设标准、验收标准和支付回购款项，按照招投标相关规定招标：监理单位，设计咨询单位，第三方监控、测量和检测单位等。建设中，业主对项目"四控"的监督管理主要是通过委托的监理单位、第三方监控、测量和检测单位进行的。

BT 项目要求总包商有设计能力和工程总承包能力（融资能力），并有相当资金实力。当前，在国内能够承担 BT 项目管理的往往是国内一些大型施工企业（大型央企居多）。

总包商中标后，再按照与地方政府签订合同中的相关规定把整个项目按照标段和专业进行分包（内部再次进行招投标）。

通常，监理单位是与业主签订的委托合同，其现场成立的监理机构是"夹"在业主、总包商或各分包商之间的，从而增加了监理工作的难度。这与非 BT 项目的监控状况有所差异。

二、监理 BT 项目存在问题

1. 落实分包合同管理难。与地方政府签订合同后的总包商在把项目进行分包前并未让现场监理机构参与，而却在事后让监理机构认可。这就在分包环节上削减了监理机构的审核权限。此事因为存在"店大欺客"的现象，业主也为难，不好管理。显然，由于监理机构对分包单位的管控权限不足，势必增加随后现场监理进行系统管控的难度。

2. 施工过程中，业主与总包商（分包商）的诸多矛盾随时随地发生并争执不休，而监理机构总是"夹"在中间受气。通常，总包商（分包商）出了问题向现场监理推卸责任，而业主把来自总包商（分包商）的压力转嫁给现场监理机构。

3. 现场管控环节增加，外部协调难。例如，直接管控标段现场施工安质的各单位人员有：分包商安质人员、总包商驻地代表、专业监理工程师、业主驻地代表和业主安质部人员等。其各自职责划分难清，有的越权，有的不作为。推诿扯皮的会议多，决定的事项落实难，现场监理人员处境尴尬，管控协调难。

4. 现场质量监控难。由于设计与施工一体化，这在项目质量控制的源头上（尤其大宗原材料、构配件和设备的品牌和等级选择）就给总包商降低质量标准提供了一定条件。出现了质量（安全）措施在设计和图纸深化阶段就被"优化"的现象。另外，由于总包商内部客观存在较多的一包、二包（或三包，以及加引号的"劳务分包"等）现象，其质量自控和管控能力不能够满足项目施工需要等。这都增加了现场质量监控的难度。

5. 安全投入捉襟见肘，监理履行安全管理职责难。由于总价承包，以及一包、二包（或三包）现象存在，总包商（分包商）截留安全文明措施费较多，在现场安全投入上难免"短斤缺两"，在作业面落实安全措施上也难免"省工减料"。加之，施工方安全人员不足及权责受限，现场安全处于受控状态较难。由此，监理机构"履行安全生产管理的监理职责"就比较困难。

6. 计量（计价）程序存在问题。按照监理规范计量（计价）程序要求的程序应该是：①各标段分包商；②总包商；③监理机构；④业主。

而 BT 项目却变成：①各标段分包商；②监理机构；③总包商；④业主。总包商在监理机构之后，这就大大削弱了监理机构的计量管控权力。

7. 监理费不足，存在垫资情况，使得上场监理人员数量不足、素质不高，这无疑地增加了监理责任风险。

8. 人为加大监理工作量。由于 BT 项目存在的总包商"店大欺客"的现象，以及总包商管理人员不足或不作为所造成的未能全面履行总承包管理的情况，业主管理现场所要求的诸多内业、外业工作仍然需要通过监理机构来一一完成。

9. 其他困惑：分包商良莠不齐，施工经验不足……

以上困惑，虽非 BT 项目所特有，但因 BT 项目的特殊性而突显。

在当今 BT 项目的内外现实情形下，现场监理机构如何作为才能安质可控、履职避险呢？

三、监理 BT 项目的有效措施

1. 首先，监理人员必须站在业主的角度和立场去思考和解决问题，热情为业主服务，严格督促施工方落实业主所要求的事项。切实按照委托监理合同中的要求做好监理工作，以确保所管标段安质可控，顺利拿到全部监理费。

2. 监理机构进场后，建议业主在总包商把整个项目进行分包前让监理机构及早介入审核分包商（包括材料、构配件和设备供应商）的资质和资格，以减少随后现场监理进行系统管控的难度。在分包合同实施过程中，建议业主及早督导总包商完善分包合同，采取考核分包商的有效措施来弥补该类分包合同存在的不足，以避免合同管理失效。

3. 开工前，监理机构应协助业主编制并完善对现场管理有直接影响部门人员（分包商管理人员、总包商驻地代表、监理工程师、业主驻地代表和业主安质部等）的权限和职责。尤其划分清楚相互界面间的权限和职责，优化管控流程，提高管控力度和成效，应明确业主驻地代表对于监理工程师的督导权限，监理工程师应适应各地业主不同的管理模式，但不可以放松自己相对独立的监控权。双方遇到非常规问题应及时有效沟通，应防止总包商利用双方矛盾违规操控。唯如此，方能形成合力，减少协调难度，规避责任风险。

4. 协助业主编制并监督执行该项目的建设、验收技术和质量标准，尤其大宗原材料、构配件和设备的质量标准。在设计阶段和施工图深化过程中，设计监理单位应严格按照国家和行业设计标准进行把关，施工监理也应认真审核，严防其降低质量标准。在施工阶段，认真做好原材料、构配件和设备送样封样工作。进场前，按照要求并对照所封样品进行检验，不符合要求的不得进场。施工监理应借助业主力量，督导总包商完善其内部分包商的质量自控和管控制度，督促其配足安质检人员。

5. 更重要的是，应实行"样板引路"。每个施工项目（土建结构物、装修机电安装等）的"首件"施作，都先按照技术和质量标准做好"样板"，经四方（分包商、总包商、监理方和业主方）核查验收后，再按照"样板"进行施工。

6. 定期核查安全文明措施费使用情况，认真履行监理安全管理职责。按照安全监理规范要求做到"六该"：该写写——在监理规划和细则中安全监控措施要写全；该审审——认真审查施工方的资质、资格和所报各种方案，重点审核安保措施；该查查——监理人员每天巡查现场，核查现场危险源要全覆盖，查找出隐患，当场告知其整改；该发发——发现较大安全隐患立即签发"监理工程师通知单"，并督促其消除；该停停——查出严重事故隐患，立即上报总监颁发"工程暂停令"，并盯控其彻底整改落实到位；该报报——如果施工方拒不整改，应立即上报业主安质部和地方行政主管部门。唯如此尽责，监理个人、监理站和监理单位才能规避安全风险。

7. 建议业主执行监理规范要求的计量（计价）程序，即标段分包商→总包商→监理机构→业主，以加强监理机构的计量（计价）管控权力。

8. 监理单位应讲信用、重承诺，按照合同要求和现场实际情况配齐监理人员，其数量和素质满足现场监控需要，以减少监理履约风险。

9. 做到"监控为主，帮带辅助"。由于BT项目的特殊性，业主更希望监理人员利用其丰富的经验"帮带"施工方。在日常巡查、检查和旁站中，在重要安质问题上必须坚持原则，不讲情面，该整改的整改，该返工的返工。但在其他方面，监理人员应真心实意、耐心细致地"帮带"。

10. 监理机构应站在监理的角度及时提醒业主履行其职责，严格执行合同价款支付方式及支付条件。

四、小结

监理BT建设项目，有别于监理其他模式的建设项目，现场监理机构处境特殊，压力大，责任重，规避风险难。这需要现场监理机构及早适应BT建设项目模式。按照委托监理合同要求认真履约，遇到现场难以解决的问题及时与业主有效沟通，取得其理解和支持，同时也要认真、耐心地"帮带"总包单位下的各分包商。

总之，现场监理人员应适应BT项目业主管理模式，认真履职，注重预控，加强程控，卡控工序（上道工序未验收合格，且下道工序未准备好，不得转序施工），严格验收，方能安质可控，规避风险，圆满完成监理工作。

第六篇　抱成团　凝力监

为了监理工作，监理人员来到一起。应克己复礼，有团队意识，不可以斤斤计较。应合力监控现场。由此编写成如下（44 句）三字言概括之，言简意赅。张贴宣传，成效也佳。

各地来，聚一站；
成同事，数月间。
要珍惜，这情缘。
互帮助，凝力监。
重礼节，克缺点。
性格异，多包涵；
扬优点，少满怨；
求大同，减争端。
看不妥，说在前；
有则改，无则勉。
多做事，不偷懒；

界面事，多管管。
勿挑拨，防离间；
监控难，需抱团。
重细节，抓关键，
眼手勤，预控先；
强程控，督三检；
严验收，签认全。
留记录，避风险。
达共识，趋完善。
同进步，齐共勉。
顺利完，都圆满。

第四部分 监理内业资料常见问题解决方法

第一篇 编写"旁站记录"常见问题及解决建议

一、编写"旁站记录"常见问题及原因

1. 编写的文字不多；每个人记录的内容、顺序、排版不统一；手写字体欠工整，字行和间距疏密不均；所用语句欠规范等。

原因：思想不重视，编写不认真。文字太多嫌麻烦。其上级单位部门督查不够。注：下面所提问题，都有这些原因。后面的省略不再提。

2. "施工情况"一栏，应记录的"人机料法环测程"（测，测量；程，过程）七项内容，重要的"法环测"方面写的少。

原因：该栏留的空格写不下。

3. "监理情况"一栏，"人机料法环程质安"八项监控内容，"环程质安"四项内容记录的少。尤其，安全监控方面记录极少。

原因：没有人规范并要求写全；该栏留的空格写不下。

4. "发现问题"一栏，几乎是"空白"。这是个大问题。

原因：主要是不愿意多写问题。若多写问题，则须督促、整改、闭合并再记录，嫌麻烦。其实，在旁站的现场，质量通病、安全通患、环水保和文明施工等违规问题随时随地发生着，监理人员旁站了几个小时，都发现、指出和制止过。如果我们不在此多多记录，如何体现我们旁站监控的成效呢？

5. "处理意见"一栏，也几乎是"空白"，这很不妥。此栏应与"发现问题"一栏的内容一一对应。

原因：当场指出的问题，有的当场整改了，懒得再写；有的未整改，就不愿意写也不好写。其实，旁站监理人员在现场督导、纠正并落实了许多违规问题；纠正不了的当场也及时上报了，并由专监、组长、副总监或总监等采取了进一步的措施。如果这些实际监控工作内容不记录，都显示"空白"，省事倒是省事，但是，这既不符合现场实际监控情况，也无法体现监理人员几个小时甚至十几个小时辛苦旁站的价值。

6. "备注"一栏，也都是"空白"。

原因：不了解"备注"一栏的作用，大家也都认可此栏"空白"现象。

现场实际情况是：需要旁站的关键工序，在施工的开始前或过程中，专监或其他监理负责人总会到场督查或巡视的，这些情况应在此栏中记录。

还有，监控过程中指出的问题，以及"处理意见"一栏所提出的处理措施过了一段

时间才落实的，应在此"备注"栏内实际记录并闭合之。其他特殊情况也应在此栏中记录。

7. 一些监理站，把"施工情况"、"监理情况"两栏，根据旁站监理工序的检查内容，把部分书写不变的文字用统一的格式固定并打印出来。当编写记录时，只在下划线上简单填写变动的文字和数据。还有的监理站，把这两栏的部分检查事项的固定文字打印出来，在其后采用"是与否"或"打勾"的简化法记录。

此简化法记录，笔者认可，这还需要多方认可。其内容、格式应思虑全面。考虑到一些例外情况，建议在每个栏格中预留"其他情况"的记录位置，以备填写其他例外情况。

由此可知，现场监理人员对于每天手写的诸多旁站记录的繁琐形式，与实际所起监控效果和作用产生了怀疑，于是就有了简化、改进和完善的举动。现在是进一步规范旁站监理记录格式化并推广之的时候了。

二、解决以上常见共性问题的办法和建议

根据现场旁站监理的实际情况和部分监理人员的意见，建议把"旁站记录"采用"填空"格式，用电脑编写，可打印出来由旁站监理签认。

1. 旁站记录表采用"填空"格式

在施工现场，绝大多数的关键工序，比如关键部位的所有混凝土浇筑施工工序，其经常旁站查验的主控、一般项目和内容就那些。经常不变的旁站记录文字也就那么多，可以进行优化并固定在表内，以大大减少每天重复的乏味的手写劳动；常常变化的内容文字也不多，在其所占记录栏格的相应位置用"空格"或"下划线"留出来，此预留"文字位置"可以根据当时实际旁站查验的情况手写填上或电脑打印上。

也可能出现异常的情况，文字也许比较多，可在预留的"其他事项"空格内填写。如果指出的问题解决后，需要填写闭合，可在该表下面的"备注"一栏填写闭合之。

显而易见，既然现场关键工序旁站检查的程序流程和内容已经基本格式化了，那么其旁站的记录也要实现简便快捷的"填空化"，以进一步强化监理人员旁站检查的程序化。

2. 提倡电脑编排打印

2010 年 01 月 04 日施行的《铁路建设项目资料管理规程》TB 10443—2010（J978—2010）中，规定"旁站记录"纳入竣工资料。其中 1.0.7 条（建设项目资料应字迹清楚，图表整洁，图样规范，签认手续完备）的条文说明中，不再强调编写资料采用人工手写方式，除必需的责任人签名外，其他内容可以电脑打印。

由此也可知道，"旁站记录"可以采用电脑编排记录。若需要纸质版，及时打印出来，再由该旁站监理人员亲笔签认即可。

3. 按照"人机料法环测程质安"顺序来格式化

根据旁站监理人员的工作程序和内容要求，把"施工情况"、"监理情况"二栏，都按照"人机料法环测程质安"顺序来格式化，并固化不变的文字。

按以上建议和要求本人做出如下"通用旁站记录表"，供大家参考。

（1）所有工序的通用"旁站记录表"；

（2）所有混凝土浇筑通用"旁站记录表"，见后附。

我们需要持续对现场监理内业资料的编写工作进行改进和优化。首先从"旁站记录表""填空"格式化入手，利用好电脑，来减少每天乏味的编写劳动，以利于现场监理腾出更多时间和精力，多上工地，加强对每个作业面、每道工序以及施作的全过程进行巡查、检查和旁站，以确保现场不断变化着的诸多工序始终处于可控状态。

附"如何做好旁站记录"（七言文）：关键工序应旁站，编写记录存档案；人机料法环质安，简繁有度要素全。重复文字可打印，不同内容空格填。纠正违规要记录，如何盯控留照片。认真编写及早签，日记台账齐完善。及时核签检验批，相互印证应闭环。旁站监控消缺陷，安质可控避风险。

（所有工序通用）旁站监理记录

工程名称：　　　　　　施工合同段：　　　　　　　编号：001—2013-11-06

日　期	2013 年 11 月 06 日	气　候		工程地点		
旁站监理部位或工序						
旁站监理开始时间		日　　时　　分		旁站监理结束时间		日　　时　　分

施工情况：

人：质检员_____、技术员_____、安全员_____、试验员_____、领工员_____、现场负责人_____等到位；特殊工种_____个人、施工人员_____个人（包含轮替人员）等到位。特殊工种人员持证上岗。

机：_____等经查验满足要求。

料：_____等备料充足，并经查验合格。

法：其施工组织方案已审批，以对施工人员进行了口头和书面"质量安全技术交底"，并人人签认。

环：天气、温度、周围环境等满足施工要求，环保措施已采用。

程（过程）：_____

监理情况：

人：查验其质检员、技术员、安全员、试验员、特殊工种等员工均持证上岗。监理人员满足监控要求。

机：施工前和过程中检查各设备机具，满足要求。

料：经查验所有原材料合格。

法：查验施工方案、应急预案和质量安全技术交底，手续完备。过程见证，其实际施工是按审批方案进行的。

环：施工前和过程中，检查天气、温度、周围环境及环保情况满足要求。

程（过程）：_____

其他情况。

发现问题：

质量：_____

安全：_____

其他：_____

处理意见：

质量：_____

安全：_____

其他：_____

备注：

旁站监理人员（签字）：　　　　　　　　　　　日期：2013 年 11 月 06 日

注：本表一式 3 份，承包单位 2 份，监理单位 1 份。

<h3 style="text-align:center">（所有混凝土浇筑通用）旁站监理记录</h3>

工程名称：　　　　　　　　　施工合同段：　　　　　　　　　编号：001—2013-10-23

日　期	2013年10月22-23日	气　候		工程地点	
旁站监理部位或工序					
旁站监理开始时间		22日08时30分	旁站监理结束时间		23日10时40分

施工情况：

人：质检人员、技术员、安全员、试验员、领工员、现场负责人等到位；特殊工种＿＿＿＿个人、施工人员＿＿＿＿个人（包含轮替人员）等到位。6大员和特殊工种人员持证上岗。

机：混凝土拌合站、混凝土罐车、输送泵、混凝土振动棒及其辅助设施等试机正常，并有备用。各种试验器具备齐并检验合格。

料：水泥、＿＿＿＿＿＿、细骨料、粗骨料、外加剂、水等备料充足并经检验合格。混凝土设计方量＿＿＿＿m³。

C30混凝土理论配合比为＿＿＿＿＿＿＿＿＿＿＿＿＿＿＿＿＿＿＿＿＿＿＿＿＿；

现场实际施工用配合比为：＿＿＿＿＿＿＿＿＿＿＿＿＿＿＿＿＿＿

法：其施工组织方案已审批，对参加的施工人员进行了口头和书面"质量安全技术交底"，并人人签认。

环：天气、温度、周围环境等满足施工要求，环保措施已采用。

程：提前对钢筋和模板等事前工序进行了查验，符合要求。实际浇筑＿＿＿＿m³。

质：各种料添加按每斗拌合用量已称量准确，混凝土坍落度监测频次满足要求并及时反馈调整了水灰比。试件制作＿＿＿＿＿组并有监理见证。

安：安全帽、安全带佩戴齐全，人行通道、简易支架等满足要求。

其他：

监理情况：

人：查验其质检员、试验员、安全员、特殊工种员工均持证上岗。监理人员满足监控要求。

机：施工前和过程中检查各设备机具，基本正常。

料：经查验所有原材料合格。

法：查验施工方案、应急预案和质量安全技术交底，手续完备。过程见证，其实际施工是按审批方案进行的。

环：施工前和过程中，检查天气、温度、周围环境及环保情况符合要求。

程：监理值班，现场始终有人监控。

实测坍落度(cm)次：＿＿＿＿＿＿＿＿＿；含气量(%)：＿＿＿＿＿＿＿；入模温度(℃)：＿＿＿＿＿。

见证了同条件试块和标养试块制作＿＿＿＿＿＿＿＿组。

其他：22日晚饭后，总监×××到现场巡视，要求坡道处添加照明。专监×××后半夜旁站，一再提醒注意夜间施工安全。当时，施工方现场负责人×××在场陪同。

发现问题：

质量：22日下午3点，发现左侧端头模板有胀模迹象。

安全：浇筑到一半时3工人把安全帽放在一旁。饮水桶位置不妥，工人们饮水要走很远。

其他：23日早上5点，天空开始飘下零星小雨。

处理意见：

质量：立即要求暂缓浇筑。加固好后，才继续浇筑。用时25分钟。

安全：当场请这3个人戴好安全帽。当时就让领工员×××把存水桶抬到近处。

其他：马上要求现场负责人把准备好的防雨帆布抬到近处，随时覆盖已浇筑的混凝土。

备注：

吊车司机的驾驶证复印件，23日上午报给监理组保存。关键部位和过程留有影像。

旁站监理人员（签字）：×××　　　×××　　　　　　　　　　日期：2013年10月23日

注：本表一式3份，承包单位2份，监理单位1份。

第二篇　编写"铁路施工监理日志"存在问题和改进建议

2010 年 01 月 04 日，铁道部发布并实施《铁路建设项目资料管理规程》TB 10443—2010（J978-2010）。其中有关铁路施工监理日志规定：

4.1.5 条款明确了由监理机构按照单位工程或单项工程所记录的监理日志纳入竣工文件，而监理人员所记录的监理日记由监理单位收集并保存，不纳入竣工文件；

8.1.6 条款，写明了编写监理日志应包含的 12 大项主要内容（见后附件一），并附有"表 A.0.21 监理日志式样"（见后附件二表）。

而 8.1.7 条款，说明了编写监理日记的主要内容同监理日志一样。

这些内容和 2007 年 07 月 01 日实施的《铁路建设工程监理规范》TB 10402—2007（J269—2007）所规定的有很大不同。

首先把监理日志所包含的内容由 3 大项增加到了 12 大项；

其次要求监理机构按照单位工程或单项工程分别编写；

第三就是规定把监理日志纳入竣工文件。这强调了监理日志的重要性。

在 1.0.7 条款（资料应字迹清楚，图表整洁，图样规范，签认手续完备）的条文说明中，不再强调编写资料采用人工手写方式，除必需的责任人签名外，其他内容可以电脑打印。

一、各监理单位已实施《铁路建设项目资料管理规程》几年了，但是，在现场实际编写监理日志和在上级督查中发现，仍然存在如下主要共性问题：

1. 许多监理日志记录的只是监理站上（办公室和管理层）的几项监理工作，没有包括其现场众多监理人员的诸多主要监理工作。

2. 现场监理人员做了大量的分内工作——"五控两管一协调一督促"，可惜漏项较多，没有漏项的内容也在监理日志上记录的很少。这不能够完整体现监理人员的作用和绩效。

尤其，监理人员指出和解决的现场实际存在的质量、安全、环水保和协调等问题和绩效编写太少。有的虽然写上了，但也看不到何时落实闭合的记录。

有的监理日志，竟然漏写了当天签发的监理工程师通知单（复查闭合的回复单）、监理工作联系单以及安质事故的发生和处理等重要事项内容。

怪不得业主和各级安质监督人员在检查我们的监理日志后经常说，从监理日志中看不到你们监理人员查出和解决的问题，那你们每天在干什么？

3. 应记录的"人机料法环测程质安"9 项内容，"法环测程质安"漏写或写的少。

4. 监理日志，不应由办公室的信息员或监理员来编写，而应由有现场监理经验的专监来收集、整理、编写，并有人复核。总监应定期核查并签认。

5. 监理日志大多按"流水账"形式编写，主次问题分不清楚，不易查阅和跟进督促闭合；有的不但没有序号，竟然不分段，还"逗号"到底。

6. 部分手写的监理日志，许多人教条地照搬"表 A.0.21 监理日志式样"，手写的文字行列宽窄不一；天天重复书写大量的固定文字段（如长长的×××工程名称等）。

还有书写潦草，错别字，语句不妥，涂改……

二、如何解决编写监理日志所存在的以上共性问题呢？

除了各级检查人员和总监重视，督促其严格按《铁路建设项目资料管理规程》的相关要求去编写监理日志以外，那就是认真改进和优化"表 A.0.21 监理日志式样"，把其所要求编写的 12 大项主要内容用固定格式（见后附件三表）一一显示出来，以避免在编写时缺项。这也使得监理日志主次分明，一目了然，查阅方便，并大大减少编写重复的固定文字。

重点突出大家所关注的——质量和安全等重要问题，以及对其所采取的相应监理措施、规定落实期限和督促落实人。

同时，采取电脑记录——提倡无纸化，可以复制粘贴，以大大提高编写效率。若需要文字版的监理日志，可从电脑中认真编排打印出来，再由"填写人"和"复核人"在规定位置"手签"确认即可。

需要强调的，如此改进和优化监理日志的目的，不是为了图省事图方便，而是为了使之更符合《铁路建设项目资料管理规程》要求，更能体现监理人员工作的成效，更能减少或杜绝我们以前在编写过程中所存在的共性问题。

经过改进和优化后的监理日志式样（后附三表），通过实际应用，效果不错。不敢独享，以此文登出，广而告之，供各监理单位参考。

也请大家再进一步完善之。

附件一 《铁路建设项目资料管理规程》TB 10443—2010（J978—2010）中，要求监理日志包含的 12 大项主要内容

1. 工程的基本概况：

包括设计概况，施工单位主要负责人、技术负责人、专职质量及安全人员，开工及竣工日期等；

2. 气候情况、施工方法、劳力布置、机械配置、施工操作、施工进度和工程地质变化情况；

3. 相关工作记录，如现场取样、检测、测量、技术交底等；

4. 工序检查验收及结论、平行检验、见证检验、旁站监理情况及相关指令等；

5. 使用的主要材料规格、数量及检测结果；

6. 施工中遇到的重大技术问题、变更设计及采取的主要措施和效果；

7. 施工中发生的工程质量事故和处理改进情况；

8. 停工原因；

9. 各级管理及监督人员的检查意见，施工中发现的问题及解决方法，存在问题及整改情况；

10. 施工中采用的新工艺、新材料、新设备、新技术情况；

11. 其他与监理工作有关的情况；（注：信息管理、合同管理、外部内部协调等）

12. 监理日志中提出问题的纠正和验证记录。

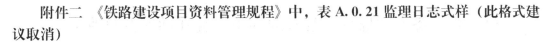

附件二 《铁路建设项目资料管理规程》中，表 A.0.21 监理日志式样（此格式建议取消）

记　　录	备注

记录人

附件三 改进和优化后的监理日志式样：

标段和项目				监理站和组			
监理工程名称				施工单位			
工作日期				日志填写人		手签确认	
天气		气温	℃	日志复核人		手签确认	
当日主要(控制性)工程施工情况							备注
进度简述							
主要人员							
材料检验							
设备配置							
方法措施							
地质环境							
测量技术							
拆迁疏解							
其他情况							
监理人员所查出的主要问题			所采取监理措施及落实期限			督促落实人	
质量方面							
安全方面							
其他方面							
监理过程							
以前所提出问题纠正和验证记录(包括暂停令、复工令,通知单、回复单,联系单等)							
其他与监理工作有关的情况							备注
设计变更							
验工计价							
上级检查							
资料信息							
协调情况							
其他情况							

第三篇　签发"监理工程师通知单"存在问题及整改措施

现场签发的"监理工程师通知单"（以下简称"通知单"）是监控现场的重要资料，各专监都可以签发，签发量较大，施工方还必须及时整改落实后按时回复闭合。工程结束时，这诸多"通知单"及回复单将按单位工程分类编目装订成册列入竣工资料。

近期，对所属各监理站签发的"通知单"及其回复资料进行了专项检查（随机抽查了160份。后附"通知单"及回复单评比扣分表）。总体尚可，但也查出了诸多问题。通过对这诸多问题的统计、分类和分析，梳理出了5个共性问题和8个个性问题，并由此提出了12条整改措施和改进建议。

为进一步规范编制"通知单"及回复资料，持续提高现场监理工程师编制内业资料水平，特编写此文，以期待参考、借鉴，共同提高。

一、存在主要问题及简析

1. 共性问题

（1）"通知单""整改要求"里没有体现要求施工方做到：举一反三，分析出现问题的原因，制定预防措施避免类似问题再发生，以及提高安全质量意识等。

（2）"通知单"中没有要求施工方提供整改的书面证据。如：应附整改报告、培训记录、整改后的照片资料等。

（3）回复单"复查意见"一栏中，没有"经复查"或"现场核查"、"整改结果合格"、"同意闭合该通知"等字眼，签署意见不明确，欠认真。

（4）依据不具体。较多的"通知单"指出了存在的问题，未编写违规的依据。特别是在签发"质量问题通知单"时，未指出存在问题的依据是那个法规、标准、规范或文件的某一具体条款。

（5）施工方上报的回复单内容普遍简单、不认真；没有按照"通知单"要求的期限整改并回复；回复单中所附资料（照片）显示的时间前后矛盾等。

2. 个性问题

（1）"通知单"格式不正确或不统一。

（2）签章手续不全。有的"通知单""专监签字处"为电脑打印，"接收人"一栏未签名，未盖章等。

（3）指出问题数量太多。"通知单"应针对一个作业点或一个项目进行，宜不超过3个问题。若问题太多，则其针对性、操作性不强。

（4）值得注意的是：有的"通知单"的叙述文字中"隐含"监理责任；有的对回复单未签认或及时签认，有的签署复查意见中有漏洞，其中隐含着现场专监平常工作不尽责。如：语句"基坑开挖两周了仍未进行临边防护"；"未按专项方案施工，多次劝说仍我行我素"；签发日期为2016年2月27日，而在回复单整改中显示已于2016年2月26日完成。

（5）问题叙述不清。部分"通知单"叙述问题模糊，需要用数据、照片支持的未附数据和照片；在问题叙述中带有太强烈的感情色彩，如"恶劣"、"野蛮施工"等字句。

（6）部分"通知单"回复内容没有逐条对应回复，甚至漏项。

（7）部分"通知单"在复查意见里面未明确整改结果是否"合格"或者"不合格"。如：只是签名，没有复查意见；签署意见简单为"情况属实"等。

（8）个别回复单的内容或专监复查意见中显示该"通知单"未彻底闭合。

二、整改措施和改进建议

1. "通知单"和回复单的格式要正确，各项目或各监理站应统一，并符合相关规范要求。

2. "通知单"中叙述问题要简明清晰。应把问题发生的时间、地点叙述清楚。每份"通知单"应针对一个作业面或一个项目进行。每份"通知单"指出的问题不能太多，宜不超过三个，应突出主要问题。问题较多或问题较严重时应分类、分开签发。

3. "通知单"指出的问题应有依据。应"文字为凭，数据说话"。指出的问题最好有影像资料。叙述文字中不应含有太强烈的感情色彩。

4. "通知单"中的整改要求应全面。要求施工方做到：举一反三，分析出现问题的原因，制定预防措施避免类似问题再发生，以及提高安全质量意识等，以尽量规避监理责任。同时，要求整改回复期限和提供整改证据等。

5. 不应越权签发。在检查中各专监发现问题后，首先应考虑问题的严重程度，分清是由自己签发"通知单"，还是建议由总监签发"工程暂停令"。

6. 签发手续要齐全。签字、盖章、日期不要遗漏，要与现场实际情况符合。

7. "通知单"中应要求施工方在指定期限内整改落实后回复。签发"通知单"时应根据现场实际情况，充分考虑施工方整改完成所需的时间。

8. 应要求施工方回复单内容齐全。回复资料要图文并茂，排版正确，显示整改到位。回复单中应逐项回复，不得缺项。

关键的是，不能从所报的图文资料中看出整改不到位情况，以及显示解决了"此问题"又冒出了"彼问题"。

9. 回复单的复查意见要明确。要有"经复查"或"经现场核查"、"合格"或"同意闭合"、"不合格"或"整改后再报检"等字眼。暂时无法闭合需二次整改回复的，要在"首次复查意见"里明确并限定再次回复时间。

10. 整个通知单一定要完全闭合，并不得隐含监理责任。

11. "通知单"及其回复单应保存原件，并及时整理归档保存；编制的"通知单签发和回复台账"中项目应齐全（序号/编号/通知单标题或主要内容/签发时间/要求闭合时间/实际回复时间/闭合情况/签发人/接收人/备注等），并便于管理查阅。

12. 各监理公司安质部、各分（子）公司和各监理站应对"通知单"及回复单定期进行检查评比，发现问题及时纠正，并规范格式，树立样板。

同时，对其他内业资料也要根据现场实际情况进行认真督查，以切实提高管理内业资料的水平。

附件："监理工程师通知单"及回复单评比扣分表

监理站或组或名称	××××监理公司××地铁×号线一期项目监理部		随机抽查份数编号		1	2	3
			"通知单"编号		T01	T08	
			"通知单"签发人		×××	×××	
四大项	评比细分项	满分	扣分说明		评比细分项扣分		
一、基本情况（15分）	1. 签发手续是否齐全	3	不全,扣1~2,没有,扣3		3	3	
	2. 编号是否合理	2	不合理,扣1,没有,扣2		2	2	
	3. 工程名称	1	没有,扣1		1	1	
	4. 排版情况	5	排版不符合要求扣2~3;格式不正确扣3~5		5	5	
	5. 是否越权签发	5	应发"暂停令"而使用了"通知单"扣5		5	5	
二、指出问题的叙述（35分）	1. 发生时间是否详细	2	不详扣1,没有扣2		2	2	
	2. 发生地点或部位	3	不详扣1~2,没有扣3		3	3	
	3. 签发通知的依据	5	不详扣1~3,没有扣4~5		5	5	
	4. 指出问题不宜超过3条	3	每超一条扣1分,扣完为止		3	3	
	5. 是否隐含监理责任	10	隐含监理工作(不认真扣1~5;不负责3~10;未作为2~8)语句		8	7	
	6. 问题叙述(图片说明)情况	9	错别字每个扣1;不简练扣2;叙述错误扣4;应附照片而未附照片扣5		8	8	
三、提出的整改要求（22分）	1. 要求举一反三	3	没有此项要求的扣1~3		2	2	
	2. 应有整改期限	3	没有此项要求的扣2~3		3	3	
	3. 要求分析原因	3	没有此项要求的扣1~3		2	2	
	4. 要求附整改证据	4	没有此项要求的扣2~4		2	2	
	5. 要求有纠正措施	4	没有此项要求的扣3~4		2	2	
	6. 提高安全质量意识	3	没有此项要求的扣1~3		2	2	
	7. 体现"四不放过"原则	2	此条只针对"事故或未遂事件",不是的不扣分		2	2	
四、对回复单内容和程序的要求（28分）	1. 回复内容情况	3	文不对题扣3,每错一字扣1,错句2~3		3	3	
	2. 回复超期限	5	回复超过要求回复期限而没有说明原因的扣2~5		3	3	
	3. 逐条对应	9	回复应逐条对应回复,缺一条扣3分,扣完为止		9	9	
	4. 监理工程师复查意见	4	签署不认真(字体不清等)扣1~3,无"经复查、合格"等语句扣2~5		3	3	
	5. 签章确认	3	未签名或未盖章扣1~3		3	3	
	6. 最终闭合情况	6	该"通知单"应完全闭合。有未闭合项,每项扣3分		3	0	
满分		100	每份通知单得分		85	80	
平均得分					82.5		
评分人：　　复核人：　　负责人：				时间:2016年03月21日			

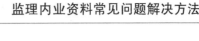

第四篇　编制"监理月报"常见问题及改进建议

监理机构每月编制的"监理月报"是重要的监理资料，是监理机构每月全部监理工作（五控两管一协调一督促）（这是铁路监理规范要求）的体现和小结，是项目信息管理的主要内容之一。最后竣工时，"监理月报"还需要按月编目装订成册，并列入正式竣工验收资料。

业主、监理单位等上级单位通过对现场监理机构的"监理月报"的督查、对比和分析，发现大部分监理机构的"监理月报"上报及时，内容真实全面，文档格式编排合理。但部分"监理月报"都不同程度存在如下问题。今一一指出，请各监理单位（现场监理机构）予以重视，加以改进。

1. 无页码，无目录，目录级别错误，目录页码与实际页码对不上；文档条目、编号不规范；其中的表格编排较差；有错别字，语句不妥当；个别段落内容重复。

封面上没有"编制人、复核人"两栏，或只有"审批人"一栏。

2. 很多类同事项的统计，没有用表格形式来体现，使其简化并一目了然。

例如：很多桥的完成情况统计：甲桥：钻孔桩共计 420 根，本月完成 24 根，开累完成 277 根；承台共计 110 个，本月完成 10 个，开累完成 29 个；墩（台）身共计 110 个，本月完成 12 个，开累完成 14 个；桥梁共计 510 延 m，本月完成 31.2 延 m，开累完成 360.1 延 m。乙桥……丙桥……

如果用如下表格来编写就方便且一目了然。

序号	桥名	钻孔桩（根）			承台（个）			墩台身（个）			梁浇筑（延 m）			备注
		共计	本月	开累	共计	本月	开累	共计	本月	开累	共计	本月	开累	
1	甲桥	420	24	277	110	10	29	110	12	14	510	31.2	360.1	
2	乙桥													
3	丙桥													

3. "监理月报"内容缺项。其中有十多项内容，页数较多，一般需要"三级目录"。如果不使用"文档结构图"来编制，其编写、核对和查找就不方便，也不能够自动生成并及时更新目录页码，也使得目录所示页码容易出差错。

4. 现场监理人员做了大量的监理工作，有的"监理月报"上的记录不够全面详细。

5. 存在的质量、安全、环水保和文明施工问题没有分开写，而是笼统地叙述。有的月报，大的质量、安全问题和事故漏编。

6. 建议指出的重要问题的整改应适当附上前后的照片（照片上应带日期）。

7. 其他要求和建议：

（1）各监理机构在按各个业主要求的"监理月报"格式编写的基础上，尽量考虑监理规范对"监理月报"的相关要求，不可以太简单和缺项。同时，应充分体现各监理公司所规定编写的"监理月报"的风格。

（2）上报监理公司的"监理月报"，所排目录顺序可以与上报业主的相同，以减少编制的工作量。但如下监理月报所包含的 14 项内容不得缺少。其中三、四和五项的质量、安全和环水保文明施工问题应分开重点编写。

注意："监理月报"条目内容的"缺项"，与有此项条目而在其后面填写"无"的意义不同。其后面填写"无"，说明监理机构记着此事，本月也关注查验了，但没有需要记录上报的问题而已。

"监理月报"应包括的基本项目（一级目录）内容、顺序及编写要求如下：

一、本月施工概况

建议：简述。

二、工程进度情况，重点、控制工程应详细说明

建议：与上月雷同的内容应简述或省略。本月完成量，累计量，要有占总量的比例；采用上述列表法。

三、查出的质量问题和采取的监理措施

建议：编写顺序应按照"高度关注—中度关注—一般关注"问题的顺序；相同的质量问题应合并。

应编制本月所下发的"监理工程师通知单及回复闭合情况表"（此表应包含：序号、通知单编号、下发时间、主要问题事项、签发人、要求闭合时间、实际闭合时间和备注说明等），认为是"高度关注问题的通知"应在该项目后面附上该通知的电子版或扫描件。

四、查出的安全问题和采取的监理措施

参考上条。

五、查出的环水保、文明施工问题和采取的监理措施

参考第三项。

六、变更设计、技术问题

建议：包含方案审批、安全质量技术技术交底等。

七、内业资料和信息管理方面

八、合同管理及验工计价情况

九、外部协调和内部协调情况

说明：月报编写往往重视外部协调的内容，而更重要的，监理机构内部的协调沟通，如何增强凝聚力等内容应简述。

十、主要监理工作情况简述

也应包括监理内部培训和开会情况。

十一、所有监理人员名单、分工及变动情况

各监理人员所分工负责的主要监理工作应写详细。尤其现场专监所负责的管段或项目。

特别强调，现场监理人员变动及其工作变动情况，必须真实记载。

十二、上期"监理月报"指出问题的整改闭合情况

还包括仍未落实到位，所采取的进一步监理措施。

十三、其他情况

如大事记，组织和参加的会议列表等。

十四、下月监理工作重点简述

重点简述风险源监控、质量关注点等。

第五篇　编制和应用"监理规划"存在问题及改进建议

近期，对在监项目"监理规划"的督查中，发现有相当部分的"监理规划"在编制和应用中存在诸多问题。根据现场督导纠正经验，写出此文，以供参考借鉴。

一、"监理规划"编制中存在的主要问题

1. 所用模板陈旧，修改不认真。首先，投标用的"监理大纲"版本陈旧冗长，大部分"监理规划"就照搬该大纲，没有认真进行删减、增添和修改完善。其次，有的"监理规划"套用以前其他项目的，没有针对本项目的特点认真修改，其中多次出现非本项目的名称和工程内容。

2. 监理工作目标定得不妥当。部分"监理工作目标"定得太高，如安全目标：杜绝一切安全事故（太高，做不到）；或太低，如无重大伤亡事故（又太低）。通常还遗漏了火灾、交通事故和职业健康安全等目标。

3. 所引用的部分法律、法规和技术标准、规范等不是现行有效版本。

4. 部分章节内容太具体。其内容与各"监理实施细则"中的内容重复。该由施工方安质等管理人员所做的管理工作内容，编写成监理机构的监理工作内容。复制"施工组织设计方案"中的部分文字段未认真修改完善。

5. 遗漏部分项目和内容：

（1）有的遗漏监理人员的进退场计划。有的进场人员资格和数量不符合实际施工进度要求（不宜照搬投标文件中的人员等）。

（2）遗漏监理人员培训学习及交底制度、责任追究制度、监理工作纪律、内部财务管理制度等。

（3）在工程质量控制中，遗漏对检测（试验）、监测、测量等方面的监控内容。

（4）遗漏环水保、职业健康安全事件、事故处理和报告制度等内容。

6. 部分重要项目的程序和内容没有分开编写清楚

（1）发生安全（或质量）问题与安全（或质量）事故的监控处理程序和内容。

（2）发生安全事故与发生质量事故的处理程序和内容。

（3）安全事故报告和质量事故报告的程序和内容。

（4）安全（质量）事故处理制度和安全（质量）事故报告制度。

以上各项所要求的程序和内容都不一样，应分开编写，才能条理清楚。

7. 所需仪器设备的配备没有根据工程实际需要有针对性的配备。

8. 由非专业监理人员编写，复核不认真。部分组织机构框图不符合现场实际情况，其框图的画法欠专业，副总监和总监代表同时出现在组织机构框图中（其相互关系不明确）。程序框图没有经过整个框图编辑并锁定。部分章节文字叙述不专业，版本编排不认真，同样段落的字体大小不一样，目录级别序号错误，与页码不对应等。照搬"旧模板"通过复制、粘贴而成后，没有安排人认真复核，就上报了监理单位技术负责人，致使问题很多，往往返工多次才能完善。

9. 监理单位技术负责人提出的修改意见没有认真采纳修改。监理单位技术负责人审

批提出的修改意见，部分监理机构没有认真采纳、修改完善；或修改完善后的新版本没有人进一步复核确认，就打印装订成册，致使部分修改建议没有得到落实。

二、应用过程中存在的问题

1. 大部分监理站，把"监理规划"装订成册后，就"束之高阁"，只作为应付各个上级部门检查之用。没有认真进行培训学习。

2. 部分监理人员没有看过该项目"监理规划"。甚至个别总监也没有看全过。

3. 有些监理项目设计方案、施工方式、工期和质量要求等发生了较大变化，开工前"一气呵成"编制的"监理规划"没有及时修改更新，就"一劳永逸"到项目结束。

三、产生以上诸多问题主要原因

1. 部分监理公司和监理机构负责人对《监理规划》的作用认识不足；

2. 现场监理机构负责人对《监理规划》的组织编制工作重视不够，督导不力；

3. 参与编制人员的资格和水平有限；

4. 监理公司技术负责人及相关部门督查力度不够；

5. 监理以外的上级单位和部门每次检查《监理规划》时不细致。

四、针对以上存在的问题，提出改进建议

1. 各监理公司自上而下应提高对"监理规划"作用的认识，并重视其编制审批工作。现在监理行业竞争激烈，中标不易。应坚持"现场保市场"的理念，做好现场每一项监理工作。每个"监理规划"就是针对该项目编制的指导监理工作的重要文件，它不但关系到监理工作的成效，而且关系到业主对监理机构的考核和印象，还关系到行业协会和政府主管部门对监理单位的信用评价。所以应重视"监理规划"的作用和编制审批工作。

2. 每个监理公司应制定和完善"监理规划"的编写、上报审批签认制度。其中应有奖罚考核条款。监理单位技术负责人应主抓此项工作，由项目管理部或安质部具体负责收集、再审核、报总工审批及督查修改意见落实情况等工作。

3. 发挥总监第一责任人作用。规范要求由总监组织编制"监理规划"，各专监参与，经过汇总整理排版，最后总监认真审核后，报请监理单位技术负责人审批签认，所以总监起着关键作用。每个总监应重视并认真组织，根据各专监的专业知识和水平认真分工做好各章节编写工作，安排文字功力较强的监理人员进行阶段性汇总、整理并排版。最后总监必须认真审核至少两遍后才可以上报公司技术负责人审批。公司技术负责人审核后提出的修改意见，监理机构应认真采纳、修改完善，进一步复核确认无误后再打印装订成册。

4. "监理规划"的编制程序和内容必须遵照监理规范及各监理公司的规定编写。其中所引用的法律法规、技术标准和规范必须是现行有效版本。

5. 编写应有针对性，并体现出特色。根据各工程项目自身的特点，结合我们每个监理单位和每位总监对该项目在监控思想、方法和手段等方面的不同，编写应有针对性，要敢于创新，编写出自己的独到之处，体现出自己的特色。

6. 各监理公司应统一各种工程类型的"监理规划"的编写模板，其内容的表达方式应当标准化。采用格式化、标准化，可使其显得更明确、简洁和直观，以提高编写和阅读

效率。图、表、框图、甚至照片，加上简单的文字说明都是比较好的表达方法。同时，各监理公司内部应当做到格式、标准统一。

7. 根据施工变化情况，及时更新其相关内容。有的工程施工阶段工期长，现场环境变化大，设计方案、施工方式可能发生较大变化，工期和质量要求也可能发生较大变化，我们开工初期所编写的"监理规划"的监控工作内容应根据施工变化情况进行修改，以便使"监理规划"能够动态地指导现场监理工作。原"监理规划"修改后应按照原来审批程序完善手续。

8. 及时督导，讲评评比，学习借鉴。各监理公司应定期对各"监理规划"按照工程类型进行督导，并分类评比，挑选出比较好的"监理规划"版本及时给予表彰奖励，并供大家传阅学习借鉴。

9. 各监理公司应及时更新其投标用的各种工程类型的"监理大纲"的编写模板。

总之，只要我们持续提高对"监理规划"作用的认识，自上而下地高度重视其编制审批工作，严格执行其编写审批制度，善于总结经验，就一定能够做到所有的"监理规划"内容完整、全面、规范，具有针对性和可操作性，体现出监理机构特色，很好的指导现场监理工作，并给业主留下好印象，进而赢得行业协会和政府主管部门对监理单位的好评。

第六篇　"进场材料/构配件/设备报验表"填写存在问题纠正

督查现场内业资料，常常发现，在施工方填报的"进场材料/构配件/设备报验表"（TA6）中存在如下问题：

1. 其项目经理和技术负责人的签认，大多是代签的。

2. 在"自检情况"一览中，其中"检查人"处，手写的经常是"某某试验员"的名字，且"检查结果"判定"合格"二字又是打印的。

3. "监理检验意见"和"审查结论"处，却是专业（试验）监理工程师亲笔手写的。

如此填写此表，是不符合施工监理程序和规范要求的。这样的判定和签认，在某种程度上还加重了现场专监的质量责任。

这种不规范的填写情况，许多施工项目都存在。现场纠正时常常阻力比较大。这带有普遍性。在当今，现场施工和监控更注重规范和细节，对此问题确有纠正和规范的必要。

按照检查报验程序要求，显然，该整批进场材料（构配件、设备）"自检情况"中的"检查人"应该是施工方的质检工程师——其资格满足施工合同和规范要求并得到监理机构审批，其自检的检验结果合格与否，也只能由其质检工程师评定并亲笔签认。

这是因为：

其一，按施工质量控制规定和报验程序要求，只有施工方报批合格的质检工程师才有资格对整批进场材料（构配件、设备）进行查验和评定。由其检验合格并签认后，才能向现场专业（试验）监理报验。

其二，其试验室对抽样送检的"样品"所出的"试验报告"中的结论，是由试验室主任评定的，但其仅对所送的几千克或几十千克"样品"的检验结论负责，而不可能也不愿意对进场的整批材料（构配件、设备）的检验结论进行评定。

特别是，由施工方把材料（构配件、设备）委托外面的试验室做的检验项目更是如此。

关键在于，送去某某试验室检验的这一点"样品"检验合格，绝不等同于"整批进场材料（构配件、设备）"就合格了。

至于对整批进场材料（构配件、设备）的质量证明文件资料的查验、外观质量检查、抽样送样的代表性和程序的规范性、使用时是否按规范要求施工（有无偷梁换柱、弄虚作假）等等，这些重要的质量控制项目，都应该由施工方的质检工程师负责检查并确认合格。

所以，在"进场材料/构配件/设备报验表"中，整批进场材料（构配件、设备）"自检情况"的"检查人"应该是该项目有资格的质检工程师，并由其评定和签认，而不应当是其他人。

同时，现场专监应要求其项目经理和技术负责人在此表中也应亲笔签名。

请各项目业主安质部、监理机构和施工方质检部重视该问题，主动纠正之。

第七篇 （铁路工程）监理站内业资料分类目录（仅供参考借鉴）

序号	分类编号及名称	卷宗编号	卷 宗 名 称	备注
1	A类—合同文件	A-1	委托监理合同、监理招标文件、监理投标文件	
		A-2	工程施工合同、施工招标文件、施工投标文件	
		A-3	其他各类涉及监理业务的合同	
		A-4	合同争议调解的文件、违约处理的文件	
2	B类—监理人员及试验检测设备资料	B-1	监理人员台账、总监任命书、人员变更文件	
		B-2	监理人员培训考核台账及资料	
		B-3	考勤记录、监理人员岗位台账	
		B-4	监理试验检测记录台账	
		B-5	试验设备档案及校准记录	
		B-6	检测设备档案及校准记录	
3	C类—监理工作指导文件	C-1	监理大纲、监理规划	
		C-2	监理实施细则	
		C-3	铁道部及建设单位有关监理管理制度、办法等	
		C-4	监理单位及监理项目部管理制度、办法、规定等	
4	D类—施工单位资质资料	D-1	施工单位资质、"三类人"资格	
		D-2	项目分部人员资质、特殊作业人员资质	
		D-3	进场机械设备报验资料	
		D-4	材料、构配件、设备供应单位资质	
		D-5	施工单位试验室资质、混凝土拌和站资质	
5	E类—开工报告	E-1	各施工标段开工报告及相关资料	
		E-2	单位工程开工报告及相关资料（相关资料为必备资料，与开工报告同时归档）	
6	F类—工程质量控制资料	F-1	施工单位质量保证体系、监理质量保证体系	
		F-2	进场材料、半成品、构配件台账（按材料种类组卷）	
		F-3	监理见证试验资料及台账	
		F-4	监理平行检测资料及台账	
		F-5	第三方检测资料及台账	
		F-6	监理测量资料	
		F-7	第三方测量资料及台账	
		F-8	第三方监控资料及台账	
		F-9	单位工程质量验收记录及台账（含检验批、隐蔽工程）	
		F-10	工程质量事故处理	
		F-11	工程验收备案表、工程移交证书	
		F-12	监督站、业主签发的有关质量问题整改资料	

续表

序号	分类编号及名称	卷宗编号	卷 宗 名 称	备注
7	G 类—工程安全控制资料	G-1	施工单位安全生产许可证、安全生产管理制度	
		G-2	施工单位安全生产保证体系、应急预案	
		G-3	安全专项施工方案	
		G-4	监理安全保证体系	
		G-5	监理安全培训、交底记录	
		G-6	监理安全定期检查记录及台账	
		G-7	监理安全专项检查记录及台账	
		G-8	安全专项例会会议纪要	
		G-9	工程安全事故处理	
		G-10	安全文明措施费使用资料审批及记录台账	
		G-11	风险源辨识及监控资料	
		G-12	监督站、业主签发的有关安全文明施工问题整改资料	
8	H 类—工程进度控制资料	H-1	工程进度计划	
		H-2	工程进度报告(包括日报、周报、月报)	
9	I 类—工程造价控制资料	I-1	施工合同工程量清单、工程预付款资料	
		I-2	已完工程数量报审表	
		I-3	验工计价资料	
		I-4	工程变更费用审批资料	
10	J 类—环水保控制资料	J-1	施工环水保、监理环水保保证措施	
		J-2	环水保监理资料	
11	K 类—合同及信息管理资料	K-1	合同变更资料、合同纠纷处理资料	
		K-2	监理内部工作信息(包括监理公司)	
		K-3	监理外部工作信息(包括业主)	
12	L 类—文明施工土地复垦监督资料	L-1	文明工地建设标准及监理资料	
		L-2	土地复垦标准、土地复垦监理资料	
13	M 类—工作协调资料	M-1	建设、设计、施工、监理通讯录	
		M-2	工作协调资料(包括协调会议纪要)	
14	N 类—会议纪要	N-1	工地例会会议纪要	
		N-2	监理例会会议纪要	
		N-3	专题会议纪要	
		N-4	其他会议纪要	
15	O 类—监理报告	O-1	监理月(季、年)报、安全(周)月报	
		O-2	监理工作总结(包括专题、阶段、竣工总结等)	
		O-3	监理专题报告	
		O-4	监理周报	
		O-5	工程质量评估报告	

续表

序号	分类编号及名称	卷宗编号	卷宗名称	备注
16	P类—监理函件	P-1	监理函件发文登记、收文登记	
		P-2	监理工程师通知单及回复单	
		P-3	监理工作联系单	
		P-4	监理备忘录(包括监理检查通报)	
		P-5	工程暂停令、工程复工令	
17	Q类—监理记录	Q-1	监理日志(包括安全监理日志)	
		Q-2	监理日记	
		Q-3	总监巡视记录	
		Q-4	监理日常检查记录	
		Q-5	监理专项检查记录	
		Q-6	监理旁站记录	
18	R类—往来公文	R-1	往来公文收发登记	
		R-2	建设单位文件	
		R-3	设计单位文件	
		R-4	施工单位文件	
		R-5	监理公司文件	
		R-6	其他单位文件	
		R-7	监理项目部文件	
19	S类—监理用品和办公设备设施	S-1	技术规范台账、规范发放登记台账	
		S-2	办公设备、生活设施台账	
		S-3	办公用品及生活用品台账、发放记录	
		S-4	车辆购置、使用和维修保养记录,加油料记录等	
20	T类—工程影像资料	T-1	工程照片	
		T-2	工程音像资料	
21	U类—设计文件	U-1	指导性施工组织设计、工程测绘资料、工程水文地质勘测报告、工程测量基础资料	
		U-2	设计交底记录	
		U-3	施工图台账及发放记录	
		U-4	施工图会审记录	
		U-5	设计变更资料及台账	
22	V类—其他资料	V-1	监理站、分站食堂用具资料	
		V-2	食堂每日购置菜粮油等记录台账	
		V-3	监理人员体检台账及健康资料	

注:1. 上述罗列的内业资料分类目录,每个监理站应设置,其下属监理分站(组)可参照设置。未罗列的案卷目录,各监理站根据管段工程的实际情况自行设置。分类序号可以自行确定。

2. 台账式样,各监理站范围内必须统一。

3. 每盒卷宗均应设置"卷内目录"。

4. 各监理站所有案卷目录设置完毕后,应根据案卷目录序号编制"内业资料目录索引",便于检索。

5. 监理铁路工程以外项目,可以参照该内业资料目录执行。

第五部分　其他常见问题解决方法

第一篇　现场如何直接培训监理人员

据现场调查，许多监理公司现场监理机构只管"急时用人，闲时减人"，不舍得培训教育投入，存在较严重的短期化行为。

现场部分新员工不爱学习，不求上进，不愿意向老同志请教，沉溺于玩电脑游戏。

个别老同志吃尽了老本，也不愿意学习新技术，不愿意"以老带新"，业余时间打麻将、赌博混日子等。

这种现象长此以往，是不利于现场监控和监理企业长远发展的。

显然，新员工需要把所学理论知识结合现场实际施工重新进行深化理解，进而变成自己的切身经验；而老同志的知识需要持续更新，特别需要掌握"四新"（新技术、新工艺、新设备和新材料）知识，其成熟经验也需要"以老带新"地传承下去。

现场监理机构如何才能"少投入而出大效果"并持续完成以上转变和传承呢？

有些监理机构，总监很有大局观和发展眼光。开工之初，员工刚进场，除了积极组织对全体员工认真进行监控技能和质量、安全技术交底外，还根据本工程技术重难点并按专业有针对性地对员工进行多次脱产培训。这样的初期培训，其效果在工程的中后期就突现出来。同时，在以后的监控过程中，监理机构还组织监理人员和施工方的技术质检人员一起，还"就事论事"、"就急应急"地进行多种专项技术的现场直接培训，都取得了很好效果。这些现场直接培训的经验很值得改进、优化并大力推广。

当然，公司把员工一批批送到各种培训班进行学习（注意：我们的目的不只是为了取得上岗证件），这是个办法。但这样的外送培训，会耽误现场监理工作，并需要很大的投入。

促使现场员工业余时间自学提高也是一法。但这需要监理公司和监理机构加强督促和激励，自学的员工也需要持续的内在动力支持。

但最好的培训方法，经验证明，是发挥基层经验丰富的专监（简称"培训者"）的作用，在现场直接对其他监理人员进行现场培训。

一、在现场直接培训监理人员的好处

1. 密切结合实际，有针对性。监中求学，学中促监；学以致用，且立竿见影。
2. 对现场监理工作无多大影响，还有促进作用。
3. 利于"以老带新"，密切新老员工关系。
4. 最重要的，可以大大地节省培训开支。
——真可谓有百利而无一害。

二、怎样才能使现场直接培训的效果最大化

这是问题的关键。

我们必须采取切实可行的措施，充分调动监理机构负责人（主要是总监）、培训者和被培训者（员工）三方面人员的积极性，才可使培训的效果最大化。这三方面缺一不可。

首先，总监愿意并且大力支持现场直接培训。因为，培训需要教材，需要挑选并培养培训者，培训者也需要备课，需要必要的费用投入，还需要合理安排员工学习时间等。如果监理机构负责人不情愿，则在现场进行直接培训就比较困难。所以，监理公司把监理机构员工的技术和监控水平的提高程度作为总监的一项重要业绩来考核是非常必要的。

显然，本监理机构全体员工的技术素质和管控能力的提高就必然意味着现场可控程度的提高。一切非短期行为的监理机构负责人都会也应该大力支持这项现场直接培训工作。

当然，监理公司的人力资源部应给予指导、督促和管理。很有必要选一至两名"优秀"的培训者来充实人力资源部。

其次，需要调动现场培训者——各"教员们"的积极性，使他们自觉自愿地耐心而认真地备课和讲解，使得每个培训者把培训和提高周围员工的技术和管控水平当成自己份内之事来抓。

应采取一个站或一个分站（组）培训包干，限期达到某个培训目标这种措施。"培训包干"的制度要订得详细而可操作：认真考虑什么样的培训内容，多长时间教完，考试分数达到多少为合格，如何奖罚。尤其，明确培训一节课应支付的讲课费等细节。

各专业培训者是直接在现场基层工作的，其周围员工个个技术水平高，独立监控能力强，对其稍加指导和提示便可心领神会，这多省事而心顺。这不正是我们这些培训者和总监所希望的吗？属下的员工技术素质高和管控能力强，也可使监理站、分站和监理组的各负责人把主要精力用于重点项目的监控等大事上。

第三，更需要调动员工自觉自愿学习的积极性。公司和监理机构负责人重视，培训者也愿教，这是培训出大效果的外在因素。如何使被培训者——现场员工积极主动地自觉自愿地学习而非消极被动地应付，乃是现场直接培训出大效果的重点。

我们应严肃认真地进行各种员工升级考试或考评，这是促进员工主动学习技术和提高能力的一个重要因素。倘若升级考试或考评常流于形式，则促进员工学习的作用就会减弱许多。现场的直接培训，一定要把员工的培训学习成绩和当月奖金挂钩。不及格的、不认真学的应当适度处罚。比较好的岗位人选应真正通过专业考试成绩来挑选。薪酬中应适当加大员工实际技术水平和管控能力的比重。

除了直接的物质奖励外，其他奖励也是必要的。成绩优秀的，可去免费旅游，也可适当延长假期等。

总之，应当采取各种行之有效的办法，使得现场直接培训达到最大效果，并在全体员工中培养浓厚的学习习惯和积极向上的风气。

如果我们把以上三个方面的积极性充分调动起来，就必然会使现场的直接培训工作取得大的效果。

当前监理行业竞争激烈。如果监理公司全体员工的技术素质和管控能力不普遍提高，那么监理公司业绩和效能提升是困难的，甚至可能处于末流或被淘汰。这不是我们各监理

公司所希望的。

各监理公司应当在改进和优化机制的同时，苦练内功，持续培训造就出技术和管控能力都过硬的员工队伍，以便在当前和以后的市场激烈竞争中，永远处于不败之地。

有实证，在现场对全体基层员工直接进行现场技术和管控能力培训，事半功倍。建议各监理公司的各监理机构切实实行。

本文尽管是从现场监理机构内部人员自身培训角度来论述的，很显然，它对施工单位现场直接培训劳务工等人员更有指导意义。

与时俱进，转变观念，创新方法。现场监理机构在此方面——培训劳务工也可以大有作为。

第二篇　建设工程施工常用"数字简语"汇编

在施工管理、工程资料和讲话中，一些施工工艺、工序、方法和管控的内容常用"数字开头的简语"来高度概括，言简意赅。但这些"数字简语"常常使人忘记其所指内容。

现收集汇编"数字简语"如下，以备现场施工和监理人员查用。

一机一闸：指用电安全方面的"一台机器，一只闸刀"的规定。每台用电设备应有自己的开关箱，严禁用一个开关电器直接控制两台及以上的用电设备。

一证二单：指用于工程的材料必须具备正式的出厂合格证、材质证明单和现场抽检合格的化验单。

一岗双责：在建设工程上指某一具体工作岗位兼有双重责任，强调了每个工作岗位的安全责任，即该岗位的本职工作职责和安全职责。

一案三制：指应急救援体系

"一案"是指制订修订应急预案；是应急管理的重要基础，是应急管理体系建设的首要任务。

"三制"是指建立健全应急的体制、机制和法制。

应急管理体制：国家建立统一领导、综合协调、分类管理、分级负责、属地管理为主的应急管理体制。

应急管理机制：是指突发事件全过程中各种制度化、程序化的应急管理方法与措施。

应急管理法制：在深入总结群众实践经验的基础上，制订各级各类应急预案，形成应急管理体制机制，并且最终上升为一系列的法律、法规和规章，使突发事件应对工作基本上做到有章可循、有法可依。

双控：指施加预应力的两项主控项目：张拉应力控制和伸长量控制。

两证：指现场主要管理和技术人员必须具备的"资格证书"和"岗位证书"。

两不一建：在建设施工中，铁道部强调必须牢固树立"不留遗憾、不当罪人、建不朽工程"。

三废：指环保中需要妥善处理的"废水、废气、废渣"。

三控：指施工过程中的控制：事前控制，事中控制，事后控制。质量控制的关注点应在事前预控。原先也指"质量、进度、投资"三大控制。

三保：指对施工的一般要求：保质量，保安全，保进度。

"三宝"：指安全帽、安全带、安全网的佩戴和安设。

"三包"：是零售商业企业对所售商品实行"包修、包换、包退"的简称。

三公：指考核和评比工作中的三项原则：公开、公平、公正。

三令：指需报经业主同意后，由总监签发的开工令、停工令和复工令。

三方：指工程建设管理体制中的"三方"：项目业主，承建商和监理单位。

三全：指质量保证体系中的全员工、全方位、全过程的质量管理。

三检：指施工中的自检、互检、交接检或专检。

三工：指每项施工过程中，技术和质检人员应该做到：工前技术交底，工中检查指导，工后总结评比。

三讲：指施工过程中的三次讲安全：上工前，讲安全注意事项；施工中，讲安全操作重点；收工后，讲评今天安全情况和经验教训。

三违：是指"违章指挥，违章操作，违反劳动纪律"的简称。

三网：即电信网，宽带网，电视网。

三电：即电力，电信，广播电视设施。

三同时：指工程建设中的环境和水土保持要做到与工程主体施工同步，即同时设计、同时施工、同时验交。必须同时一步到位，不留后患。

三工序：指在每道工序施工中，要求施工人员应该做到：检查上工序，保证本工序，服务下工序。

三复核：指在测量工作中，要求测量人员间的换手复核、换仪器复核和技术负责人或总工复核。也指在现场技术和质量控制工作中，要求技术负责人复核、质检工程师复核和监理工程师复核。

三类人：指建筑施工企业主要负责人、项目负责人和专职安全生产管理人员。

三不伤害：指不伤害自己，不伤害他人，不被他人伤害。见后面"四不伤害"（增加保护他人不被伤害）。

三定制度：指机械设备管理中的"定人、定机和定岗位责任"的制度。

三不交接：指施工工序间的交接：无自检记录不交接，未经质检工程师验收合格不交接，重要部位未经监理工程师签认不交接。

三个凡是：凡是工序都有标准，凡是标准都有检查，凡是检查都有结论。

三级配电：即供电系统的总配、分配、开关箱三级。安全用电要求三级配电，逐级保护。

三通一平：开工前施工现场需要具备的条件：路通、水通、电通以及场地平整。若说"五通一平"：应加上通信（含网络）和通气；若说"七通"：应再加上通邮和通热力。

三全一综合：指全面质量管理的要求和方法。即全过程的、全部质量的、全员参加的管理以及综合运用经营管理、专业技术和数理统计的方法。

三管四线：指隧道施工保障工作中的"三管"：通风管、高压风管、高压水管；"四线"：动力线、照明线、运输线和通信线。

三宝四口五临边：指现场安全检查中的部分项目。

"三宝"：指安全帽、安全带、安全网的佩戴和安设。

"四口"：指楼梯电梯口防护、洞口坑井防护、通道口防护、阳台楼板屋面等的临边防护。

"五临边"：即在建工程的楼面临边、屋面临边、阳台临边、升降口临边、基坑临边的安全防护设施。

三标或三证体系：指企业的质量管理标准体系、环境标准体系、健康安全标准体系，在企业简称"三标"，拿到证书了又叫三证体系或三证合一。

三标一体化：是指方针目标统一化；管理职能一体化；体系文件一体化；过程控制协调化；绩效监控同步化；持续改进综合化，简称"三标一体化"。

三标一体化认证：简单地说就是将质量（QMS）、环境（EMS）、职业健康安全（OHSAS）三个管理体系一体整合认证。因为《质量管理体系要求》ISO 9001：2000、

《环境管理体系规范及使用指南》ISO 14001：2004、《职业健康安全管理体系规范》GB/T28001-2001 三个管理体系的管理原则、体系结构、总体要求都是一致的，并且是相容的，所以三个管理体系具有整合性。但要注意的是，三标一体化认证并非三个管理体系简单的叠加，而是一个有机的融合，因为他们各自关注的目标不同，要求控制的要素也不尽相同。

三标一体化管理体系：是一个组织为实施三标一体化管理（质量、环境、安全）所需要的一体化组织结构、程序、过程和资源组成的综合性管理体系。这就是说，组织要建立并保持一个兼容质量、环境和职业健康安全管理体系等标准要求和其他管理要求的三标一体化管理体系。

三级安全教育：

在工厂里是指员工入厂教育、车间教育和班组教育三个层次的安全教育；

在建筑企业是指员工在公司、项目经理部、施工班组三个层次的安全教育。

三级安全教育内容如下：

第一级：公司级，内容是国家的大政方针，和公司在安全方面的政策。

第二级：项目部级，内容是项目部关于安全的管理制度。

第三级：班组级，内容是具体的安全操作规程和作业注意事项。

一般来说，班组一级的内容最为实在，因为它切实关系到个人的安全。

三相五线制：指具有专用保护零线的中性点直接接地的系统（叫 TN-S 接零保护系统）。三相电；加五根线：三相电的三个相线（A、B、C 线）、中性线（N 线）；以及地线（PE 线）。

三台阶七步法：指土层或不稳定岩体隧道或大断面隧道三台阶七步开挖法，是以弧形导坑开挖留核心土为基本模式，分上、中、下三个台阶七个开挖面，各部位的开挖与支护沿隧道纵向错开、平行推进的隧道施工方法。

三阶段四区段八流程：指路基填筑中的阶段和区段划分，以及具体施工流程。

"三阶段"：准备阶段、施工阶段和竣工验收阶段；

"四区段"：填筑区、平整区、碾压区、检验区；

"八流程"：施工准备→基底处理→分层填筑→摊铺整平→洒水或晾晒→碾压夯实→检测验收→整修成型。

三超前四到位一强化：指隧道施工必须强调的关键环节。

"三超前"：指超前预报、加固、支护；

"四到位"：工法选择、支护措施、快速封闭、衬砌跟进到位；

"一强化"：强化量测。

三控两管一协调一履职：指新版《建设工程监理规范》要求的监理工作。

"三控"：质量、进度和投资；"两管"：合同和信息管理；"协调"：内外各方关系；

"一履职"：履行建设工程安全生产管理的监理职责。

四方：指工程建设中的四个单位：建设单位，设计单位，承建单位和监理单位。

四电：指铁路施工中的通信、信号、电力和电气化工程。

四新：指工程施工中，大力推广应用的新技术、新工艺、新设备和新材料。

四控：指施工质量、安全、进度和投资控制。若说"五控"，应加上环保控制。

新四控：指保证安质可控的"注重预控，强化程控，工序卡控，验收严控。"

四个一：施工和监理单位为了企业信誉和长远利益而提出的口号：建一项工程，立一座丰碑，树一方形象，交一方朋友（或播一路新风）。

四个同一：指每批钢材验收要求，应有同一牌号、同一炉号、同一规格和同一交货状态的钢材组成。

四不伤害：指不伤害自己，不伤害他人，不被他人伤害，保护他人不被伤害。

四不放过：指出现安全或质量问题或事故后的处理原则：①没有找出真正的事故原因，即诱发此"事"的起源点，不放过；②有关出错的责任人没有处理，没有深刻反省，没有接受教训，不放过；③相关者乃至全体员工没有从中接受教育和吸取经验，不放过；④没有制订出杜绝此类事故再发生的切实可行的措施，不放过。

四沟相通：指隧道的天沟、排水沟、侧沟及盲沟相通。

四不两直：安监总局提出的督查要求。不发通知、不打招呼、不听汇报、不陪同接待，直奔基层、直插现场。

四个标准化：指现在铁路工程施工要求的四个标准化：管理制度标准化，人员配备标准化，现场管理标准化，过程控制标准化。

四阶段八步骤：指全员质量管理程序（PDCA循环工作法）。如此划分可使我们的思想方法和工作内容更加条理化、系统化、形象化和科学化。

"四阶段"（PDCA）：计划（Plan），实施（Do），检查（Check），处理（Action）。

"八步骤"是四阶段的具体化：找出质量问题→分析影响因素→找出主要原因→制定改善措施→按照措施执行→调查执行效果→总结经验教训→提出尚未解决的问题，进入下一个PDCA循环。

四管三线两道：指地铁盾构掘进施工管道设施布置。

四管：给水管、排水管、污水管，通风管；三线：高压线、照明线、通信线；两道：运渣轨道、人行通道。

五因：指影响安全和质量的五大因素：人、机械、材料、方法和环境。

五同：指铁道部要求架子队的正式员工和劳务人员应同吃、同住、同劳动、同学习和同管理的规定。

五证：指建筑企业应具备的主要五个证件：营业执照、资质证书、税务登记证（国地税）、组织机构代码证、银行开户许可证。

五要：施工现场要求做到"五要"：①施工要围挡；②围挡要美化；③防护要齐全；④排水要有序；⑤图牌要规范。

五害：是指事故的后果：一害个人、二害家庭、三害集体、四害企业、五害国家。

五大员：指施工队的施工员、质检员、安全员、材料员和试验员或资料员。

五个一：安全用电要求三级配电（总配、分配、开关箱三级），逐级保护。每台机电设备应达到"一机、一闸、一漏、一箱、一锁"的要求。

五必须：指现场文明施工的要求：①施工区和非施工区必须严格分隔；②施工现场及其人员必须挂牌施工；③工地材料物品机具必须堆放整齐；④施工区的生活设施必须清洁卫生；⑤工地开展各项活动必须文明健康。

五要素：指安全生产五要素：安全文化、安全法制、安全责任、安全投入、安全科技。安全文化是安全生产的根本，安全法制是安全生产的利器，安全责任是安全生产的灵魂，安全科技是安全生产的手段，安全投入是安全生产的保障。

五牌一图：指施工现场文明工地的标牌。

"五牌"：工程概况牌、管理人员名单及监督电话牌、消防保卫牌、安全生产牌和文明施工牌；"一图"：施工场地平面布置图。

五不施工：指给予第一线施工人员的权力：①上道工序未验收合格不施工；②未进行认真技术交底不施工；③量测数据未复核正确不施工；④所用材料质检不合格不施工；⑤关键部位未经过签证不施工。

五 W 一 H：指质量体系程序包括的活动内容：Why（为何做）、What（做什么）、Where（在哪做）、When（何时做）、Who（谁来做，谁检查），How（怎么做，依据什么，用何法）。

五 M 一 E：工序质量受：人（Man）、机（Machine）、料（Material）、法（Method）、测（Measure）、环（Environment）六方面因素的影响，工作标准化就是要寻求五 M 一 E 的标准化。

五控两管一协调一督促：指铁路工程现场监理机构的九项主要监理工作。"五控"：质量、安全、进度、投资和环保控制；（若是"三控"，就减去安全和环保。）"两管"：合同和信息管理；"协调"：内外各方关系；"督促"：现场文明施工。

（三控两管一协调一履职：指新版《建设工程监理规范》要求的监理工作。"三控"：质量、进度和投资；"一履职"：履行建设工程安全生产管理的监理职责。"两管""一协调"同上。）

六不：铁道部要求把施工安全放在突出位置：不干违法的事，不干违章的事，不用低素质的人，不吝啬投入，不当老好人，不存侥幸心理。

六化目标：指监理工作的六项分目标：质量控制程序化、进度控制形象化、投资控制合理化、信息管理网络化、合同管理强硬化、关系协调法制化。

六小设施：指施工后勤保障工作的六项设施：食堂、宿舍、厕所、澡堂、医务室和娱乐部。

六位一体：指铁道部在 2008 年提出的铁路建设管理"工期、质量、环境、投资、安全、技术创新"六位一体的建设管理目标。

七证：指商品房开发必须的七证："国有土地使用权证"、"建设用地规划许可证"、"建筑工程开工许可证"、"建设工程规划许可证"、"商品房预售许可证"、"开发商营业执照"和"银行按揭协议书"。

七防一保：冬期施工要求做到：防冻、防触电、防火、防寒、防煤气中毒、防伤亡事故、防车祸、保暖。

八大员：指建筑施工的八大员：施工员、材料员、测量员、试验员、资料员、安全员、质检员和监理员（监理工程师）。

九大员：指施工单位的九大员：技术员、施工员、材料员 测量员、试验员、资料员、安全员、质检员和预算员。

十不吊：指起吊作业的强制规定：①超过额定负荷不吊；②指挥信号不明或乱指挥不吊；③工件紧固不牢不吊；④吊物上面站人不吊；⑤安全装置失灵不吊；⑥光线阴暗看不

清不吊；⑦工件埋在地下不吊；⑧斜扣工件不吊；⑨棱刃物体没有衬垫不吊；⑩天气恶劣，六级以上强风不吊。

十不准：施工现场要求做到的"十不准"：①不戴安全帽，不准进现场；②酒后和带小孩不准进现场；③井架等垂直运输不准乘人；④不准穿拖鞋、高跟鞋及硬底鞋上班；⑤模板及易腐材料不准作脚手板使用，作业时不准打闹；⑥电源开关不能一闸多用；未经训练的职工，不准操作机械。⑦无防护措施不准高空作业；⑧吊装设备未经检查（或试吊）不准吊装，下面不准站人；⑨木工场地和防火禁区不准吸烟；⑩施工现场各种材料应分类堆放整齐，做到文明施工。

十一种人员：指《特种作业人员安全技术考核管理规则》规定的 11 种作业人员：电工、锅炉司炉、操作压力容器者、起重机械、爆破、金属焊接（气割）、煤矿井下瓦斯检验、机动车辆驾驶、机动船舶及轮机操作、建筑登高架设以及符合特种作业人员定义的其他人员。

十二本台账：指现场施工安全控制的 12 本台账：安全管理制度、安全生产制与目标管理、施工组织设计方案（安保措施）、分部（分项）工程安全技术交底、安全检查（表格）、安全教育记录、班组安全活动记录、安全事故处理、安全日记（表格）、施工许可证明和产品合格证、文明施工、安全技术要求及验收记录。

十二字作业法：指机械设备维修中的清洁、润滑、紧固、调整、防锈和安全作业。

一一五二（1152）：指铁道部规定的架子队管理模式中要求必须设置的 9 个岗位员工：1 队长、1 技术负责人、5 员（技术员、质量员、安全员、材料员、试验员）；1 领工员、1 工班长。

以上"数字简语"汇编 148 条，需常更新。不妥及未编之条，敬请修正补充。

第三篇 编制"监理投标书"应关注的118个常见问题

这是北京铁城建设监理有限责任公司，在二十多年来编制标书的过程中，不断出差错，不断累积经验，总结、汇集、整理出的118个问题。公开这些经验，以供各兄弟监理企业参考借鉴，以利于我们整个监理行业编制监理标书水平的共同提高。

一、基本要求

1. 持续完善编标程序和编标管理制度，分工明确。

要求：发挥各自特长，主动协作，程序化进行编制、合并、复核、打印、包封、送交、开标、总结并记录。

2. 编标人员的性格（粗心者也会变为完美者）及专业应满足编标要求。

3. 综合分析中标情况，分主次、轻重和缓急，重点用兵与"满河撒网"相结合，以提高中标率。

4. 拿到招标文件，先至少安排两个人——一人容易漏掉问题，由其从头到尾至少细看一遍，标出重点。最好列表置于QQ"共享文档"中。并适时沟通（其工程概况未转换成文本文件前不要划杠杠）。

5. 编标部门主要负责人也应提前看一遍，提醒关注的重点和难点，稳妥安排主次人员并分工，定出阶段编出期限。要求只能提前至少一天。

6. 需要人力资源部、财务部等其他部门配合准备的原件之类，提前书面提示给各部门，以免后面耽误工作。

7. 编标过程中，必须多次沟通，主要负责人应根据具体情况及时多次督查指导。

8. 各种工程项目投标书的章节"范本"，应定期梳理，及时修改不合适的内容文字，增加新的内容和文字，并妥善保存。编标时，应使用最新版本。

9. 重点关注是否实质响应招标文件提出的实质性要求和条件。

10. 不可忘记并持续关注"到代理处领取答疑回复或直接到采购网澄清公告栏中查询答疑"。

11. 打印前，其电子版至少经2人复核。打印出的文字版，至少部门负责人复核一遍。

12. 至少提前半天，到达开标城市。必须至少提前半小时，到达开标地点房间。

13. 定期坐下来分析存在的问题，自我批评与批评结合，借鉴经验，汲取教训，以利共同进步。

14. 每次中标与否，都应进行认真小结并留存记录。

记住，容易出错的地方必定有人出错。下面还应关注如下104个问题：

二、封面及签章

1. 封面格式是否与招标文件要求格式一致，文字打印是否有错字。

2. 封面标段、里程是否与所投标段、里程一致。投标日期是否正确。

3. 企业法人或委托代理人是否按照规定签字或盖章，是否按规定加盖单位公章，投标单位名称是否与资格审查时的单位名称相符。

4. "签章"或"签字并盖章"或"签字、盖章"——应既签名又盖"公或私章";

又如:"此承诺书由投标单位法定代表人亲笔签署,并加盖单位和法定代表人的印鉴",即法定代表人必须既签署又盖其私章(当然还要盖单位公章)。

5. 申请人:××××公司(公章)——应顺手录入公司全称,不要空白。

6. 标书中所附业绩合同上的"章"彩色打印不太显时,复印出来就更不显。注意加深、更换。也可以采用黑白打印使其清晰。

三、目录与文档结构图

1. 目录内容从顺序到文字表述是否与招标文件要求一致。

2. 目录编号、页码、标题是否与内容编号、页码(内容首页)、标题一致。

3. 提交的电子版的"文档结构图"应和文字版目录、内容一致。

四、投标书及投标书附录

1. 核对企业简介等页面的内容与"企业综合情况一览表"数据的统一。

2. 投标书格式、标段、里程是否与招标文件规定相符,建设单位名称与招标单位名称是否正确。

3. 报价金额是否与"投标报价汇总表合计"、"投标报价汇总表"、"综合报价表"一致,"大小写"是否一致。国际标的中英文标书报价金额是否一致。

4. 投标书所示工期是否满足招标文件要求。

5. 投标书是否已按要求盖公章。法人代表或委托代理人是否按要求签字或盖章。

6. 投标书日期是否正确,是否与封面所示吻合。

五、授权书、银行转账支票、银行保函

1. 及早提醒并核对投标保证金必须按公告规定日期内从"投标单位账户"以转账、电汇或汇票方式汇入到指定账户,提前用"凭汇入票据"到×××采购交易中心××楼换取收据。注意,开标时必须提供收据。

2. 切勿忘记及早支付投标保证金。切记投标保证金原件或扫描件按要求附在标书中或另外携带备查。

3. 授权书、银行转账支票、银行保函是否按照招标文件要求格式填写。这三项是否由法人正确签字或盖章。

4. 委托代理人是否正确签字或盖章。委托书日期是否正确。委托权限是否满足招标文件要求,单位公章加盖完善。

5. 委托代理人身份证以及身份证号码是否正确。

六、报价问题

1. 报价编制说明要符合招标文件要求。

2. 报价表格式是否按照招标文件要求格式,子目排序是否正确。

3. "投标报价汇总表合计"及其他报价表是否按照招标文件规定填写,投标人是否按

规定签字盖章。

4．"投标报价汇总表合计"与"投标函"的数字是否吻合。

5．专业调整系数、工程复杂程度调整系数、高程调整系数是否取正确。

6．下浮幅度比例是否响应招标文件给定的要求。

7．计算过程中，注意采用是"元"还是"万元"为单位，保留几位小数都很关键。

8．反复核对标价数字。

七、对招标文件及合同条款的确认和承诺

1．投标书承诺与招标文件要求是否吻合。

2．承诺内容与投标书其他有关内容是否一致。

3．承诺是否涵盖了招标文件的所有内容，是否实质上响应了招标文件的全部内容及招标单位的意图。业主在招标文件中隐含的分包工程等要求，投标文件在实质上是否予以响应。

4．招标文件要求逐条承诺的内容是否逐条承诺。

5．对招标文件（含补遗书）及合同条款的确认和承诺，是否确认了全部内容和全部条款，不能只确认承诺主要条款。用词要确切，不允许有保留或留有其他余地。

八、监理大纲方面

1．工程概况是否准确描述。

2．人员配备及组织部组织机构与资格审查商务标、技术标是否一致，文字叙述与"组织机构框图"、"人员简历"及拟任职务等是否吻合。

3．核查监理机构组织结构图是否符合招标要求和现场实际情况，并绘制正确。

4．"四控（铁路是五控）、二管、一协调、一督促（指督促文明施工）"是否齐全。

5．监理方案与招标文件要求投标书有关承诺是否一致。

6．特殊工程项目是否有特殊安排：

在冬期施工的项目措施要得当，影响质量的必须停工，膨胀土雨季要考虑停工，跨越季节性河流的桥涵基础雨季前要完成，工序工期安排要合理。

7．标书中的监理方案等是否符合设计文件及标书要求，采用的数据是否与设计一致。

8．施工监理方法和工艺的描述是否符合现行设计规范和现行设计标准。

9．检测设备、办公用具和车辆是否满足工程实施需要。

九、质量监控方面

1．质量目标与招标文件及合同条款要求是否一致。

2．质量目标与质量保证措施叙述是否一致。

3．质量保证体系是否健全，是否运用 ISO9001 质量管理模式，是否实行总监对工程质量负终身责任制。

4．技术保证措施是否完善，特殊工程项目如膨胀土、集中土石方、软土路基、大型立交特大桥及长大隧道等是否单独有保证措施。

5．是否有完善的冬雨季施工保证措施及特殊地区施工质量监控措施。

十、安全、环境保护及文明施工监控措施

1. 安全目标是否与招标文件及企业安全目标要求口径一致。

2. 环境保护监控措施是否完善，是否符合环保法规，文明施工监控措施是否明确完善。

十一、工期管控措施

1. 计划开竣工日期是否符合招标文件中工期安排与规定。

2. 总工期是否满足招标文件要求，关键工程工期是否满足招标文件要求。

3. 工期的文字叙述、施工顺序安排与"形象进度图"、"横道图"、"网络图"是否一致。

4. 工期目标与进度计划叙述是否一致。工期保证措施是否可行，并符合招标文件要求。

十二、控制造价监控措施

1. 招标文件是否要求有此方面的措施（没有要求可以不提）。

2. 若有要求，措施要切实可行，具体可信（最好不要过头承诺）。

十三、监理组织机构所上人员简历、证书及业绩

1. 组织机构框图是否满足要求，其上的标注与拟上的监理人员是否一致。

2. 拟上监理人员是否与监理大纲文字及"组织机构框图"叙述一致。

3. 主要监理人员简历、年限是否满足招标文件强制标准，拟任职务与前述是否一致。

4. 所上监理人员证件是否齐全。其简历是否与证书上注明的出生年月日及授予职称时间相符，其学历及工作经历是否符合实际、可行、可信。

5. 拟上监理人员的类似工程业绩是否齐全，并满足招标文件要求。

6. 所上监理人员汇总一览表中各岗位专业人员是否齐全、完善，符合标书要求。

7. 所列人员及附后的简历证书有无缺项，是否齐全。

8. 把主要人员简历中的不变部分，进行一次性梳理和核对，今后不再变动。其他部分的增减修改变动，直接由编标人员酌情处理。

9. 复核所附人员劳动合同的有效时间。把各主要监理人员的劳动合同固定下来。

10. 在企业和总监业绩中，会有此次上场监理人员的名字，注意在其"简历"或"情况表"中，其"工作经历"要复核，应对应统一，以免穿帮。

十四、企业有关资质、社会信誉

1. 营业执照、资质证书、组织机构代码、注册登记证法人代表等是否是新版本，是否齐全，并满足招标文件要求。

2. 重合同守信用证书、AAA证书、ISO9001系列证书是否齐全。

3. 企业近年来从事过的类似工程主要业绩是否满足招标文件要求。

4. 在建工程及投标工程的数量与企业生产能力是否相符。

5. 近几年财务状况表、财务决算表及审计报告是否齐全，数字是否准确清晰。

6. 报送的奖章证书等是否与业绩相符，是否与投标书的工程对象相符，且有影响性。

十五、开标带原件及封标

1. 拿到招标文件首先就要仔细阅读招标文件，看看是否需要带原件至开标现场。

2. 有歧义的地方需及时向部门领导反映或直接询问招标代理机构。

3. 按照送标清单，带全资料，并至少有1人复核1遍。其"隐含"要求提供的原件资料，一并带齐。宁多勿少。

4. 不要忘记电子光盘或优盘的复制和包封。

5. 装包前再反复复核，并注意所带重要原件的保护，防盗、防丢等。

6. 包封时，应至少一人在旁复查，以确保无误。

十六、其他复核检查内容

1. 投标文件格式内容是否与招标文件要求一致。

2. 投标文件是否有缺页、重页、装倒、涂改等错误。

3. 复印完成后的投标文件如有改动或抽换页，其内容与上下页是否连续。

4. 工期、机构及设备配置等修改后，与其相关的内容是否修改换页。

5. 投标文件内前后引用的内容，其序号标题是否相符。

6. 如有综合说明书，其内容与投标文件的叙述是否一致。

7. 再强调，招标文件要求逐条承诺的内容是否逐条承诺。

8. 按招标文件要求是否逐页小签，修改处是否由法人或代理人小签。

9. 投标文件的底稿是否齐备完整，所有投标文件是否建立电子文件。

10. 投标文件是否按规定格式密封包装、加盖正副本章、密封章并签字。

11. 投标文件的纸张大小、页面设置、页边距、页眉页脚、字体、字号、字形等是否按规定统一。

12. 页眉标识是否与本页内容相符。页面设置中"字符数/行数"是否使用了默认字符数。

13. 附图的图标、图幅、画面重心平衡，标题字选择得当，颜色搭配悦目，层次合理。

14. 一个工程项目同时投多个标段时，共用部分内容是否与所投标段相符。

15. 同时编制2～5套标书时，先出"大标"的一套完善版本，然后再删、加内容，完善另外的标书。如果修改，应同时进行，以确保几本标书同样内容的一致性。比如同一个人的资格证书等资料的一致性。

16. 国际投标以英文标书为准时，加强中英文对照复核，尤其是对英文标书的重点章节的复核（如工期质量造价承诺等）。

17. 采用监理方案模块，或摘录其他标书的监理方案，其内容是否符合本次投标的工程对象。

18. 标书内容描述用语是否符合行业专业语言。打印是否有错别字。

19. 某某合同和内容"详见第几页"，建议编为"见本册第几章第几节"，以利后期排版。

20. 多用"分页符"，少用"分节符"，以利于页码编制和排版。

21. 所使用的"标书版本"，其中必有以前工程的特定内容的文字。应及早并多次搜索、查找，彻底替换完。

22. 粘贴网上的文字，注意先粘贴在"粘贴板"以消除原有格式，再复制到标书中，注意消除其中"印记"。

23. 业绩合同、证件、保证金收据等原件，借、还一定要有签认记录，以免遗忘。

24. 每次的投标的业绩证明应认真登记、分类保存。及时收存重要原件，销毁不用的资料。专人分类保存好证书。

25. "技术暗标"有特殊要求，极易废标。必须严格按照招标文件的具体要求，不折不扣的照办，以免废标。

26. 投标书的修改人、次数、修改的文字，应各人分别标注清楚。最好在标书的前面写上说明，并形成习惯。如：黄色——提示重视；红色——建议删除；绿色——建议增加。

27. 建立失误差错登记本并在内部 QQ 群公开（对事不对人），以利借鉴，防止同类情况再发生。

……

请牢记："容易出错处，必定有人出错。"所以应谦虚谨慎，戒骄戒躁。

只有强化责任心，个个认真，多多复核，多道复核，方能减少或避免差错。

只有虚心好学，从善如流，知错就改，旁人才愿意指出问题，自己方能少出差错。

我们不应保守，应多加交流，互相学习，以共同提高编标水平，提高整体工效。

抛砖引玉。当然不止这些。请各位增减或修改，使之更加完善。

第四篇　现场如何对劳务工进行有效在岗培训

毋庸讳言，现在施工现场的许多工作大都有劳务工在做。但是，这许多劳务工大都没有技术和经验，离开技术人员的指导还不能单独完成一项工序。这是影响现场施工技术管理水平持续提高的主要"短板"之一。

尽管在每道工序开工前，现场技术人员对部分劳务工进行了所谓的"技术交底"，说实话，这比较"急功近利"，大都有"走过程"之嫌疑。尽管在施工中，也教会了劳务工一些施工方面的技术知识，但是，这很不够，也不系统、不全面。

这就很有必要对全体劳务工进行比较全面的培训教育，使其技术素质普遍提高，从而使我们各个施工单位的整体技术水平再上一个新台阶。

大家明白，在培训教育劳务工方面下点功夫、投点资是值得的，也是完全必要的。正所谓"磨刀不误砍柴工"。

怎样培训呢？定期脱产培训或一批批送到专业技术学校进行轮训，这是个办法。另一方面，敦促劳务工利用业余时间自学也是一法。

但是，最经济而有效的方法，应该是发挥一线经验丰富的各专业技术人员的作用（注：监理人员也是技术人员），在现场直接对劳务工进行培训教育——即"在岗培训"。

现场"在岗培训"的好处：

1. 密切结合实际，可以急用先学，有针对性。学以致用，立竿见影。干中求学，学中促干，互相促进。

2. 可以利用各种时间段（不忙时间、工序间歇、雨雪天气等）随时培训，对现场持续施工影响不大，还能及时提高现场施工效率。

3. 很利于密切技术人员和（协作队伍）一线劳务工的关系，利于相互配合搞好现场技术、安全和质量工作。

4. 最重要的，在岗培训与脱产或外送培训相比，可以大大地节省培训费用。

中铁二十局集团有限公司某项目部的"农民工夜校"培训的实证显示，在现场直接培训，效果显著。

怎样才能使在岗培训达到预期效果呢？

我们必须采取切实可行的措施，大力调动各项目部、协作队伍、技术人员和劳务工四个方面的积极性，才能使众多劳务工在岗培训出效果。这四个方面缺一不可。

首先，各项目部及协作队伍领导愿意而且大力支持培训。

培训需要教材，需要合理安排施工和学习时间，需要准备一些直观的通俗易懂的视频、图片等培训资料，还需要安排"教员"备课等。如果基层的项目部及协作队伍领导不情愿，则开展起来就比较困难。

显然，我们把项目部及协作队伍所属劳务工的技术水平提高程度的高低作为项目部及协作队伍的一项重要考核指标是非常必要的。

我们各个下属单位全体劳务工技术水平的提高就必然意味着施工效率、工程质量和经济效益的提高。一切"非短期行为"的各级领导（尤其协作队伍的老板）都会也应该大力支持这项工作。

笔者就如何克服劳务工"技能短板"问题，询问过下面的各级领导，他们以为只有"在岗培训"可以实行，投入不大而见效快，有针对性，学以致用。只是需要其上级领导加以倡导和督促。

其次，充分调动基层各个专业技术人员的积极性。

促使现场技术人员自觉自愿地耐心而认真地备课和讲解，也即每个技术人员应把提高属下劳务工的技能当成自己份内之事来抓。

看来，应采取对各协作队伍培训包干并限期达到某个阶段性目标——这个措施。"培训包干协议"要订得详细而可操作：什么样的技术教材，多长时间教完，如何考试，考试分数达到多少为合格，如何奖罚，（尤其）讲一节课给付讲课补助费多少等等。我们必须切实履行此"培训包干协议"。技术人员年终奖励、升级评职称时，要把培训本单位劳务工的情况作为一项重要考核指标。

技术人员是直接在基层工作并服务于第一线的。自己属下的劳务工个个技术水平高、独立施工能力强，对其稍加指导和提示便可心领神会。这不正是基层各技术人员所希望的吗？

劳务工技术素质高，也可使基层各技术人员把主要精力用于重点技术项目的攻关和优化上，使其腾出手来抓大事，而非钢筋绑扎、配合比使用以及简单的测量放样等小事。

企业的各级教育部门应当也应该担当起对劳务工现场直接培训教育工作的领导、督查和评比的重任。

第三，充分调动劳务工自觉自愿学习的积极性。

领导重视，技术人员愿教，这是培训出效果的外在因素。如何使劳务工积极主动地自觉自愿学习而非消极被动地应付，乃是培训出大效果的关键。

1. 工程分项劳务分包中，根据该分项工程的技术难度、复杂程度，要着重考虑协作队伍实际上场每个劳务工的技术能力。

2. 直接培训学习后，必须严肃认真地对劳务工进行考试。建议每门一次考试通过合格率不高于80％；合格通过的，公司教育部门颁发正式的"在岗培训证书"。这是促进劳务工主动学习技术的一个重要因素。其学习成绩一定要和奖金挂钩。不及格的、不认真学的还应当适度处罚。

3. 督导协作队伍在劳务工的薪金中，要适当加大技术和能力的成分比重。取得"在岗培训证书"的，建议每月给予取证费300～500元。

4. 除了直接的物质奖励外，其他奖励也是必要的。如：成绩优秀的，优先带薪休假；可延长假期等。

总之，应当采取各种行之有效的办法，在现场劳务工中培养浓厚的学习技术的风气，迫使其养成学习技术的习惯，进而也带动正式员工学习技术的积极性。

显然，公司各级领导大力督导，协作队伍长远考虑并大力支持，技术人员耐心讲课，劳务工们主动肯学，这四个方面的积极性调动起来，现场直接培训工作必然会取得大的成绩。

当前建筑行业，竞争很激烈。如果我们基层全体劳务工的技术素质，乃至综合素质不能够持续提高，我们（包括每个劳务工）所赖以生存的这个企业终将处于末流或被淘汰，这是我们所有人员所不希望的。

我们各个企业应当在优化和提升管理水平的同时，苦练内功，深挖基层劳务工的技术潜力，持续培养造就出一流的劳务工队伍，以便使企业持续做强、做大，进而做优，在当前和今后的建筑市场竞争中立于不败之地。

综上所述，在现场对所有基层劳务工直接进行"在岗培训"，经济而有效，百利无害，且事半功倍。请继续坚持进行，并不断总结经验，提高在岗培训绩效。

第五篇　设立"劳务工长期贡献奖"以便稳定劳务队伍

"劳务工长期贡献奖",即在各企业工作的每一个劳务工,每满一年,其月薪金中按照技术和职称级别增加的奖金。其连续工作年限越长,该奖金越高。

当今,尽管我们各企业在招聘(雇佣)员工方面早已经没有了"三条腿的蛤蟆不好找,两条腿的人到处是"的"快餐式"的雇人、用人观念。但是,各单位招聘劳务工仍比较困难,长期留住这些劳务工也不易,尤其有经验和技术的劳务工(包括特种作业人员)。

雇来的劳务工经过我们现场各种教育培训,各种施工专业的实际锻炼,有经验了,却留不住,大部分跑到竞争对手那边去了,实在可惜。尤其众多协作队伍中的大量劳务工。

这些劳务工或因种种原因暂时离开了一段时间,后来经过与其他施工单位比较,或其他原因,又想回来,怎么办?我们应有条件地接收,同时制定相应措施鼓励其主动回来。

现在需要解决的是:

如何留得住劳务工?如何使其长期服务于企业?如何使其离开后还想着及时回来?

设立"劳务工长期贡献奖",并适当提高该奖金在劳务工全部薪金中的比例,是比较可行的办法之一。

如果,某劳务工想离开所属各单位跳槽,他会考虑这一不菲的按照工作年限连续递增的"长期贡献奖"。

如何实施?

1. "劳务工长期贡献奖",最好由各企业单位直接支付,或者提前在与协作队伍的劳务承包合同中重点说明。

2. "劳务工长期贡献奖",建议采用四级:普工 40 元/月,技工 80 元/月,班组长 120 元/月,其他负责人 150 元/月。此"长期贡献奖"在其薪金中的比例应占到 5%～8%。

3. 如果某劳务工因种种原因连续中断工作时间超过(含)13 个月,再回来需要重新开始计算其"长期贡献奖",从其最近一次来到单位的时间开始重新计算。(注:规定连续中断工作超过 13 个月,是因为签订短期合同的期限大多是 12 个月。定到 13 个月,是为了给劳务工足够的时间考虑,使其能够及时回来工作。)

总之,我们除了用优良的企业文化和优厚的待遇来招聘和留人外,应当设立"劳务工长期贡献奖",并适当提高该奖在劳务工的全部薪金中的比例。这样可以克服大量劳务工的"临时打工"思想和"短期化做工"行为,适当稳定劳务工队伍,使其为各企业及所属各单位持续做出贡献。

第六篇　现场劳务工"三级安全培训教育"存在问题和解决方法

据对建筑企业近 10 年来所发生的安全生产事故的分类统计，发现伤亡的绝大多数是一线作业人员，其中劳务工就占了 93％。更重要的是，初到工地的劳务人员，上岗头一个月内发生伤亡事故的占比达到了 37％。这与现场施工项目部流于形式的"三级安全培训教育"不无关系。

目前，建筑市场工程项目的绝大部分都由作业队（主要是"劳务队"）在施工，而一线作业人员绝大多数是劳务工（即民工），所以，政府相关部局、建设项目各参建单位，尤其施工单位等各级人员应高度重视劳务工三级安全培训教育中存在的诸多问题，深刻分析原因，减少"劳民伤财"的形式主义，勇于破解难题。

下面，首先梳理并简述政府相关部局对新进场企业员工安全培训教育有关时间的规定（企业员工应包括正式职工、外聘人员和劳务工等），从中了解急需对相关规定修改完善的必要性。然后再分析建筑企业新进场劳务工"三级安全培训教育"时间等方面存在的问题，并加以破解，提出解决方法。

一、梳理简述政府相关部局对新进场企业员工安全培训教育时间的有关规定

1. 《建筑业企业职工安全培训教育暂行规定》（建设部颁发，施行时间 1997 年 4 月 17 日）

第六条：建筑企业新进场的工人，必须接受公司、项目（或工区、工程处、施工队）、班组的三级安全培训教育，经考核合格后，方能上岗。其中，公司级的不得少于 15 学时；项目级的不得少于 15 学时；班组级的不得少于 20 学时。合计，不得少于 50 学时。

另外，企业待岗、转岗、换岗的职工，在重新上岗前，必须接受一次安全培训，时间不得少于 20 学时。

目前，建筑企业（众多施工现场项目部）仍在执行该"暂行规定"。从 1997 年"暂行"至今，已近 20 年了，其中存在许多不适用现状的内容，急需修正。如现在建筑施工现场使用的大量劳务工的"三级安全培训教育"方面的规定就需要补充进去。

2. 《生产经营单位安全培训规定》（安监总局，2015 年修订版）

第二条：工矿商贸生产经营单位（以下简称生产经营单位）从业人员的安全培训，适用本规定。（作者注：该规定没有标明适用建筑企业。）

第十三条：生产经营单位（作者注：指工矿商贸企业）新上岗的从业人员，岗前安全培训时间不得少于 24 学时。

3. 《安全生产培训管理办法》（根据 2015 年 5 月 29 日安监局令第 80 号第二次修正）

第三十六条：生产经营单位有下列情形之一的，责令改正，处 3 万元以下的罚款：（一）从业人员安全培训的时间少于《生产经营单位安全培训规定》（作者注：在该规定中，新上场人员安全培训时间不得少于 24 学时）或者有关标准规定的。

4. 《铁路工程基本作业施工安全技术规程》TB 10301－2009（J 944－2009）（原铁道部颁发，施行时间 2009 年 9 月 24 日）

第 2.5.4 条 第 6 项新进场和换岗作业人员，在上岗前安全生产培训时间不得少于 20

学时。

由上简述的政府各部局相关规定可见，对新进场员工进行安全培训教育最少学时的要求没有明确和统一。分别为：20学时（参与铁路工程施工企业），24学时（工矿商贸企业），50学时（建筑企业）。

后面，笔者只针对施工项目部新进场劳务工"三级安全培训教育"时间等方面存在的主要问题进行分析并提出解决办法。至于除了劳务工之外的其他人员的"三级安全培训教育"及每年安全教育时间等方面存在的问题，另文讨论。不过，该文"抛砖引玉"，引发大家对诸多问题去思考、破解和改进。

二、分析建筑企业新进场劳务工"三级安全培训教育"时间等方面存在的主要问题

鉴于目前建筑施工现场劳务工管理现状、三级安全培训教育时间要求太长（至少50学时），以及相关各方重视不够、督查不到位等，使得现场该项工作的形式远大于其内容。

1. 劳务工进场后，一般由项目部的安全和技术人员组织直接进行"项目部级"安全培训教育并考试（同时也进行安全技术和施工技术交底）。几乎没有进行"公司级"和"班组级"安全培训教育。

2. 劳务工进场后，一般利用半天时间进行"三级安全培训教育"、安全知识考试及安全技术交底（被培训人员一一签名）后就开始上岗施工，其培训教育时间远远达不到50（15＋15＋20＝50）学时，但"三级安全培训教育情况记录表"上却编写出了等于或大于50学时。

3. 有的项目部三级安全培训教育的（教材）课件资料不足，甚至没有；有的课件内容没有及时更新，对当前所施工的项目针对性不强；有的培训资料笼统，没有分专业。有的项目部安全培训教育的有关资料，没有发给作业队和班组；只是存档保存，作为应付上级各种检查用。

4. 大部分单位没有利用现代先进传媒工具（QQ、微信、VR安全体验系统）等方式进行培训教育，而仍然采用传统的"读制度规范、看事故视频和签名"（老三样）的旧模式，使得被培训者接受效果不佳，不免流于形式。

5. 政府相关部门、业主、监理单位及施工方上级单位检查时，只看"安全培训教育资料"有没有，全不全，而没有认真核查其实际培训教育效果。

6. 进场劳务工，时常被查出在没有先进行安全培训教育和安全技术交底就违规上岗。应该由每一位劳务工亲笔签认的培训教育资料，经常查出代签、错签和漏签现象。

……

三、解决办法

首先，政府相关部局应结合当前建筑市场劳务工管理现状及随后颁布的相关规定，尽快修正（1997年版）《建筑业企业职工安全培训教育暂行规定》。

其次，施工企业和项目参建各方应做到：

1. 施工项目部应确保劳务工"安全培训教育所需经费"足额到位。劳务工"三级安全培训教育"工时工资应足额发放。此"工资"不应由作业队（分包队伍）出。这项要求是三级安全培训教育出好效果的关键。

2. 建议参考北京市建委的培训教育考试办法，由上一级或第二方单位（如现场监理机构）派人出卷和监考，从多套"建筑施工作业人员安全生产知识培训教育考核试卷"中选取一套，认真进行考试、监考和阅卷。若开卷考试，应加大题量。无论如何考试，应禁止互抄答案。只有如此，方能使每次考试起到检验培训教育效果，并促使参加培训教育的人员认真学习掌握安全技术知识的目的。

3. 政府安质监站、业主安质部、现场监理部，尤其施工方上级有关部门检查施工项目部劳务工安全培训教育情况时，不要局限于学时和资料"齐全"的形式，而应在现场随机抽查若干名劳务工，核查其掌握安全知识、熟悉身边危险源和防范措施等主要情况。

4. 应核查作业队（公司）和劳务工派遣单位内部进行的安全培训教育情况，要求其提供证明资料。这可作为本项目（班组级）进行安全培训教育内容的一部分。

5. 完善三级安全培训教育的（教材）课件，其内容及时更新；应根据本项目施工进展情况编写有针对性的施工安全技术交底，及时进行培训教育。其培训教育的有关资料，建议提前报请现场监理工程师审核。

相关学习资料应及时发给作业队和班组（至少 2 份）。现场主要风险源和近期危险作业防范告知等重要教育交底，其纸质版应及时张贴于饭堂、现场休息（读书）亭等人多场所，供大家阅览。

6. 应利用上班施工之外的各种时间，认真做好劳务工"在岗培训"。应密切结合施工作业面进展情况，有针对性地进行。急用先学，边干边学，学中促干，学以致用。有实证，"在岗培训"效果确实立竿见影。当然，持续做好这项工作，应适当投入，并采取奖励措施充分调动施工项目部、作业队、各专业技术人员（包括身边的监理人员）和一线劳务工等五方的积极性。

7. 应充分利用各种现代媒体（电视、电脑、手机 QQ、微信以及 VR 安全体验系统等）进行多种形式的安全培训教育。采用 VR 安全体验系统，以改变"说教式"教育为亲身"体验式"，让劳务工亲身感受违规作业带来的危害，强化其防范意识。

8. 应高度重视日常安全工作，持续做好"班前教育、班中提醒和班后总结"。这对于防范出现安全事故是最直接有效的，使得现场劳务工始终紧绷"安全弦"。

现场众多劳务工的安全培训教育工作是重要的，我们必须认真做好。在做好该项工作的同时，更应在安保措施上舍得投入。认真落实"一线作业人员安全生产绩效制"，即一线作业人员（重点是劳务工）工资收入与安全生产绩效挂钩。现场各级管理人员、技术人员、安全人员以及监理人员应关口下移至施工作业面，重点管控一线施工人员（劳务工）的实际操作安全和周围环境安全。对于现场事故隐患，持续做到"提前想到、提前发现并提前消除"。

只有做好以上这些工作，才能确保施工现场安全可控，始终不出安全事故，从而规避建筑企业、施工项目部和个人责任风险。

第六部分 现场常见质量安全典型案例（精选）

"质量安全典型案例（精选）"简介

现场监理人员根据自己经历的"质量安全事故（或事件）"所编写的各类"案例"，很值得占去本书一定篇幅。本书精选了很有代表性的质量安全典型案例19篇，供读者借鉴。

每篇案例都有：案例背景，事故经过，直接、间接原因分析，事故处理（措施和责任），经验教训，以及避免再发生的防范措施等内容。

直接阅览这些"典型案例"，记忆深刻，刻骨铭心，借鉴效果明显。这样使得现场每一名施工、监理人员以及其他参建人员，可以根据其现在所施工和监理的工程项目，在该书所列典型案例中，"对号入座"地找出相对应的"质量安全事故（事件）案例"认真阅览，作为"前车之鉴"，事前预知，及早防范，以杜绝同类质量安全事故（事件）再次发生，进而规避责任风险。

为避免产生负面影响，在如下典型案例中均隐去相关单位、人员及工程项目的名称。若仍有雷同，纯属巧合。

第一篇 隧道左线错当中线——测量事故典型案例

一、案例背景

某隧道某年1月10日开始进场，1月15日至17日与设计院交接桩，在现场点收桩位后，进行书面交接资料。接桩后作业队根据接桩资料进行场地布置，并测放线路中线。

施工方测量总队2月7日至16日对隧道线路测量控制桩进行复测。本次测量确认了设计院提供的线路测量控制桩点可用。

施工方精测组于8月10日至15日再次进行复测，主要涉及洞内外联测（平面及高程）、洞内放样结构尺寸等，未发现隧道中线有误。

11月10日，在进行大标段测量控制桩升级埋桩时，发现隧道中线与相邻大桥左线中线基本重合，经多次联测确认，现施工的隧道中线为设计线路左线中线，即隧道进、出口误将隧道左线中线错用为隧道中线。

此时进口上断面开挖210m（其中Ⅳ级围岩30m，Ⅲ级围岩180m），完成初期支护94m；出口上半断面开挖初期支护40m，溶洞段28m。靠近隧道进口的桥的墩身已施工完毕。

二、原因分析

1. 线下施工单位的责任

（1）作业队技术管理不严，对铁路施工规范学习不够，图纸审核不细，重要的测量技术交底未认真复核；测量人员将隧道左线中线误用为隧道中线。

（2）精测组进行复测时，没有严格进行测量放样资料复核及实施"换手"测量。

（3）项目部在施工过程管理中，技术督导工作不到位。

2. 设计单位的责任

设计方的交桩资料中未明确指出本线路中线。设计方在向施工单位及监理单位提交测量资料时，没有把测量资料的附件作为交桩资料的组成部分一并提交。

3. 监理单位的责任

测量监理工程师没有复核图纸，现场放样时没有进行换手测量。没有检查施工单位的技术交底工作，没有复核内业资料。

三、处理措施

事发后，由建设单位牵头组成了事故调查组（按照现行规定应由行业质量监督部门组织），调查认定为这是一起工程测量事故。

经事故调查组同意，由线下施工单位委托原设计单位进行调线处理，施工单位配合设计单位现场测量已完工的墩身原设计中线与调整后的中线偏差是否符合设计要求。

事故责任相关各方商定，线下施工单位支付设计鉴定费；监理单位自行承担相应监理费用。

四、教训和防范措施

1. 加强监理工程师的业务学习，尤其是遇到新技术、新标准的项目，更要注意加强对规范的学习。

2. 强化监理工程师的责任心，坚持测量复核制度，严格落实监理测量实施细则。

3. 监理工程师在施工过程中，要识别出关键环节，并认真督导现场施工。

4. 设计院进行交桩后，监理工程师应组织本监理合同段内各施工标段的控制导线网和水准点搭接复测工作，相互搭接应至少一个以上控制导线桩和水准点。

5. 监理工程师应实地检查签认承包单位的施工放样结果，再确认无误后方可允许其进行下道工序施工。

6. 监理工程师应责成同一工程后续施工单位对前道工序的测量成果进行复核并检查确认其复测成果。

第二篇 曲线桥未设置预偏心——测量事故典型案例

一、案例背景

某公司监管的某联络线工程，管段长度 6.4km，共有大、中、小桥八座，其中三座位于半径 600～800 的曲线上。

工程进入铺架阶段后，铺架施工单位从小里程向大里程方向铺轨至第一座曲线桥时，发现梁位不正。

停工复查发现，四座曲线桥的线路中心与墩位中心重合，未按设计从线路中心向曲线外测设置偏心距，其中四台七墩误差超限，最大偏差达 210mm。

二、处理方案

事发后，由建设单位牵头组成了事故调查组（按照现行规定应由行业质量监督部门组织），调查认定：这是一起工程测量事故。经事故调查组同意，由线下施工单位委托原设计单位对误差超限的墩台重新进行检算并编制加固设计文件。采取了基础加宽、桥墩周圈加厚（俗称穿裙子）（20cm 厚钢筋混凝土）等加固措施。

三、事故损失

1. 直接损失

（1）事故责任相关各方商定，线下施工单位支付设计鉴定费、工程加固费、预制梁存放场地费、铺架单位人员窝工损失费，按照当时价格合计 89 万多元。注明：现行《铁路建设工程质量事故调查处理规定》（铁建设〔2009〕171 号），直接经济损失 100 万元及以上，500 万元以下属工程质量较大事故。

（2）铺架施工单位自行承担架桥机、铺轨车、道砟运输车设备租赁（闲置）费。

（3）监理单位自行承担相应监理费用。

2. 间接损失

（1）工程延期交工 62 天。

（2）监理单位企业信誉遭受重大损失。按照现行《铁路建设工程质量安全事故与招投标挂钩办法》（建建〔2009〕273 号）规定，将根据情节取消监理企业 1 个月及以上投标资格。

四、各方责任分析

1. 线下施工单位的责任

线下工程施工单位是一家以建筑工程为主业的工程处，技术主管和测量人员第一次从事铁路曲线桥施工，不了解设置预偏心的意义，按设计线路中线定出墩位中线，导致此次测量事故。线下施工单位应负主要责任。

2. 铺架施工单位的责任

铺架施工单位在收到线下施工单位竣工测量成果后，应独立进行线路贯通测量，检查基桩的设置位置、数量、中线和高程测量精度。而铺架单位在架梁前未发现测量问题导致其窝工损失，应承担重要责任。

3. 监理单位责任及内部处罚

（1）桥跨短、跨数多的曲线桥应采用偏角法测设曲线，确定墩位。首先测出各墩位的线路中心，然后从线路中心向曲线外测量出偏心距"E值"来定墩位中心。专监应进行抽检，未经监理工程师签认的施工放样结果禁止施工。事后调查：现场监理工程师只复核了测量成果报验资料，未对现场放线进行抽检。

（2）线下工程向铺架移交前，施工单位应进行竣工测量，监理工程师应检查确认承包单位的测量成果。应重点检查：桥梁中线、跨距、墩台、梁部尺寸和高程，顶帽及支承垫石的高程，支座位置及底板高程等。现场监理工程师未履行该项职责。

鉴于上述情况，监理单位应负重要责任。

监理公司对该项目总监进行了通报批评；辞退了现场监理工程师，罚没其质量保证金，取消其年终奖。

需要特别指出的是：本案例因发生在 2008 年，当时由建设单位组织各方进行查处。但按照 2009 年铁道部《铁路建设工程质量事故调查处理规定》（铁建设 [2009] 171 号），"发生工程质量较大事故，工程监督总站接到事故报告后，应尽快成立由工程监督总站负责人任组长，监察局、鉴定中心、工管中心及有关单位人员以及专家为成员的工程质量事故调查组"。而建设、设计、施工、监理等参建单位为被查处单位，无权自行处理。

五、经验教训

1. 桥梁施工前，应对桥梁的平面控制网（三角网）、水准点（跨河水准点）、线路中线等进行复测。首先，现场监理机构应组织本监理合同段内各施工标段的控制导线网和水准点搭接复测工作，相互搭接应至少一个以上控制导线桩和水准点。其次，监理工程师应实地检查签认承包单位的施工放样结果，在确认无误后方可允许其进行下道工序施工。其三，监理工程师应责成同一工程后续施工单位对前道工序的测量成果进行复核并检查确认其复测成果。

2. 测量工作容易出大错，监理人员一定要十分谨慎。必须认真检查承包单位测量人员资格、上岗证，测量仪器和设备的检定情况，不得使用不符合要求的测量仪器；必须督促承包单位采取换手测量、换仪器测量等行之有效的手段确保测量成果的可靠性。对承包单位报送的测量成果一定要组织抽检，确认无误后方可签认；对施工放样必须现场核对无误后方可同意其进入下道工序施工。

3. 现场监理机构要认真执行测量规范和公司相关规定，严格控制承包单位的各项测量作业。对承包单位完成的各项测量内容进行审核，采取抽查或旁站的方法对测量过程进行检查，对重要部位应独立复测。

第三篇　标高差错造成盖梁返工——测量事故典型案例

一、案例背景

某日上午，苏州某地某大桥，1 号墩盖梁已浇筑完毕，2 号墩的盖梁大部分钢筋已绑扎好，模板就快安设好了。专监李真（化名）巡查到此，爬上去用眼睛观察发现：2 号墩的盖梁比 1 号墩的盖梁低许多（按图纸要求不应该低。后来经过量测低了 23cm）。李真马上让现场工人暂时停工，并告知了原因。

李真在回去的路上，马上电告了项目部总工王乙（当时王乙不在项目部，回家休假了）。回到驻地办，李真又认真看了图纸，确信 2 号墩盖梁顶部标高不对，立即电告施工方质检工程师苏沪去复测，提示，若错误应主动返工。

下午，突然，专监李真接到监理站通知，让其马上去南京开评审会。

……三天后李真回到现场，一问，标高出错的 2 号盖梁，一天前就已经浇筑了。李真很生气，带"口病"骂了质检工程师苏沪。随后马上报告了管质量的副总监。

（插曲：这时候，质检工程师苏沪却抓住监理李真的"口病"，与李真监理吵了起来，只管进度的胡副经理也加入了与李真的争吵中……）

管质量的副总监，马上召集施工方上级有关人员赶到了现场，了解初步情况后，施工方立即主动做出了如下决定：

首先立即凿除，趁现在 C35 混凝土强度低（要求凿除时注意安全）。同时分析原因，分清责任，"四不放过"，写出事故报告上报监理站。

返工直接费 3 万余元，耽误工期 7 天。

二、事故责任分析

1. 标高差错原因分析

临时水准点安设不规范（木桩外露长，未用混凝土浇筑牢靠），也未保护好，被人为地脚踩或某物锤击下去 23cm。当时，测量 2 号墩柱顶端混凝土标高时，测量班长却让现场一个劳务工去执塔尺（这个工人是弄不清临时水准点桩的好坏的）。立好盖梁底模后，还未来得及复核其标高，就上了钢筋，又立了侧模。

再后来，就没有人再次复核盖梁模板标高了。

2. 没有听从监理口头指令及时返工的原因分析

总工王乙在家里接到监理李真电话后，没有马上向工地发话处理，说后来又忘记了。辩解说，在家休假，认为工地其他人也知道，自会处理的。

质检工程师苏沪说，他后来告诉了施工队长卢九，但施工队长卢九说，苏沪没有告诉他。

当时发现标高差错问题在场的一名工人下午就告诉了其组长，组长说向施工队长卢九报告了，卢九回复说，我再问问。后来卢九也疏忽此事了，也就没有回复组长。组长没有再确认，他自以为不会错，就擅自继续施工了。浇筑混凝土前也没有验收模板标高。

3. 监理李真责任

当时没有及时把这个情况上报监理站，也没有立即下发监理通知。在南京开会期间也没有再过问此事，认为施工方必会返工。

反正，一错再错，一误再误。该避免的没有避免，该少损失而多损失。结果，演变成质量事故。

三、事故处理

施工方下文：处罚项目总工 1000 元，质检工程师和施工队长各罚款 2000 元，技术负责人和组长各 800 元。

监理站处罚李真 500 元，并在监理例会上点名批评。

整个事故处理报告资料保存在监理站。后来，总监把处理情况电话报告了业主安质部长。

四、经验教训

由此可见，施工方的管控能力之弱，相关人员的责任心之不强。这增大了现场监理人员把控最后一道验收关的责任。

在质量监控中，对于施工中的每个细节，方方面面，我们都要关注和操心，是不分"大""小"的。尤其，遇到管理能力较差的施工单位，我们更要加倍尽心尽责，严监的同时，还要帮带。

过去，在质量控制上提倡"抓大放小"，这是不妥的。应提倡"抓大重小"，即"抓住'大的'不放松，重视'小的'不放宽"。

第四篇　隧道拱顶初喷混凝土剥落掉块——质量事故典型案例

一、案例背景

某隧道里程 DYK310＋124～130 开挖段为一挤压性破碎带，加之处于沟谷地段，地表覆盖层较厚，下部围岩风化破碎，地表水下渗导致断层挤压带含水。

在 2013 年 2 月初该段开始出现不同程度的变形，最大水平收敛变形达 42cm，掌子面（DYK310＋134）施工中变形速度也较快。2 月 6 日上午，在应力释放的过程中，断层泥砾在含水条件下不断进行蠕变，最终导致左侧边墙多处出现竖向、斜向开裂，拱顶喷层出现剥落、掉块，边墙错台最大达到了 50cm。

及时通知人员和机械撤离，现场拉出警戒线。

现场监理立即上报监理站领导，站领导查看了事故影响范围，并组织施工方、设计方进行了分析。

1. 隧道洞身部分或全部通过一条挤压性断层，隧道右侧为断层泥及断层角砾、碎裂岩等，左侧为碎块状花岗岩碎裂岩，褐红色，斑状结构，强风化，块径约 10～20cm。部分段落夹薄饼状黑色断层泥，在同一断面的不同部位，也存在不均匀分布的断层泥砾及碎裂花岗岩岩块，岩体破碎，Ⅲ级硬土—Ⅳ级软石，$\sigma_0 = 200～400$kPa，Ⅴ级围岩。

2. 根据现场初期支护情况看，作业队没有严格按照这段技术交底和设计进行施工，现场检查有个别超前小导管间距是 40～50cm，间距超过设计，部分锚杆未安装锚垫板。

设计要求是拱墙设 ϕ22 砂浆锚杆，间距 1.2m×1.2m（纵向×环向），3.0m/根；设置 2 榀/m 的 I16 型钢；锁脚锚管 ϕ32，每榀钢架 4 根，2.5m/根；喷混凝土拱墙厚 25cm，

189

拱墙设 $\phi 8$ 钢筋网（网格间距 20cm×20cm）；拱部 120° 范围内设置 $\phi 42$ 超前小导管预支护，小导管长 3.5m，环向间距 40cm。

二、责任划分

1. 尽管此次事故发生的原因是自然灾害，但施工单位没有严格按照设计和技术交底参数施工，存在初喷混凝土厚度不足以及养护不到位致使强度不够等违规作业，负主要责任。

2. 本次事故中反映出监理人员旁站不到位，对个别小导管间距超标、锚垫板未安装没有及时予以制止。监理站处理该段现场监理：连续三个月由一级监理工程师降为三级；监理员连续三个月由二级监理员降为三级。

三、处理措施

1. 立即停止该隧道掌子面施工。

2. 超前地质预报单位对前方围岩进行一次 TSP 探测，尽可能确定软弱破碎带影响段落。

3. 在产生变形段落 5m 一个量测断面，加密监控量测点，水平收敛布设 3 条线（最大跨度处必须布设 1 条），每 8 小时量测一次（分别为每日 0 点、8 点、16 点），并及时向各方上报量测资料。

4. 及时进行未变形段衬砌施工。

5. 预留变形量 20cm；拱墙设 $\phi 25$ 自进式锚杆（0.5m×1.5m，纵向×环向，3.0m/根）；拱部 120° 及左侧边墙（面向大里程方向）范围采用 $\phi 42$ 小导管径向注浆，小导管长 4m，间距 1m×1m；全断面设置 2 榀/m 的 I16 型钢架；喷混凝土拱墙厚 28cm，拱墙设 $\phi 8$ 双层钢筋网（网格间距 20cm×20cm）；拱顶 120° 范围内设置 $\phi 42$ 超前小导管预支护，小导管长 3.5m，环向间距 40cm；二次衬砌厚 60cm，衬砌内外缘间隔设置格栅钢架，同侧格栅钢架中心间距 60cm。

6. 该段拆换完成后应及时进行二次衬砌，防止再次变形。

7. 施工单位应在此变形处理段设专职安全员，确保结构和施工安全，并将此专项施工方案上报监理审批。同时要求加强此段照明和通风。

8. 监理站为严格监理制度和纪律，深刻吸取本次事故的教训，警示全体监理人员。

四、事故教训和防范措施

这次事故虽未造成人员伤害，但后果是严重的。试想如果发生在立拱班上班时，或是喷浆上班时，后果是不堪设想。在这次事故中监理人员负有检查不到位的责任，监理人员必须深刻反思工作中存在的问题。

这次事故提醒我们对可能存在的质量问题和安全隐患应该想到前面，防患于未然。尤其在隧道施工中必须天天巡检，发现问题及时处理。处理不了的及时上报总监。

施工的每道工序，在自检合格的基础上施工方必须向现场监理报检，现场监理检查合格后才可进行下道工序施工。重点部位、关键工序监理必须进行现场旁站。凡发现不按程序擅自施工的立即制止并及时逐级上报，以便及时达到妥善处理。

第五篇　桥底座混凝土擅自加水浇筑——质量事故典型案例

一、案例背景

某年 6 月 8 日上午 10 点 45 分，铁路××大桥底座板混凝土浇筑后，在相邻地段的监理工程师路过时发现连续几跨底坐板都出现质量问题。监理站领导获报后，第一时间带领全站管理层赶赴现场，查看情况和范围，并分析了事故产生的原因为：该桥底坐板混凝土原设计标号为 C40。经回弹检测达不到设计要求。监理站下发了监理通知单，责令施工单位返工处理。

二、原因分析

1. 此次事故发生的原因是：施工人员在混凝土浇筑过程中擅自大量加水而使混凝土的水灰比改变。

2. 现场监理人员脱岗，责任心不强，该旁站的不旁站、该检查的不检查或不认真检查。没有及时发现施工单位的违规作业并及时给予制止。

3. 监理站对现场施工督导不力。

三、处理措施

1. 保证工程质量是监理工程师的第一职责。为严肃监理纪律和制度，吸取教训，警示全体监理人员，监理站决定对本次事故的有关责任人做出如下处分：总监罚款 3000 元，副总监罚款 2000 元，现场监理工程师（组长）罚款 2000 元，对脱岗的监理人员予以清退。

2. 要求施工单位对不能满足底座板设计要求强度的混凝土全部凿除，并重新浇筑。

3. 施工底座板工艺如下：

（1）根据图纸设计要求，混凝土清除后，按设计要求重新布置梁体与底座板连接钢筋。钻孔深度 30cm，直径 16cm，长度 45cm，采用混凝土钢筋锚固胶锚固；孔内不允许残留粉尘，必须清理干净，采用同等长度的钢丝刷清洗三遍，并用高压风吹。孔内清干净后灌入锚固胶至三分之二的高度，再把钢筋旋转插入到孔底。

（2）按设计要求铺设底座板钢筋和凸台钢筋。凸台钢筋焊接、定位在中心点上。绑扎底座板钢筋，安装模板，按设计要求进行标高测量调试。

（3）对植入钢筋进行拉拔试验。

（4）合格后报监理工程师进行质量验收。验收合格后，浇筑质量合格的混凝土，按照规范要求进行浇筑和养护工作。

备注：植入钢筋钻孔时，不得伤害梁体钢筋，采用混凝土钢筋锚固胶，且锚固深度不得小于 30cm。

4. 质量保证措施

（1）钻孔位置线定位完成后自检合格，向监理报验，查验合格后，方可进行下一步钻孔作业。

（2）钻孔完成后，进行凿毛并清理干净。锚固用胶要有产品合格证，各项技术指标应达到设计规范规定的数值。锚固用胶必须严格按产品说明配制使用，现场监理须进行全过程旁站。

（3）施工完成后进行养护，养护时间不少于 7 天。

四、事故教训和防范措施

我们应该从这次事故中认真汲取教训，及时采取措施改进并逐步完善我们的工作，坚决杜绝类似问题再次出现。

1. 应将施工质量、安全监控工作进一步细节化和程序化，争取质量、安全监控的主动权。现场监理必须对每一个重要部位、关键工序进行旁站。

2. 加强对施工作业的巡视力度。监理站总监或副总监每月必须对全线巡视一次以上，现场监理对各自管段每天巡查一次以上。发现问题，立即令施工方限时整改，待整改合格后，方可进行下一步施工。发现不按规范要求擅自施工的，监理人员应立即制止并及时上报监理站。

3. 加强对现场监理工作的检查和督促工作。发现该检查不检查或不认真检查，擅离岗位，不按程序进行旁站的监理人员，立即扣发其当月工资并上报公司进行严肃处理。

第六篇　钢轨焊接质量问题被通报处罚——质量典型案例

一、案例背景

某客专无缝线路使用某厂生产的 100m 钢轨，再厂焊为 500m 长钢轨，然后利用既有线用列车运至铺轨基地存储、铺设；铺设后采用闪光接触焊接成 1500m 或 2000m 的锁定单元。按锁定温度锁定为跨区间无缝线路，最后对轨道静态精调整理。

按规定，先由铺轨单位铺轨（含焊接及锁定精磨），再由预制 CRTS-I 型轨道板单位负责轨道精调工作。

某年 10 月 20 日至 23 日，监督站检查管段钢轨焊接及打磨质量时发现：

1. 钢轨接头超声波探伤检测 92 个，1 个工地移动闪光焊接头不合格。原因为轨腰未推凸造成。

2. 钢轨接头平直度检测 100 个，31 个不合格，不合格率 31％（包括基地焊，工地移动闪光焊，道岔内铝热焊）。

监督站立即签发了质量安全监督通知书，要求施工单位制定整改方案，并经监理和建设单位审批后实施。要求在 11 月 20 日前完成整改，由建设单位书面向监督站回复。

施工单位制定了整改方案，并在 11 月 18 日书面进行了回复（施工方无单位名称及公章），监理站及业主指挥部签字并盖章确认。

因施工单位回复格式问题，加之施工单位及业主有关人员冬休放假等原因，11 月 20 日前至第二年 3 月下旬，监督站一直未收到相关回复。

次年 3 月 27 日至 29 日，监督分站组织检测单位对管段冬期低温条件下焊接的部分钢轨接头质量（含道岔内铝热焊焊缝）再次进行了专项监督检测，并同时对前年 10 月份抽检不合格接头的整改情况进行了复查，情况如下：

1. 钢轨接头超声波探伤检测 118 个，10 个不合格。其中，基地焊 44 个，2 个不合格；现场移动闪光焊接头 60 个，3 个不合格；道岔铝热焊 14 个，5 个不合格。

2. 钢轨接头平直度检测 116 个，6 个不合格（其中，基地焊 40 个中 1 个、移动闪光焊 5 个不合格）。

为此，监督站又签发了质量安全监督通知书，要求建设单位对不按要求整改的施工单位，在当年上半年施工企业信用评价中加重处罚。

同时要求建设单位组织施工单位排查、整改，施工单位制定整改方案，经监理和建设单位审批后实施，建设单位核查达标后，于当年 5 月 10 日书面向其回复。

二、原因分析

1. 由"路桥隧"线下监理人员来监理轨道工程施工，显然是不专业的。

2. 一个铺轨单位直接面对监理站及下属 3 个分站，施工报检困难。由于监理单位上下及各分站之间缺乏横向联系，监理指令不一，工作效率低，造成现场道岔钢轨接头铝热焊监控不到位。

3. 由于轨道工程材料、构配件种类较多，监理分站不能分别在铺轨基地驻厂监造，未对厂焊长钢轨、道岔、枕木、扣件等材料构配件进行源头监控，造成厂焊长钢轨接头质量把关失控。

4. 施工单位对整改情况不够重视，回复也不严肃。

5. 监理单位对监督站签发的监督通知整改内容不够重视，对施工单位上报的整改方案审查把关不严。在施工单位没有填写整改单位及签字盖章情况下盲目签认并盖章。

6. 在冬休复工后，对施工单位整改情况未及时与建设单位、监督站沟通，未对施工单位的整改情况进行跟踪处理。

7. 建设单位对于回复资料格式问题未及时向施工单位反馈意见。

三、处理措施

1. 成立专业的铺轨监理组，指派由管段中间的监理分站单独负责轨道工程监理工作，并配备4名有铺轨经验的监理人员。

2. 立即组织铺轨监理人员按照监督站通知要求，督促施工单位对焊接质量进行排查，建立台账，责成施工单位对存在的问题一并制定处理方案。

3. 按照规定的格式签认整改回复资料，提前报建设单位，及时与建设、监督单位沟通汇报整改监督进展情况。

四、教训和防范措施

1. 鉴于客专无缝线路及高速道岔铺设专业性强的特点，应成立专业的铺轨监理站（组），选派有丰富轨道工程监理经验的监理人员驻厂监理。

2. 对安全质量监督机构和业主提出的整改要求，应高度重视。

3. 监理单位对施工单位上报的整改方案等资料应严格审查。首先，重点审查整改措施在技术上是否满足质量要求，并确保安全可行。其次，特别注意回复文件资料逐级报批的程序和时效。

4. 钢轨焊接接头打磨应采用先进的仿形打磨设备按验收标准打磨，打磨精度及时用数字检测仪器检测。焊缝质量采用数字探伤仪及时进行探伤检测。

5. 在无砟轨道及钢轨接头焊接质量探伤检测方面，督促施工单位提前与各路局介入静态验收的部门联系，尤其提前进行第三方检测并出具报告。有条件的可委托铁道部科学研究机构或国家权威探伤检测机构检测。避免探伤检测争议，规避监理风险。

6. 应督促施工单位健全整改落实情况台账，原始记录、验收资料及影像资料等应即时完善存档。

7. 特别注意应把整改情况及时与建设单位和监督机构沟通汇报，以高度的责任心和积极的工作态度，赢得其对监理单位的信任，使监理工作由被动变主动，以确保现场安质可控。

第七篇　擅自拆除仰拱钢架"偷工减料"——质量事件典型案例

一、案例背景

某年6月17日凌晨0时许，某客专某隧道架子队趁现场监理工程师到邻近大桥进行承台钢筋、模板验收时，将已验收的DK2082+216～+224段仰拱钢架全部拆除，仅留端头一榀钢架。而该段隧道存在严重的浅埋偏压，安设仰拱钢架很重要。

现场监理工程师发现此情况后，当即制止该架子队的恶劣行为。

该架子队在贿赂现场监理工程师不成后，对现场监理进行了威胁。该现场监理工程师不受威胁，随即上报监理组长及总监。

监理组长随即赶到该隧道施工现场，并与现场监理在隧道口蹲点至天亮，成功的阻止了该隧道不顾质量、安全的野蛮施工行为。

此质量缺陷发生后，总监及时签发了暂停令并上报业主，指令现场暂停施工，等待业主处理意见。

二、原因分析

本次质量缺陷事件反映出该段监理人员尽职尽责，监理组、监理站对现场施工监管到位，及时发现并处理了质量缺陷。

调查后分析本次质量缺陷的主要原因有以下几个方面：

1. 施工单位现场管理人员不足、技术力量薄弱。该隧道仅有1名技术员驻地进行技术管理并兼质检员，且该技术员才毕业两年，施工技术、能力和经验不足。平时施工单位其他人员也很少至现场进行技术指导和检查。

2. 施工单位现场管理不到位，质量意识不强。全部依赖架子队自身进行技术和质量管理。事件当晚该技术员报检后回到项目部，就没有再到施工现场。

3. 架子队利欲熏心，急功近利。而基于其他原因，施工单位无有效措施控制架子队的偷工减料行为，对隧道施工架子队基本不管理。

现场安全、质量监控基本全部依靠现场监理工程师，致使一切矛盾和压力全部压在监理头上。

三、处理措施

此严重质量缺陷发生后，为确保工程不留隐患，经过各方协调，业主决定如下：

1. 鉴于现场监理工程师及时发现此严重质量缺陷，监理组、监理站立即制止，特对该监理工程师、监理组、监理站免于处罚并对该现场监理工程师提出表扬。

但现场监理人员数量不足，监理工作任务量过大，任务繁重，要求监理站增加监理人员数量4名以上。每个隧道施工工点必须配备1名监理工程师，2名监理员，确保隧道施工24小时受控。要求监理组长、总监加强隧道施工安全质量巡视及检查。

2. 施工单位管理人员不作为，对架子队管理不力，提出严重警告，予以通报批评。为加大施工单位对架子队管理力度，施工单位每个隧道施工工点必须配备技术、质检、试验、安全人员各 1 名，实行轮班盯控，确保隧道施工 24 小时受控。

要求施工单位领导及各级职能部门加强隧道施工安全质量巡查。

3. 该隧道 DK1082＋216～＋224 段仰拱钢架按照设计重新安装钢架，验收合格后方可施工。业主委托第三方检测单位对该隧道以及全管段隧道已施工的初期支护、仰拱、二衬进行地质雷达检测。凡偷工减料、不符合设计施工的段落全部返工处理。

四、事故教训和防范措施

本次严重质量事件虽最终未酿成质量事故，但应警钟长鸣。试想如果该现场监理工程师责任心差一点，半夜巡查少一次，旁站少一次，或者事发后收受了架子队的贿赂，那将给隧道留下多大的隐患，后果不堪设想。

总监也认真进行了反思，从中认真汲取了教训。

随后，现场增加了监理人员数量，加大巡查和旁站力度，轮流值班，确保隧道施工 24 小时受控。要求监理组长每天巡查现场一次，每周总监或副总监对全线巡视两次以上。

结合各种会议进行学习和培训，强化了各级监理人员安全质量危机意识和责任感，使监理人员的职业道德和技术能力得到了提高。

同时，该监理站还加大了对现场监理的奖罚、考核力度。优胜劣汰。对责任心不强，玩忽职守，吃拿卡要，业务水平不高以及能力不强的人员进行了清退。

通过本次事件使全体监理人员受到了教育，"安全质量无小事"的观念更加深入人心。

第八篇　钢绞线以次充好——质量事故典型案例

一、案例背景

某高速公路集中预制先张法预应力空心板梁。现场共 8 个台座，每台座长 122m。因存梁期不能超过三个月，这 8 个台座一次产量刚好形成一个存梁批次，并按移梁时间编号。

某日下午，对第三批第 7 台座施行张拉，即将对钢绞线超张拉达到 $102\%\delta_k$ 时，突然连续出现三声清脆异响。此刻应力表显示张拉应力降至 $99\%\delta_k$。检查发现张拉的 14 根（每根 7 丝）钢绞线有 3 根出现断丝：其中，1 根（7 丝）断 1 丝，2 根（7 丝）各断 2 丝。断丝面不在一个横截面上。

在场监理工程师在第一时间指导操作手关闭张拉机，切断电源，疏散人员。为防止人员误入危险区域，又安排一名监理员站在安全线外保护现场，并安排另一名监理员轮换值守。同时，立即告知总监，总监通知业主代表，并告之书面简要报告将以电子邮件在 40 分钟内送达。

业主代表乘自备车约四十分钟赶到了现场，下车就指责监理对材料把关不严，要求由监理承担善后安全责任。决定建设四方（业主、监理、设计和施工）次日早上 9 点现场开会。

与此同时，施工方告之供货厂。厂家代表得到通知后，当天乘坐飞机赶到了工程所在地。

考虑到厂方对现场不熟悉，为避免其耽误次日早上的会议，施工方将厂家两名代表安排在离现场最近的镇政府招待所住宿。同去的监理人员无意中发现这两名代表住宿登记的工作单位不同，报告了总监。

二、原因分析

四方会议如期召开，参会各方调查了供货渠道、材质检验、施工过程等环节。

进货环节情况是：同批钢绞线共 59.62t，头 40.41t 由拖车直接运至工地；剩余 19.21t 因为不满载，司机认为过路桥费照缴不划算，就加了些其他货主的货，要求晚一天到工地。施工方认为不延误工期，也就同意了。供货情况摸清之后，会议决定再次现场取样。在两捆钢绞线（随机）取样后送第三方有资质机构检测。为了公平起见，与会各方一致同意，第三方检测机构不在厂方和施工现场省份。

关于已经张拉的钢绞线如何取样，遇到了安全问题：只能在张拉力放松后才能取样。但是当时台座活动端横梁两边已放入钢箱，微量行程用钢板已调节。因千斤顶不能长期持力，放张就必须继续微行程张拉才能完成，这将出现比断丝前更大的张拉力，其为危险！如何保证安全呢？

最后，监理方提出了安全取样的方案。在天气温度最高时放张，并采取特殊保护措施：用各用 3 根 1m 长钢丝绳当帮条分别帮在 3 个断丝面处，绑条钢丝绳两端各用 3 个 U 型钢丝绳卡带螺帽卡住钢绞线。这样就算钢绞线断了，也有钢丝绳受力提供保护。大家采纳了监理方的办法。

下午 14 时放张，放张安全顺利。当场，在四方现场共同见证下，完成取样送检工作。

到了第六天，检测结果出来了：前 40.41t 钢绞线合格，后 19.21t 钢绞线联营厂方的货不合格。

由此看来，此次事故的原因是供货商不讲诚信，用联营厂的 19.21t 不合格钢绞线，偷梁换柱，以次充好。供货商应负全部责任。

而监理方按照当时规定，以 60t 为批次取样送检（现在新规定是 30t），检测的是同一炉号，同一批次，只是运送到工地的是分两天送到，并没有不妥之处。

三、处理措施

施工方向厂方索赔直接与间接损失 140.52 万元，但是厂方不同意。

监理方以数据说话对赔偿争议进行了协调。首先仔细审核了索赔资料，监理方认为合同当事人是厂方和施工方（联营厂代表不作为直接当事人），厂方应承担供货不合格的违约责任。协商后，厂方自愿赔偿直接损失 121 万，以汇票支付。另欲以现金方式奖励监理一万元，因为监理方化解了放张的风险。附加条件是不起诉。厂方还承诺，保证今后不再提供联营厂的货。厂方的这一赔偿方案得到施工方接受。但是监理方不接受除监理酬金外的任何礼金，承诺为各方保密，建议奖金直接发放给现场放张的操作人员。

监理方提出，监理工程师对供货渠道不可能先知先觉，该事件并非因为监理方原因造成，监理方没有责任。该观点得到业主方的认同。业主代表在事发当天对监理态度生硬表示歉意，认为现场监理实践经验丰富，及时解决了此次事件，利于今后工程质量控制，而且整个事件处理未导致业主投资增加和工期顺延。

业主领导对该事件的处理非常满意。事后业主诚心诚意邀请监理方参加下一监理标段投标，表示在同等条件下可优先考虑。

四、事故教训和防范措施

此案具有一定的特殊性。按程序和规范要求，监理方以 60t 为批次取样送检没有责任。但没有有效地防范供货方偷梁换柱，以次充好，用劣质钢绞线代替合格钢绞线的教训应该引以为鉴。现在改为以 30t 为批次取样送检，虽更利于控制质量，但对一些送货不及时、不讲诚信的供货商还是要提高警惕。尤其提示施工方在签订合同中应注明不用联营货品，检测合格再付款。厂家的发货数量、时间、钢绞线盘号、盘重量等应提前传真件告之。督导核对中途运输时间、车辆牌号、车主姓名手机号等信息，接货时与传真件完全相符后再取样送检。方能防患于未然。

第九篇　墩柱浇筑爆模伤人——质量安全事故典型案例

2013 年 5 月 25 日，某特大桥 70 号墩身混凝土浇筑时爆模，致 2 人重伤，1 人轻伤。

一、案例背景

某特大桥 70 号墩身模板安装加固好后进行墩帽钢筋绑扎，于 5 月 25 日下午 13：00 左右施工完毕。

14：25 绑扎的钢筋经施工单位自检合格后向监理工程师报检。

14：50 现场监理检查墩身模板高 14.5m，墩帽模板长 8.298m，宽 2.802m，模板误差满足验收标准；检查钢筋规格、数量、间距符合设计图纸要求；保护层厚度在 3.5～5.1cm 之间符合要求，同意进入下道工序。

二、事故经过

17：50，混凝土泵车到达施工现场。准备就绪。第一车 C35 混凝土于 20：10 到达施工现场，经测试坍落度为 175mm，温度为 22℃，满足混凝土施工要求。

20：30，开始浇筑墩身混凝土，施工过程正常。现场施工相关负责人和监理到位，现场作业人员 6 人。

当混凝土浇筑到 127m³ 时（墩身高度 9.5m 左右，时间次日 0：27），墩身模板靠南方向（在墩高 2m 左右处）突然"碰"的一声破裂，墩身钢筋随即向下滑，混凝土从张开的模板处泄出……

监理人员和施工单位值班人员立即清点施工人员，发现有 2 人被困钢筋下面，立即报警 119 求助，并在第一时间向上级领导汇报。工人李某躺在离 70 号墩 5m 左右处的混凝土浆中，立即安排人员组织施救，0：50 左右 120 救护车到达现场立即将李某送往医院，送走时间 1：15。

1：20 消防人员赶到现场并施救。同时，建设、施工、监理单位相关负责人相继赶到现场参与救援……被困人员刘某于 2：18 救出并送往医院，被困人员王某于 2：55 救出并送往医院。最终导致 2 人重伤，1 人轻伤。

三、原因分析

1. 主因，模板之间连接螺栓没有全部上满或个别螺帽没有拧紧，致使模板受力不均匀，浇筑混凝土时由于振捣致使模板承受压力过大引起爆模。

2. 搅拌站在配制混凝土时未严格按施工配合比配制，混凝土已浇筑 4 小时还没有初凝，模板承受的压力在不断增加。

3. 施工单位值班人员和旁站监理在浇筑混凝土过程中，没有严格控制混凝土分层浇筑厚度（30cm 一层），致使混凝土浇筑速度过快，导致混凝土振捣时模板的某个部位承受压力过大引起爆模。

四、事故处理

1. 由施工单位编制工程事故处理方案并按有关规定上报审批后实施，现场监理全过程监控。

2. 对相关责任人的处理：现场监理在模板验收及旁站过程中工作不细致，对模板间连接螺栓未全部上满的问题没有及时纠正，对混凝土浇筑工艺及坍落度检测控制不到位，监理部决定对其做出书面通报和罚款的处分。

五、事故教训和防范措施

1. 此事故给我们敲响了警钟，安全质量事故随时可能在我们的眼皮底下发生，安全质量无小事，因此我们必须时时刻刻绷紧安全质量这根弦，增强责任心，加强现场巡查，发现问题及时通知施工单位整改，并对整改结果进行认真复查。

2. 现场监理必须负起各工序检查验收责任，严格按验收标准逐项检查，不放过任何环节。在旁站监理中不能只是人到场，要切实按旁站监理工作内容做好每个环节的检查，发现问题要及时督促施工单位整改。

最后以"蠢人鲜血买教训 我辈力当免流血"七言文结束此篇。

细小投入懒舍得，累患成灾仍拖拖。

麻木忐忑安多久，事故突发恨抠啬。

蠢人鲜血买教训，我辈力当免流血。

伤疤好后长记痛，灵魂猛触惊瑟瑟！

第十篇 动车组机车碰弓中断列车——质量安全事故典型案例

一、案例背景

2009 年 7 月的一天，某新建铁路客运专线（试运营期间）的一列动车组在运行至一处隧道时，发生机车碰弓、接触网塌网事故，列车运行中断 3 个多小时。

事发当天，铁道部派员连夜赶到出事现场组织业主、监理、设计、施工及相关单位人员对事故原因进行调查分析。实地查看发现，隧道内有一处用来固定接触网定位管的斜拉线自压接处抽脱，导致定位管一端（位于轨道中心上方）倾斜下垂低于接触线的高度，不仅将动车组机车受电弓碰掉半个，而且接触线也被刮落一千多米。

二、原因分析

接触网定位管斜拉线的原材料与压接机具不配套，导致压接不实，受力后抽脱。而原材料及压接机具均由供货方提供，原材料进场及质检资料没有漏洞。

两个月前，现场专监巡检时曾两次发现定位管斜拉线受力后抽脱，定位管一端倾斜下垂影响行车的现象。所幸当时处理及时，未中断行车。专监在发现此类现象后，立即向施工单位项目经理通报了情况，要求施工单位对已安装的定位管斜拉线进行一次全面检查，并在每根斜拉线上加装两个钢线卡子加以紧固，以防此类现象的再次发生。此事专监在日志中有记录，但没有发出监理工程师通知单，也没有向监理站及相关部门报告。

施工单位也只是对部分斜拉线进行了加固，而没有进行全部整改，专监对整改情况也没有进行全过程跟踪检查验收。

三、处理措施

承包施工单位负事故主体责任，被通报批评并处罚 10 万元。

监理站对工程检查督促不力，未及时防止事故的发生，被通报批评并处罚 5 万元；驻现场监理被认定不作为被清退出场。

四、事故教训和防范措施

1. 监理人员在工作中必须态度严谨，严格按监理程序办事。当监理人员发现施工过程中存在质量缺陷或安全隐患时应及时下达整改通知，责令承包单位进行整改。通知可根据现场条件以书面或电子邮件和手机短信的形式发出。发出的通知必须有对方相关负责人签认。总之，要为自己留下足以证明自己尽责的佐证资料。该事件中的监理仅是口头提出要求，虽然在监理日志上做了记录，但是没有足够和全面的旁证资料。

2. 质量安全管控是全过程的管控。监理人员在工作中不仅要能够发现问题、提出问题，而且要自始至终跟踪督促、检查落实。该事件中的监理及时发现了施工中存在质量缺陷和安全隐患，也提出了整改要求，但却未对整改过程进行跟踪监控，也没有对整改结果进行检查验收。无论从资料和行为上都没有形成全过程闭合。

3. 信息报送和资料归档要有时效性。该事件中的监理对发现的问题一直没有向监理站或相关部门报告，失去了弥补错误的时间和机会。由此给监理单位造成一定的负面影响。

4. 监理人员必须要树立强烈的责任意识，要始终以"如履薄冰、如临深渊"的心态来对待工作中的每一个细节，自始至终保持清醒的头脑，严格按规章制度和监理程序办事，坚决摒弃侥幸心理，改正凭经验办事习惯。

第十一篇　隧道塌方事故瞒报——安全事故典型案例

一、案例背景

某年春节前夕，某隧道工程因劳动力短缺暂停施工，该隧道监理工程师相应被监理站安排休假。节后施工队在未经监理站批准的情况下擅自复工。

2月14日开挖下台阶时出现上台阶下沉、初期支护混凝土掉块险情。施工队不向任何单位报告，自行加固。

2月17日上午10时30分左右隧道坍塌，1人被埋于塌方体内，至下午6时25分才挖出被困人员。随即送往医院，后抢救无效死亡。

发生事故当天（2月17日）上午10点50分，现场监理休假后刚好回到现场，得知塌方后立即上报监理站。

事故发生后第二天，业主、监理、设计以及施工单位人员共同分析事故原因。根据实地查看，洞内塌方段对应山顶地表位置处于一条冲沟盲端顶部，出现20m长、15m宽的椭圆形陷坑，长轴与冲沟方向一致。塌方段地质情况与设计资料基本相符；对事故现场的初期支护喷射混凝土碎块厚度测量基本满足设计要求，格栅钢架平均间距符合设计要求。

查勘人员初步推测该处存在一个隐埋的陷洞，出现了隐性不均匀荷载，导致隧道内临近该陷洞的一侧钢拱架及喷射混凝土左右侧受力不均匀，最终因对应处垂直剪力破坏，从而导致隧道的突然坍塌。各方共同认定造成塌方事故的主要原因是隐性地质造成突发性地质灾害，属非责任事故。由此，该监理站根据建设单位的意见未向任何单位部门报告。

一周后，该事件被媒体曝光。行业主管部门（安全质量监督站）前往处理。认定施工、监理单位（但是业主呢？设计方呢？）在处理这起事件中拖延事故报告时间，属瞒报事件，对监理单位进行了停牌两个项目投标和清退现场监理的处罚。

二、监理责任分析

1. 不管什么原因发生亡人事故，其责任认定和处理都是国家和行业相关执法部门的法定责任，与安全事故相关的责任方（建设、设计、施工、监理等）均无权认定事故责任和擅自处理事故。此次事件中未经执法部门授权各方联合组织的查处是不妥的。

2. 事故发生后，总监不按照有关规定向有关部门及时上报，负有责任。依据《安全生产法》第七十条规定："生产经营单位发生安全生产事故后，事故现场有关人员应立即报告给本单位负责人"。"单位负责人接到事故报告后，应当迅速采取有效措施，组织抢救，防止事故扩大，减少人员伤亡和财产损失，并按国家有关规定立即如实报告当地负有安全生产监督管理职责的部门，不得隐瞒不报、缓报或者拖延不报，不得故意破坏事故现场，毁灭有关证据"。《建设工程安全生产管理条例》第五十条"施工单位发生生产安全事故，应当按照国家有关伤亡事故报告和调查处理的规定，及时、如实地向负责安全生产监督管理的部门、建设行政主管部门或者其他有关部门报告。特种设备发生事故的，还应当同时向特种设备安全监督管理部门报告。接到报告的部门应当按照国家有关规定，如实上报"。而该项目总监并未向监理公司负责人报告，直到事发一周后监理公司领导才得到事故报告。

3. 现场监理休假后刚好回到现场，得知塌方后立即上报监理站，这一行为是正确的，但应同时下发通知，书面责成施工单位（安全事故责任主体）按照国家规定向地方政府和铁路建设主管部门报告。该监理未留下任何文字记录来佐证自己的行为，也有一定的失误，应按要求上报应有相应的记录（如书面报告、电话短信报告、电话报告记录等）来佐证，做到有据可查。

（事后执法部门查验现场监理资料时，发现有质量问题查处记录未闭合，隐检不及时、旁站不到位等问题。）

三、事故处理

1. 该塌方体处理，由承包单位编制专项施工方案按照规定程序报审，经批准后组织实施，监理实施全过程监控。

2. 对监理方相关责任人的处理：依据行业主管部门要求和该监理公司的规定，项目总监（未按规定上报事故的主要责任人）被撤职并罚款；对履职不到位的监理工程师予以清退并罚没安全质量保证金。

四、经验教训

1. 此事反映出该监理站部分人员对安全法规不熟悉、理解不深、执行不力，临机处置不当。缺少"如临深渊、如履薄冰、如坐针毡"的危机感、紧迫感和责任感。

2. 在国家和行业主管部门三令五申要求严格安全管理的形势下，在信息流通十分流畅的今天，任何自觉或被迫参与瞒报安全事故的行为，都将把企业和从业者个人置于十分危险的境地。

今后，任何事故发生后，监理人员对责任方企图大事化小、瞒天过海的行为必须坚决制止并及时报告，这才是企业和个人自救的最好办法。

3. 在监理检查中发现隧道初期支护不及时、未形成闭合环，掌子面与二衬安全距离超标等问题，但是处理方法简单，发出监理通知后整改措施不得力，手腕不硬，实际落实少。甚至存在向建设单位"踢皮球"的情况，认为只要监理把问题向业主报告了就尽到了责任。这是对国家、对企业、对自己不负责任的态度，这也是现场监理被行业主管部门责令清退的主要原因。

4. 事故发生后，监理人员认为既然春节前已经停工，节后施工单位在监理还没到场，不通知监理站的情况下自行复工，出现事故与监理关系不大，故采取了回避事故的态度。这是不对的。在事实上，监理监管是"缺位"的。

如果监理人员及时向行业或地方安全生产主管部门报告此事故，即使处理过程中发现一些质量问题，按照现行相关规定，对监理的处罚也会轻得多。但回避事故本身并未能回避掉监理责任，反而导致了预料不到的严重后果。

今后，我们应引以为戒。

第十二篇 处理隧道坍塌不当造成伤亡——质量安全事故典型案例

一、案例背景

某年 10 月 2 日上午 9 时，某隧道 DK221＋362～DK221＋366 段上台阶左侧顶部发生坍塌，将已施工的支护结构完全破坏。最终形成一个长约 10m，宽约 6m 的坍穴，坍穴高度无法观测，坍塌体总量约 100m³。侥幸没有发生人员伤亡。

二、事故经过

10 月 3 日，施工单位擅自确定坍方处理方案：先堆填作业平台，然后按照"打管棚—立拱喷浆—回填混凝土—二次衬砌"的程序处理。

10 月 4 日至 24 日期间，施工完成了堆填作业平台、钢拱架临时加固、打套拱，安装 36 根管棚（回填灌注混凝土）、挂钢筋网、形成钢拱架护拱喷射混凝土等作业。

计划于 10 月 26 日完成坍方段拱架架立、喷混凝土等支护工作，10 月 27 日开始向钢拱架背后的坍穴内灌注混凝土回填。

10 月 25 日 12：30，作业工人开始进行喷射混凝土作业。约 15：15，DK221＋362～DK221＋366 段顶部突然发生大块岩石滑落，滑落石块最大粒径超过 2m，大部分粒径在 1～1.5m 左右。瞬间将该处已施作好的支护结构砸垮，五榀钢拱架顶部被砸断，拱架背后管径为 96mm、壁厚为 6mm 的管棚被砸断 5 根，砸弯 4 根，钢拱架和管棚严重扭曲。当时，附近有值班工长和安全员各 1 人，另有 10 名工人正在进行拱架喷护作业。此次突来的坍塌不幸造成 1 人死亡、1 人受伤。

事故发生后，现场监理立即上报总监，总监在第一时间上报了业主相关负责人。

三、原因分析

1. 本次安全质量事故虽是施工方擅自蛮干所致，但是现场监理工程师和总监仍有监管不到位的责任。前期，现场监理没有及时向总监汇报隧道围岩变化情况。

2. 发现施工方诸多违规问题，没有坚决制止，也没有及时向业主报告。

3. 施工现场技术管理薄弱，坍方处理方案中安全措施不可靠。没有抓住主要矛盾，从而不能果断采取更强有力的措施，遏制围岩变形的发展。

4. 围岩量测数据未反映围岩的真实变形情况，未起到指导施工的作用。

5. 没有把握好大原则，没有把施工安全放在第一位，害怕采用拱架支护会侵入二衬断面，患得患失，没有正确处理好安全、质量、进度、效益的关系。

6. 反映出监理人员对安全法规不熟悉、理解不深、执行不力、临机处置不当。

7. 各单位管理体系运转不正常，各职能部门工作衔接不紧密，信息沟通不及时。

四、事故处理

1. 本次安全质量事故处理：由施工单位编制专项安全质量事故处理方案，并严格按照国家质量事故处理规定程序报审，经批准后组织实施，监理实施全过程监控，并做好事故处理记录。

2. 对相关责任人的处理：依据行业主管部门要求和该监理公司的规定，项目总监（未按规定上报事故的主要责任人）被撤职并罚款；对履职不到位的监理工程师予以清退并罚没安全质量保证金。

3. 此次事故施工方相关责任人处理情况从略。

五、事故教训和防范措施

本次事件，如果现场施工技术人员和管理人员对围岩变化有正确的认识，重视程度够，能够抓住重点，不患得患失，把握安全第一的大原则，果断采取更强有力的支护措施，能够及时向相关单位报告从而拿出合理的处理措施，坍方是可以避免的。

1. 加强各级管理人员的责任心，使施工管理体系有效运行。

2. 隧道施工应认真研究隧道所处地的实际围岩条件，不能拘泥于设计图纸的地质描述，要有预见围岩可能产生较大变形甚至发生坍塌的能力，要做好预防坍塌的措施，根据地质情况的变化调整施工参数。

3. 要按程序办事，要将围岩变化情况及时报业主、设计、监理单位。加强信息流通工作。

4. 加强监控量测工作，在隧道围岩自稳性较差的地段应增设量测断面，量测数据应准确可靠，能起到指导施工的作用。

5. 加强安全教育工作，让参与工程施工的每个人都有安全第一的观念，尤其是在处理突发事件时，要坚持此种观念。

第十三篇　既有线上列车撞坏仪器导致停车——安全事故典型案例

一、案例背景

某年4月20日，某公司监管的某铁路电气化改造工程，由某局负责线下车站股道延长工程施工。线路延长1050m。

工程施工测量阶段，施工方测量组在铁路正线位置测量时，由于防护人员不到位，在测量过程中，测量的反方向——北京开往南昌的特快列车急速驶来，测量人员仓促撤离，来不及撤离测量设备，导致测量仪器——全站仪等被撞坏，造成列车停车10分钟，造成停车事故。

二、原因分析

线下工程施工单位是一家国有大型企业的工程处，没有按照安全协议和防护方案进行防护，导致事故，线下施工单位应负全部责任。

经调查，现场监理人员在2次监理例会上，突出强调过：上下行方向进行施工防护，防护人员应配备无线通信设施进行防护（会议纪要为证），并在5天前针对施工防护问题下发过监理通知单，正在整改中，故侥幸免于处罚。

三、处理措施

事发后，由铁道部安监司牵头组成了事故调查组进驻现场调查。调查组认为此事故应有人身伤亡情况发生，认为存在瞒报现象。但通过实际现场调查，由于人员撤离及时，没有造成人员伤亡，只造成测量设备被撞坏。

调查认定：这是一起C23类事故。事故调查组决定，对施工单位项目经理进行撤职处理，相关人员有9人给予警告处分。

通行列车晚点10多分钟，施工单位被罚款2万元。造成10多万元的测量设备损坏，由施工方内部处理。

四、事故教训和防范措施

1. 在既有线上施工前，铁路运营单位与施工单位必须签订安全协议，"在既有线上作业安全专项方案"必须按照程序审批和备案，并严格督导落实。

2. 上线作业时，在施工段上下行方向必须进行有效防护，防护人员应配备无线通信器材。

3. 现场监理人员应督导及时，检查到位。对施工过程中发现的各种安全施工隐患应及时书面提出整改，并跟踪落实。

第十四篇 临近营业线施工接触网短路两次——安全事故典型案例

一、案例背景

某年11月29日20时40分和11月30日14时40分,某站房工程建设项目站房区第11股道和第14股道先后两次接触网短路,导致第11股道接触网承力索和第14股道接触网和承力索烧损,馈线跳闸断电,直接影响到整个站房工程联调联试正常进行。

11月29日20时40分发生接触网短路后,监理机构现场夜间值班人员及时向总监汇报情况,并现场查看分析事故原因。

11月30日09时,在建设单位工程指挥部,由指挥部组织,监理单位与施工单位参加,对事故经过及原因进行认真分析,会议明确要求联调联试期间,接触网在通电的情况下,施工单位不允许在接触网上方进行施工作业,会议持续到中午12时。

但施工单位未按照会议要求立即进行布置安排,继续在第14股道上方私自强行进行施工作业。"小侥幸又变大不幸"。11月30日14时40分,又导致14股道再次发生接触网短路事故,烧损了接触网和承力索,馈线跳闸断电,又直接影响到整个站房联调联试正常进行,性质和影响十分恶劣,后果十分可怕。

二、原因分析

1. 根据现场取证,事故主要原因为施工单位未执行铁道部及铁路局相关营业线施工有关要求,置建设单位的反复强调和要求于不顾,在接触网带电的情况下无计划"黑施工"。在未采取相应安全防护措施的情况下,在接触网上方,进行(危及接触网安全)站房设备夹层施工,使得杂物从夹层钢网片空洞中掉落在接触网上,导致接触网短路,使接触网承力索和接触线烧损,造成联调联试工作一度中断,后果极其严重,影响极其恶劣。

2. 监理单位对施工单位野蛮施工行为,未及时发现和制止,未尽到安全管理的职责。

三、处理措施

1. 责成施工单位立即对烧伤的接触线及承力索进行更换处理。为缩短事故处理时间,尽最大可能减少对联调联试的影响,施工单位立即委托设备接管单位供电段进行施工。

2. 调查两次事故后,建设单位认定施工单位违规施工。在接触网通电的情况下,在其上方进行作业,两天之内连续两次发生同样的事故,性质十分恶劣,决定对施工单位罚款人民币伍拾万元整,并纳入施工单位信用评价。

3. 在两次事故中,监理站对施工单位的野蛮施工未及时发现和制止,未尽到安全管理的职责,对监理机构罚款人民币5万元,对总监给予黄牌警告,安全专监红牌清退。

四、事故教训和防范措施

1. 联调联试工作开始后,建设单位反复强调联调联试安全管理,监理站对联调联试

安全管理重视程度不够，安全监理未对安全重点部位进行重点盯控。

2. 此次事故反映出现场监理人员缺乏营业线施工安全管理知识，未发现事故隐患，未预见营业线施工事故产生的严重后果。

3. 在施工单位已发生事故后，未采取有效的措施防止此类事故再次发生，未抓住安全监管的重点和难点，存在安全监理不到位的现象。

4. 监理机构事后未及时向监理公司汇报，给公司声誉造成负面影响。

第十五篇 车站施工天然气管道破损——安全风险典型案例

一、事件简述

某年 03 月 21 号晚，某车站工地内正在进行钻孔桩混凝土浇筑施工。

当晚 22：30 左右，混凝土浇筑完成。施工人员和监理人员陆续离开施工现场，到现场办公室记录施工情况。

与此同时施工队也在收拾场地。

施工人员在拔护筒作业中，擅自使用挖掘机在护筒边取土，导致距护筒边 1.5m 位置一根直径为 150mm 天然气支管破损。顿时，天然气往外喷涌。事发地点位于慢车道，天然气泄漏对交通造成了很大影响。

监理人员和施工人员立即启动应急预案，马上电告各自上级领导及相关单位（某天然气有限公司），同时对道路进行隔离，疏散附近居民小区住户。

10 分钟后，某天然气有限公司工作人员赶到现场，将距事故点最近的天然气阀门关闭。

23：10，天然气泄漏得到控制，抢修人员进入现场进行检测，确定空气中天然气含量达标。

23：50，道路交通恢复通行，居民也各自回到家中。

次日 10：10，管道修复并陆续恢复供气。此次天然气泄漏受影响的住户估计有 150 余户。

此次事故，施工方支付各项抢险费用 5.5 万多元，被处罚 8 万。被新闻媒体曝光，引起各级领导重视，业主安质部、市（区）安监站等单位部门频繁督查。

二、风险预警简述

1. 数据级预警发布

在地铁施工安全预警系统中，数据级预警发布主要是针对检测数据和巡视信息。其中，巡视信息包括周边环境巡视信息、支护体系巡视信息、开挖面巡视（地质状况观察及描述）信息等。具体包括单个监测点异常、多个监测点异常、建筑物的不均匀沉降、数据地下管道保护突变等情况。

当以上情况发生时，必须在第一时间发布预警。

2. 现场级预警发布

现场级预警发布是根据安全风险源信息库，在对施工现场各作业面及工程环境巡视的基础上，在对工点风险源进行梳理排查的基础上，编制专业性的分析报告，帮助参建各方了解工程环境风险源、人员行为风险源、现行状态参数和技术控制方案等。

现场级预警一般通过安全日报、安全周报和安全月报的形式发布。

三、风险发生可能性

在天然气管道周围施工，如不高度重视，严加防范，其发生破损和泄露的概率比较大。

四、风险影响

1. 燃气管道发生爆裂时，泄漏的天然气与空气混合形成可燃气云。当气云达到爆炸极限

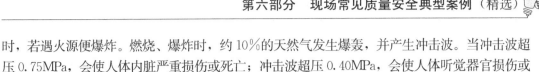

时，若遇火源便爆炸。燃烧、爆炸时，约10%的天然气发生爆轰，并产生冲击波。当冲击波超压0.75MPa，会使人体内脏严重损伤或死亡；冲击波超压0.40MPa，会使人体听觉器官损伤或骨折；冲击波超压0.25MPa，会使人轻微损伤。

2. 在抢修时间段内，影响众多居民的正常生活；对周边居民的交通造成影响。如果泄露的天然气浓度很大，对周边居民及路过行人的生命安全造成威胁。发生燃气泄漏，极易引发恶性爆炸事故，并殃及周围群众。

3. 经媒体报道后，对相关参建单位的名誉造成影响。降低并影响信誉评价，对其在本市投标影响非常大。

五、经验教训

1. 根据设计图做好管道及不明管道调查，利用地下检测仪或人工挖探沟来确认管道位置。确认管道产权单位（记住多个联系电话）。施工前督促编制施工保护专项方案及应急预案，监理机构编制管道监理实施细则。

2. 必须采取切实有效保护措施，并时刻提醒注意：

（1）当在燃气管道两侧各1m的保护范围内动土时，严禁动用任何机械施工。进行人工挖掘时，应使用铁锹，禁止使用十字镐、钢钎等尖锐的作业工具。施工监护人员应严格执行"边探查、边开挖"的作业方式。

（2）当在燃气管道两侧各6m的控制范围内施工作业时，应先探明燃气管道准确位置。并在燃气管道正上方及管道两侧各1m位置设置醒目警示标志。当施工单位在燃气管道两侧各6m的控制范围内进行机械施工时，应对燃气管道采取有效的隔离防护措施（木板、钢板、套管等保护），防止机械设备损伤燃气管道。施工监护人员应每天检查警示标志与保护措施，发现缺失和损坏时应及时增补和恢复。

3. 督促施工方每天进行班前安全技术交底，让每个施工人员知道管道的位置。

4. 动用设备时必须有安全工程师、技术主管和现场监理三方签字，办理管道动土确认手续。然后施工安全人员跟班作业，监理人员全过程旁站。

5. 现场一旦发生天然气管道破损泄漏，必须立即按照规定程序上报，启动应急预案。同时，根据应急预案和演练经验，立即采取警戒、防火、吹散（防止天然气聚集）、事故点隔离、人员有序疏散等有效措施，力防发生燃烧爆炸。

抢险时，必须"先防爆，后排险"，"先控制火源，后制止泄漏"。就近关阀断气，堵塞漏点或更换管道。若需施焊动火，必须先测试气体含量达标，方可以动火。堵漏后应认真测试，确认不漏后方可回填。

6. 事后，必须做到"四不放过"：分析透直接、间接原因，分清主、次责任，处理直接、间接责任人，警示其他相关人，并制定出避免再发生的有效措施。

总之，闹市区施工，地下管线众多，安全责任重大。各参建单位必须高度重视地下管线的安全，尤其天然气管道安全。

我们应从这次事故中吸取经验和教训，严格按照批准的管道保护方案及监理实施细则去施工和监控，切实履行各自职责，方可规避风险。

第十六篇　地铁脚手架倒塌——安全事故典型案例

某地铁工程钢筋绑扎过程中发生扣件式脚手架垮塌事故，造成 1 死 5 伤。

一、案例背景

某地铁工程位于十字路口下，为双柱三跨岛式站台设计，为确保进入车站地段的施工安全，根据设计要求需在风道底部先开挖南北两个小导洞，并在其内施作风道衬砌的两条地梁。地梁钢筋骨架由 ϕ28 主筋，ϕ16 腹筋，ϕ10 箍筋组成，总重 17.9t，钢筋骨架利用 ϕ48 钢管搭设支架定位进行施工作业，在梁体混凝土灌注前，拆除钢管支架。

二、事故经过

某年 7 月 5 日，当日当班 16 名作业人员分成四组，同时进行绑扎箍筋作业。由于主筋间距小，支架横杆挡住箍筋不好绑扎，现场作业人员向当班副班长请示把支架扫地横杆拆掉，副班长便布置隔一根拆一根。于是四个作业组各拆除了一根支架扫地横杆后，继续绑扎箍筋。

19 时 50 分，作业人员在向上提拉箍筋过程中，支架连同已架设的钢筋向小导洞进口方向倾覆，将 5 名在支架中层和下层作业人员压在钢筋下，造成 1 死 5 伤。

三、原因分析

1. 地梁支架没有按照承重架子的标准进行搭设；在使用过程中部分承重杆件被拆除后，致使支架受力状态发生变化，削弱了支架结构抗倾覆能力，是造成事故的直接原因。

按照"脚手架支搭规程"规定，承重架子的立杆间距不得超过 1.5m，大横杆间距不得超过 1.2m，小横杆间距不得超过 1m，必须设置与地面夹角不得超过 45 至 60 度角的斜支撑，架体中间还应设置剪刀撑，才能保证架体的稳定性。

当支撑地梁的扣件式钢管支架承载重量已大大超出一般承重脚手架（承重脚手架载荷 270kg/m²）允许的载荷，本应制订相应的安全技术措施，以加大支架的承载能力和加强架体的稳定性。但是，事故发生前搭设的支架立杆和大横杆间距达到 2.0m（立杆间距超规定 0.5m，大横杆间距超规定 0.8m），且只在长 26.67m 支架的一侧设置了 3 根斜支撑。使用过程中，作业人员又擅自拆除了支架中连接杆件 5 根，最终导致架体失稳倒塌。

2. 安全、技术管理不严，违章指挥，冒险作业，这是造成事故的主要原因。

（1）项目部技术部门对地梁施工安全重视不够，没有按照承重脚手架的技术标准制订搭设施工方案，考虑架体稳定性时认为"以前曾这样搞过"而凭经验办事，对架体抗倾覆措施考虑不全面；地梁钢筋施工技术交底会和下发的书面交底书内容不够详细具体；地梁架子搭设完毕后，也没有按规定组织验收便投入使用。

（2）支架的搭设未使用专业人员，而是由开挖班班长和钢筋班副班长带领工人凭经验搭设。使用中，当班副班长自认"艺高人胆大"未经项目部技术部门批准，对本身整体稳定性差的支架，又违章拆除扫地杆 4 根和顶层横杆 1 根。

（3）安全人员，技术人员对支架的搭设不按"事先设计，事中检查，事后验收"的程

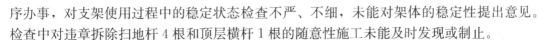

序办事，对支架使用过程中的稳定状态检查不严、不细，未能对架体的稳定性提出意见。检查中对违章拆除扫地杆 4 根和顶层横杆 1 根的随意性施工未能及时发现或制止。

（4）在违章拆除支架上的连接杆件 5 根情况下，工人冒险作业，导致事故发生。

3. 监理人员未能认真履行监理职责，对施工方没有施工方案的情况下进行支架搭设和地梁钢筋绑扎作业，未能及时予以制止。这是造成事故的原因之一。

四、事故教训和防范措施

1. 按照规定：①基坑支护与降水工程；②土方开挖工程；③模板工程；④起重吊装工程；⑤脚手架工程；⑥拆除、爆破工程；⑦建设行政主管部门或其他有关部门规定的其他危险性较大的分部分项工程等，必须编制专项施工方案，并附具验算结果。经施工单位技术负责人、总监签字后实施，由专职人员进行现场监督。

2. 脚手架工程从编制施工方案、设计（验算）、搭设及搭设中的监督检查、搭设后的验收，必须严格按相关技术标准，不得凭经验而马虎、凑合，更不能抱有侥幸心理去简化作业和疏于监督。

3. 脚手架既要有足够承载能力，又要具有良好的刚度（使用期间，脚手架的整体或局部不产生影响正常施工的变形或晃动），其组成应满足以下要求：

（1）必须设置纵、横向水平杆和立杆，三杆交会处（主节点）用直角扣件相互连接，并应尽量靠紧。

（2）扣件螺栓拧紧力矩应在 $40\sim65N \cdot m$ 之间，以保证脚手架的节点具有必要的刚性和承受荷载的能力。

（3）在脚手架和建筑物之间，必须按设计计算要求设置足够数量并分布均匀的连墙杆。

（4）脚手架立杆基础必须坚实，并有足够承载能力，以防止不均匀的沉降。

（5）应设置纵向剪刀撑和横向斜撑，以使脚手架具有足够的纵向和横向的整体刚度。

4. 登高架设作业的架子工属于特种作业人员，应要求其持证上岗并体检合格。

5. 监理人员应坚守底线，履职尽责。善于发现隐患和缺陷并持续跟进，直至解决。

第十七篇　盖梁上作业手锤坠落伤人——安全事件典型案例

一、案例背景

某日，某桥某墩的盖梁模板正在拆除时，盖梁上面工人甲的手锤不慎失手掉落，正好砸到下面工人乙的后背上，造成重伤。现场工人立即把他（背朝上）抬到就近的货车上，送往医院抢救。

现场带班人马上报告了施工队长。驻地监理后来知道此事后，也上报了总监。工人乙住院 12 天，住院花费 4.5 万元。

二、事故责任分析

经查，该组工人进行了三级教育和安全培训，有施工技术和安全技术交底。施工方上级领导和相关部门也经常来检查。

该桥驻地监理，在巡查和报验检查时，多次不厌其烦、苦口婆心地指出存在的安全隐患（有监理日记、施工日记上记录为证）：

有人不戴安全帽，多数人安全帽带未系好；个别人穿鞋不规矩；扣件等物件直接从高空向下仍等。

尤其提示过：高处作业的工人要有工具袋，小的构件和工具要放在桶内或箱内，架子上的桶或箱要拴牢；手上正在使用的工具要拴上手绳（驻地监理亲自做过 2 次示范，用鞋带或麻绳绑在工具手把上，随时套在手腕上）。

但是，施工方现场负责人和安全员对这些安全"顽疾"却麻木迟钝、熟视无睹；项目经理还嫌驻地监理啰唆，说小题大做，不支持和配合监理工作，隐患整改落实就总是大打折扣。尤其高空作业工人的工具手绳很少使用。由此引发了此次安全事件。

三、处理方案

管安全的副总监召集施工方上级有关人员到场了解情况后，肯定了驻地监理的多次安全提示的做法，批评了施工方现场负责人安全意识不强，不注重消除细节隐患。

施工方下文处罚：项目经理 800 元，安全员和现场负责人各 500 元，组长 300 元。又重新对所有高空作业人员进行了安全培训，交底内容很详细具体。

在监理例会上一再重申：

麻痹疏忽支付代价，隐患细节决定生死。

愚者以献血买来教训，智者以教训避免流血。

"安全施工，人人有责。安全责任，人人有份。消除隐患，人人有权"。

对待隐患，就是要"小事大作，中事振作，大事狠作"。

要求尊重监理，服从监理，不得轻视监理的口头和书面提示。

四、经验教训

深刻反省，痛定思痛。这次事故虽未造成人员死亡，但监理人员也应该从中认真汲取教训，及时采取措施改进完善我们现场安全的管控工作。提倡"小患大作，中患震作，大患狠作，四不放过！重小抓大，消灾避祸"。

我们应将安全监控工作进一步细化和程序化，争取安全监控的主动权。现场监理必须加强巡查力度，易出事故区段应主动增加巡查频次。凡发现安全隐患的，无论大小，都要当场指出，并做好记录。大的隐患及时上报并及早下发监理通知催促整改，以防止安全事故发生。同时，规避监理个人风险，进而也就规避了监理站和公司风险。

最后，以"生命珍贵　首位安全"四言文概括此案例，并结束此文。

消除隐患，刻不容缓。麻木怠慢，流血住院。隐患细节，时时查看；重小抓大，处处防范。不听规劝，吃亏眼前；推诿扯皮，事故必现。停工追查，免责很难；"等级"事故，"双规"牢饭。生命珍贵，首位安全。舍得投入，施压消减。各级领导，尽责避险；安全可控，上下心安。

第十八篇 黄土隧道坍塌关门——安全事故典型案例

一、案例背景

某隧道全长1790m，为黄土隧道。除进口210m、出口60m和中间浅埋段150m设计为Ⅴ级加强外，其余均为Ⅳ级围岩加强衬砌。

坍塌段位于Ⅳ级加强段。初期支护类型采用"施隧参104—8，9"，支护参数为：初期支护采用格栅钢架1榀/1.2m支护；环向设置ϕ22砂浆锚杆，长度2.5m，环、纵向间距均为1.2m；喷射混凝土厚度为18cm，在拱部120°范围内设置ϕ6（25cm×25cm）的钢筋网片；衬砌采用C30混凝土，厚度40cm。

隧道由出口进洞施工，采用"三台阶预留核心土法"开挖，上、中、下台阶长度分别为7m、5m和20m。开挖面里程为DK345+005，仰拱已施工至DK345+037，二衬里程为DK345+064（掌子面距二衬59m，掌子面距仰拱32m）。

二、事故情况

某年10月19日5：35左右，监理站接到现场监理报告：该隧道出口DK345+037附近发生塌方，洞内有作业人员被困。接到报告总监立即带领监理站相关人员赶赴出事地点。

同时现场立即启动应急救援预案，成立了由总监任组长的现场监理协助抢险小组，协助施工单位进行现场抢险。经现场了解，塌方处地表埋深约60～80m，在地表山顶坡面形成约30m×20m范围的陷坑，塌陷深度约30～50cm不等。洞内整个断面全被黄土封死。

塌方地点在DK345+037附近，长度不详。经进一步核实被困人员有6人。其中1人为挖掘机司机，5人为从事隧道支护工人。

初步调查情况后，监理站第一时间按规定向铁路工程指挥部和监理公司进行了汇报。

三、救人经过

1. 首先解决通风

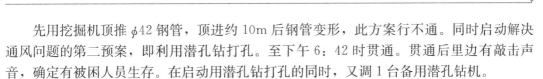

先用挖掘机顶推 $\phi42$ 钢管，顶进约 10m 后钢管变形，此方案行不通。同时启动解决通风问题的第二预案，即利用潜孔钻打孔。至下午 6：42 时贯通。贯通后里边有敲击声音，确定有被困人员生存。在启动用潜孔钻打孔的同时，又调 1 台备用潜孔钻机。

2. 解决被困人员饮食

在确定有被困人员生存后继续用潜孔钻再打一孔，贯通后取出钻头和钻杆，穿 $\phi42$ 钢管。在钢管头部放一把照亮的手电和安慰字条。随后与被困人员进行了联系，了解到 6 名员工均未受伤。然后，在钢管内穿塑料管输送热牛奶。

3. 挖掘逃生通道

在启动解决通风问题的同时，启动挖掘逃生通道。在左侧（线路前进方向）初期支护洞壁起拱线处开挖洞径为 1.0m×1.5m 的逃生洞。采取超前钢管支护和木板挡土方案。抢险人员分为三班，随时调换轮流休息。至 20 日（次日）9：28 时导洞顺利打通，人员获救。

四、原因分析

1. 塌方段洞顶土层为风积砂质黄土，局部含沙量过大，土体松软，节理较发育，土体间结合力很差，自稳能力差。塌方段位于一条深沟沟底附近，埋深 60～80m，对于松散砂质黄土来说这个埋深度危险较大。

2. 支护不及时、不到位，存在偷工减料情况。

3. 监理责任心不强，监控不力。

五、事故教训和防范措施

1. 隧道施工安全不能凭侥幸，必须按照批准的开挖方案施工，该投入的必须投入。严禁偷工减料。

2. 抢险早期先用挖掘机顶推 $\phi42$ 钢管，顶进约 10m 后钢管变形，放弃了顶推，这耽误了 40 分钟的抢救时间。此顶推钢管的措施不在审批的应急救援预案中。当时现场救援小组人员并没有人及时提出反对意见。这是今后遇到此问题应避免的。

3. 此次事故暴露了监理人员对黄土隧道，特别是陕北这种砂性黄土的施工缺乏相关经验，以老经验看问题，在围岩出现细微变化时未能及时察觉。同时也暴露了现场人员粗心大意，在发现隧道地质情况发生变化后没有及时采取加强措施。

4. 通过此次事故使我们更加清醒地认识到安全施工的重要性和复杂性，在发现有不安全迹象时要首先保证施工安全，针对安全隐患要舍得投入，并应及时更改有关设计和施工方案。

5. 隧道的安全步距必须严格保证，这是减少和避免事故发生的有效措施，监理人员要按照要求严格监控，常抓不懈。

此次事故虽未造成伤亡，但教训深刻。它给我们安全监理工作敲响了警钟，我们应在以后监理工作中总结经验和教训，进一步提高我们安全意识和监理水平，以确保今后不再发生类似的事故。

第十九篇　隧道贯通冒进施工致使坍塌伤人
——质量安全事故典型案例

某隧道贯通冲刺阶段急躁冒进，擅自改变钻爆参数导致塌方，1人重伤1人轻伤。

一、案例背景

某年5月29日，某隧道全长2995m，开挖与支护施工，进入了最后12.6m的贯通冲刺阶段。晚19：00时，隧道开挖与支护施工里程至DK466＋542.6。

此时，施工单位队伍中部分管理者出现了急躁冒进，麻痹大意的情绪。

二、事故经过

29日夜里至30日凌晨的钻爆施工过程中，施工方擅自改变钻爆参数，将原施工方案的每循环开挖进尺由不超过2.5m改成4.5m，而本循环的超前小导管支护由设计的4.5m改成5.0m，只加长了0.5m；上下台阶合并用炸药量由设计的不超过96kg，增加至157kg。

30日凌晨5：40起爆，爆破后大部分超前小导管发生脱落。通风20min后，出渣至7：30结束。现场监理检查时，掌子面和开挖轮廓线基本完整。

碰巧，上午，业主检查组来到该隧道进行检查。施工方为迎接检查，未安排支护工序人员及时施工。延误至下午13：30才开始支护施工。

至下午16：30左右，拱部出现小石块掉落现象。现场监理正在仰拱施工处旁站，发现后立即口头通知现场施工技术人员，要求现场安全值班人员加强观察警戒，防止大石块掉落，同时，要求增加现场照明。现场施工技术人员立即执行了监理指令。

至晚20：40左右，拱部右侧一块长约2.5m，宽厚约1.5m，体积约5.6m³的大石块掉落，伴随一起掉落的石方达100m³左右，使支护台车严重损坏变形，正在进行支护作业的一民工躲闪不及，胸部腹部遭到严重挤压伤害；另一名民工腿脚部位受到轻伤。（出入口登记，当时支护作业共有12人，其余10人成功躲避）。受伤人员被迅速送往医院医治。重伤民工3个月后治愈出院；另一名轻伤民工半月后治愈出院。

事故发生后的第20天，隧道恢复开挖与支护施工（20天内开挖支护处于停工状态）。6月22日晚19：30，隧道才贯通。

冒险抢进度，一出事故，不但工期严重延误，而且付出鲜血代价。

三、原因分析

1. "行百里者半九十。"隧道开挖施工临近贯通，现场施工人员急躁冒进，心态浮躁。施工项目部从管理层到作业层普遍出现了浮躁麻痹的情绪。监理人员也疏忽大意，未及早提醒重视。

2. 受这种急躁情绪的影响，面临贯通前的十几米，出现了大胆冒进的行为。擅自改变钻爆参数：

（1）将原来的每循环进尺不大于2.5m改成了4.5m，而超前小导管支护长度又增加不足。

（2）将原来的炸药用量（上下台阶）由原设计的不超过96kg增加至157kg。超前支护、钻孔、装药、爆破几个分项工序结束后也没有像以前那样报监理工程师检查验收。

（3）当天为迎接检查组的到来，急忙进行了混凝土的初喷，使塌方隐患被临时掩盖了。

3. 渣土出完后未能及时安排支护施工，是这次事故的另一个重要原因。本开挖循环从30日凌晨5：40爆破后至下午16：00左右，围岩处于临时稳定状态，没有发现落石。上午，施工方为迎接检查组，没有安排支护分项施工，延误至下午13：30分才开始支护作业，使围岩过了临时稳定期进入变形和加速变形期，在下午16：30左右开始出现初喷混凝土开裂和小石块脱落。

4. 监理口头指令下达及时但不够果断彻底。下午16：30至17：40，专业监理工程师在检查支护施工和旁站仰拱混凝土浇筑施工时，发现支护拱部有小石块脱落，虽要求施工方增加作业面照明和人员警戒，也提醒要防止大石块脱落和坍方，但没有果断下达停工令。

5. 施工人员，特别是管理人员经验不足。其管理人员在接到监理指令后，虽然安排了人员警戒，但对此种现象的危险性认识不足，不以为然，直至超大石块掉落时，仍一脸茫然。

四、事故教训和防范措施

1. 此次事故反映了现场监理人员安全意识不强，对隧道施工的各个阶段可能出现的安全隐患预见力不足。出现险情时，下达监理指令不全面和果断彻底，也未及时上报监理组和监理站。

2. 一个特长隧道，在经过数月乃至数年的艰苦施工，面临最后的贯通冲刺，建设各方的喜悦心情是不言而喻，但要有效防范急躁冒进、麻痹大意思想产生。对施工中各个环节（本案例中主要是钻孔深度和炸药量）要自始至终进行有效监控，决不允许任何人为加快进度而擅自改变施工方案和作业参数，越是临近贯通越要严格监控。

3. 隧道施工中支护工序必须紧跟开挖面进行。开挖后的围岩面基本上要经过暂时稳定期（几十分钟到几小时，决定时间长短的因素很多），变形期（慢→快→慢）。变形的结果有两种：一是超过极限，出现坍塌（坍塌有多种情况：瞬时坍塌；由慢到快再到慢的坍塌等）；二是变形不超过极限，围岩趋于稳定。而决定围岩坍塌范围大小和瞬缓程度的因素很多（本案例省略）。本事故发生的本质主因是未能及时支护。如果能在7：00至11：00之间完成支护钢架锚杆和钢筋网施工，喷射混凝土就可以在13：00左右结束，也许就可以避免此次事故的发生。

4. 当隧道拱顶出现零星小石块掉落时，一定不要疏忽大意。开始小石块的不停掉落，一定会引发较大石块的掉落和一定程度的塌方（这是由于围岩内部应力重新分布引起的）。此时应遵循以人为本，安全第一的原则，最好最有效的方法就是暂停施工，撤离人员，改变过去那种越是可能发生危险越是要抢险的野蛮做法。

后　记

本书作者在基层一线先从事现场施工 15 年，后又从事监理工作 16 年，深感提高工程项目参建各方的管控水平不易。与施工监理相关的管理规定和制度总是滞后于持续变化的现状，若不执行或适当"打折扣"执行，由上级各种检查发现后自然会被批评处罚。但若真正落实起来，又心不甘情不愿，实际成效不佳。于是，我们不得不违心地搞一些形式大于内容的"东西"。劳人伤神、扯皮斗气的"会海"，没完没了地签发、回复和闭合的"文山"，各种各样走马观花的"查云"（各种检查如天空中飘浮的云彩般随时降临）等，使得参建各方疲于奔命，被动应付，但现场质量缺陷和安全隐患仍然消除缓慢，雷同问题重复出现而成通病或痼疾，进而，同类事故不可避免地一再发生……

如何解困呢？

应大力倡导"创新，协作，共赢。"

首先，"创新"是关键——因地制宜，适时应变；创新制度，及早改进。

其次，"协作"是重点——抛弃小我，顾全大局；主动协调，积极合作。

其三，"共赢"是目的——整合资源，共享信息，互助互衬；安质可控，顺利完工，多方共赢。

而制度创新的前提是共同的理念，改革的紧迫感。

是的，没有适宜的管控理念，就没有可靠的管控方法和行为，进而，也就没有全面可控的施工现场。显然，符合现场实际的管控理念一旦被广大参建人员所掌握，形成大众气候，就会从中产生出可靠而实用的管控方法和行为，并主动积极地去执行，进而使得现场诸多方面处于可控状态。毫不讳言，太超前的管控理念，因"理想化"远离现场实际，使得广大参建人员接受不情愿，实施起来就有阻力。而滞后的管控理念，虽然顺手而习惯，"照顾"了大部分人员的惰性和不想作为的习性，却不利于管控好现场施工。

我们所倡导的管控理念，至少应适宜或适度超前。进而，必须持续关注现实的成熟的管控方法，及时总结、优化并推广（即使强制推行也无不可），方有大效。

本书在管控理念转变方面将起到必要作用，站在现场监理人员的角度所提出的解决方法和改进建议定会有参考价值。

我们不能总是"就事论事"，而应就所发现的"该事"深究几个为什么，找出"该事"问题的本源，并就"本源"的深层次问题加以解决，方可效果显著。

下面，就工程项目施工中存在诸多问题的"本源"进行剖析，并提出解决建议和办法，作为本书后记的主要部分，供读者参考。

目前，工程施工项目组织机构一般设置为"四层级管控模式"，即：项目经理部→作业工区（工段）→作业队→作业工班。大的施工项目（如铁路、公路项目）一般设置为"五层级"，即在"项目经理部"之上设置"某某工程指挥部"。

当今，总承包商工程项目的绝大部分都由作业队（"专业队"和"劳务队"）在分包施工。各施工项目的实体质量等，其主要作业队的施工水平（尤其主体结构作业队）已经在相当大程度上代表了总包商的施工水平。显然，参建诸方、各层级的千万条"指令"，总归要作用于施工的底层级——作业队、作业工班才有效用。

所以，项目施工管控的关键或"牛鼻子"在基层诸多"作业队"。而各作业队由其下若干个作业工班组成，进而，我们更要关注"作业工班"这个层级。

毋庸讳言，当前，我们在管控诸多作业队、作业工班方面是存在较大问题的。我们应该剖析现状，直面应对，破解难题，并创新办法。

一、剖析施工项目经理部、作业队及作业工班现状

经常接触现场施工的人员都了解，大多数分包的工程，其实体施工质量不容乐观、施工过程中的安全隐患消除困难、主要节点工期很难保证、文明施工应付了事……

究其原因，在于"以包代管，管而不力。"

1. 项目经理部和作业工区层级

总包单位正式员工和招聘的管理人员都在施工项目经理部（或指挥部）、作业工区层级从事管控工作，但在施工项目经理部（或指挥部）各部门和工区与其下属各作业队、工班中间存在管控"瓶颈"（如古代"沙漏计时器"或"肠梗阻"），项目经理部和工区的技术、质检和安全等管控关口不能够顺畅地下移到各基层作业工班和各工序作业面，总有被作业队"绑架"拖着走的矛盾和困惑。

对照"项目施工分包合同"中有关分包单位主要管理人员（持证）到岗要求、安质责任条款和不许再分包等规定，认真核查其现场实际履约落实情况，不难了解：作业队管理、技术和安质检人员——"仨瓜俩枣"（说实在的，其管理人员确实"一个顶仨"，但一个人的精力毕竟有限）；财机物等投入——"短斤缺两"；按照方案落实安质措施——"省工减料"，就可以知道管控之难，问题较多而严重。深层原因：低价分包，利益驱动。

2. 作业队和作业工班层级

与总包商签订分包合同的公司和其所派出的作业队（俗称中包工头）之间采取了"某种"形式的承包。注意，这里也存在"以包代管，管而不力"问题。

该作业队与其下的"作业工班"（俗称小包工头）之间一般都实行了"包工"或"包天"方式。许多作业队也不能真正管控了其专业工班——现场作业工班或人员频繁更换就是证明。

而"作业工班长"经常也不能随意支配其技术工人和特种作业人员。

同时，各作业工班还"各顾各"，其工作界面之间（架子工、模板工、钢筋工、混凝土工、防水工及修补缺陷工等）的问题更多，尤其安全隐患不能够及时消除问题！

许多情况，作业队和作业工班人员没有切实按照"先要命、后要脸、再要钱"的思路次序来施工。

二、应与时俱进及早破解项目施工难题

高度关注如下"四级管控"的深层问题，并想尽办法适当破解。

1. 总包商

应破解"以包代管，以罚代管，管控无力"难题，及早改进和创新项目部、作业队和

作业工班管控制度。显然，没有适合现状的"作业队制"，就没有"五控"——质量、安全、进度、投资和环水保（绿色施工）顺利的项目。同样，没有先进的"作业工班制"，就没有安质可控的施工作业面。既然，作业队（分包）与各作业工班之间是某种"契约"关系，管控也不那么密切，那么，我们总包商何不"某种程度"地"撇开"作业队这一层，而直接与各作业工班之间建立"某种程度"的联系，以加强对现场作业层的管控。

总包商和分包商开始签订的分包合同（尤其价款方面条文），随着工程进展情况（工期缩短、加班赶工、质量标准提高、非分包商原因造成误工等），应及时与分包商协商，签订补充协议。实施过程中，应督促分包商履行合同。

总包商（尤其央企）不可以明知道分包商保不住"成本"和"利润"而"硬"让其施工，有意或无意地默许其"省工减料"。显然，"低价分包"，出事是必然，不出事才是偶然。

应实施并改进优化"架子队"制，由技术干部（职工）担任"架子队"队长或副队长等。

总包商应给与项目经理部足够的权和利，并调动其主要负责人的积极性。

无论如何，在施工的整个过程中，所属项目经理部、工区管理层不能被某个作业队所主导控制着……

2. 项目经理部和作业工区层级

应督促作业队落实"项目施工分包合同"条款，迫使其上够技术和安质人员。

项目经理部应关注并"直接"管控好作业工班。当作业队更换作业工班时，作为工区和项目经理部主要领导应主动进行协调。当更换（辞退）施工质量好的工班时，更应加以积极疏导和挽留。

所有管理、技术和安质检人员应分工详细而明确，并奖罚分明，直接管控施工作业面。对安全隐患和质量缺陷应"提前想到、提前发现、提前消除和防范"。主要领导应认真分工，并落实"带班作业制"。

应打通项目经理部各部室、各工区等与现场作业工班和工人之间的管控"瓶颈"，"直接"管控作业工班，盯控作业面，督导施工，及早发现问题并及时纠正。必须安排有责任心且强有力的（调度）执行人员，督导现场，使之全面可控。

切实实行"作业工班负责制"，即职工（技术员）担任工班长或副班长等。

3. 作业队

应服从项目经理部管理，管得住作业工班，留得住特种作业人员和技术工人，及时解决工班界面间的诸多问题，尤其安质问题，认真执行质量"三检制"。强化合同意识，上足管理人员和施工人员，舍得安质投入。应敬畏节点，强化进度意识。

大力推行"工班长工程安全质量负责制"，及早签订安全质量责任书，建立工班长安全质量责任管理档案，每月对作业班长工程安全质量责任进行考核、奖罚。

作为企业，赚钱要赚得干净，并心安理得，不能以损害施工人员和相关人员的健康和"命"为代价来赚"昧心钱"，也不能以偷工减料、粗制滥造损害企业的"脸"来赚"黑心钱"。

4. 作业工班（一线施工人员）

服从作业队管理，尤其听从现场技术安质检人员以及监理人员督导。"按规就案"，"按序报验"，提高"一检"合格率，做到少返工、不窝工。优化工序，加强工班之间的协调和配合，提高工效。牢记安全第一，做到"四不伤害"。

据统计近 10 年发生的建筑企业事故，死亡的全是一线作业人员，其中劳务工就占到了 93％以上。所以，为了减少和避免人员伤亡，一线劳务工是我们的关注点。

应认真落实"作业人员安全生产绩效制"，即一线作业人员（重点是劳务工）工资收入与安全生产绩效挂钩。如：每发现一次一般违章行为，处罚责任人 20～50 元；每发现一次严重违章行为，处罚责任人 60～100 元。罚款从工人当月工资中直接扣缴。当月未出现不安全行为的，给予安全奖励 100 元。应每天检查，其处罚单在第一时间张贴公布，按月及时兑现奖罚款，以持续保持一线作业人员安全警惕性并充分调动其安全生产的积极性，以推动一线作业人员从被动的"让我安全"向主动的"我须安全"转变，以解决作业层抓安全"短期靠觉悟"的问题，形成"长期靠利益"的长效机制。有实证，此制度很有效。

三、其他建议和办法

1. 施工方主要领导应潜心调研并带头创新

毫不讳言，目前，企业仅靠字面的制度管理是远远不够的，需要有觉悟和魄力的领导强有力的推动执行。作为施工企业主要负责人（也指现场施工项目部的各上级单位主要负责人）应做到：

首先，应主动做出表率，放低身架，沉下基层蹲点几周，潜心调研，由表入里地剖析诸多"痼疾"本质并深层解决。大力倡导并支持制度创新，调动员工创新积极性，挖掘潜能，整合资源。尽快打通到达作业队、作业工班的管理"瓶颈"，迫使所有控制关口统统向前推，朝下移，迫使诸多条管理线直达现场作业面。

其次，不可以倡导如何防着和"对付"各级外部监管，而应放低身架虚心听取外部监管方的意见，主动参与协调，缓和现场管理层级与外部各级监管人员的对立情绪。应大力倡导尊重和服从监管人员，使得现场监管人员愿意并主动"帮带促"（帮助、带领和促进）。

更应站高看远，心态开放。为了规范施工和安质可控，应不拘泥周围小圈子和内部小环境。（实践证明，自己整治自己的力度毕竟有限。）应不讳疾忌医，不怕露丑，积极提倡借助各种外部监管力量整治违规，在各种会议（尤其安质专题会）上，应诚恳请其他各方（尤其监理方）指出并纠正问题。

其三，须知各级监管方查出问题（找毛病）是其职责所在，这无法改变，所以，作为被监管方只有接受并改正。须知，作为监管人员，如果他或她：没有挑毛病就未履责，找不出毛病就没水平，不整治毛病就不称职，装没看见毛病就失原则，真的默许毛病就无底线……量变质变，累积成灾，最后恶化成事故，相关责任人都会被收监。

切记，不可把现场监理机构个别监理人员的"吃拿卡要"现象扩大化。反求诸己，过去的"腐败监理"现象也非一方造就。在当今反腐倡廉高压形势下，现场廉洁监理也成常态。

请思考，如果施工方不充分借助每天身边打交道的监理人员的现成力量来整治现场违规和规范施工，并让他们免费"帮带"我们，而是与之"对着干"，岂不可惜，很不理智！

其四，督导现场项目经理部真正依靠基层安质检人员，做其持久坚实后盾，使其有责、有利，且权力够用，以迫使其尽心履职，愿当"恶人"，敢于遏制"三违"，"舍身忘我"地坚守住现场第一道安质防线，以确保现场安质可控，不出事故，保员工生命，保各自前程，规避责任风险，维护企业信誉，从而达到"以现场保市场"追求最大效益之目的。

2. 必须抓参建各方的主要方——施工方

现场施工的实体产品，终究是施工方投入大量"人机料物财"等一件件施工出来的，而不是其他参建单位直接督导、严格管控和认真检测出来的。内因不主动、不迫切，外因干着急也"没办法"。在施工方之外的管控作用毕竟有限。

所以，应抓施工项目的主要矛盾和主要矛盾的主要方面。施工方关键问题（主要矛盾的主要方面）是：技术、质检和安全控制力量不足、力度不大，尤其管控基层作业队强度较弱，甚至出现不愿意管、不敢管情况。参建各方一起施压解决了此问题，其他问题就"迎刃而解"。

3. 现场监理机构管控办法也要适时改进

过去，要求现场监理机构"严格监理，热情服务"，即对施工方要"严格监理"，对业主应"服务热情"。"理想丰满，但现实骨感。"现状如此做很难，应适时改进。

对业主："适应现状，服从业主，配合施工。"

对施工："以监为主，帮带辅助。关口下移，管控班组。监控工序，指导督促。"即在监管的同时，应大力帮助、带领和促进，以使各项工作（三控两管一协调一履职）顺利进行。

监理公司（分公司）主要负责人也要深层次地解决机关各部室与项目监理组、众多监理人员之间的"瓶颈"（肠梗阻）问题，已使得上下左右沟通渠道顺畅，必须克服截留信息、搞"独立王国"，以及不作为、乱作为和不廉洁现象。

监理公司（分公司）应主动关注基层监理人员情况，各部门把督查关口下移到项目上，并直达到现场监理组和诸多员工的工作和生活中。唯如此，现场各方面才能可控，进而规避监理责任风险，监理企业才可以持续生存和壮大。

总之，政府相关部门、施工项目参建各方应与时俱进，在"多难"困境中勇敢突破，在变通中坚守，在大目标下强硬执行。应关注现场作业队及作业班组，主动把管控关口下移深入到现场作业面。只有这样，现场施工才能安质可控，施工顺利。

本书通稿后，又进行了如上思考，及时编写出来作为"后记"。

本书在编著过程中，得到了北京铁城建设监理有限责任公司领导及众多一线监理人员的大力支持，也得到其他监理单位领导和监理人员的帮助。同时也请教了政府安质监部门有关人员、业主及施工方安质人员等。在此一并感谢。

在此出版之际，感谢中国建筑工业出版社房地产与管理图书中心负责人的大力帮助。感谢所有为本书编著提供帮助的朋友们。

赵文起

2017 年 3 月，编写于济南市槐荫区绿地国际花都

编 著 者 简 介

赵文起：

男，出生于 1962 年 9 月 1 日，1985 年 7 月毕业于石家庄铁道学院工程机械系，获得学士学位。2002 年评为高工；2004 年 2 月取得铁道部一级总监证，同年 2 月获得全国注册监理工程师资格；2009 年 7 月获得注册安全工程师资格；2011 年 1 月获得注册设备监理师资格。

1985 年 8 月至 2001 年 5 月，在中铁二十局 2 处工作，参加施工过 5 条高速公路（上海莘松、济南至青岛、杭州至宁波、成都至乐山、商丘至开封）和 3 处市政工程（成都立交桥、陕西渭南市市政道路、陕西渭华公路扩建）等。

2001 年 6 月至今，在北京铁城建设监理有限责任公司工作，参加监理过 5 条铁路（西南、青藏、宜万、京沪、准朔），5 处市政工程（江西吉安阳明大桥、深圳地铁 3 号线、南昌地铁 2 号线、成都地铁 3 号线和济南地铁 R1 号线）等。其中，参与监造了 4 座钢管拱结构大桥（西藏拉萨河特大桥、江西吉安阳明大桥、宜万铁路落布溪大桥和准朔铁路黄河特大桥）。

本编著者一直在施工现场从事技术、安质检和监理工作，现场监控经验丰富。

赵文起 QQ 号：516202911。微信号：zhaowenqi12321。

黄德仁：

男，1962 年生，1982 年 7 月毕业于中南矿冶学院，高工，原从事矿山技术工作。在《地质与勘探》、《湖南冶金》等专业刊物上发表多篇地质论文，主编××矿山闭坑总结报告，并获得全国矿产资源委员会三等奖（证书号：RP96042-2）。

2005 年 5 月转行到北京铁城建设监理有限责任公司从事现场监理工作至今。获得铁道部总监和全国注册监理工程师资格，并先后在宜万铁路、准朔铁路及中南通道等项目从事监理工作。

发表主要监理文章如下：2012 年在《铁道工程企业管理》、《监理论坛》、《北京建设监理》等刊物上发表 12 篇工程监理论文；2013 年第 5 期《轨道建筑》发表"铁路隧道防爆安全监控浅谈"一文，2013 年第 6 期《铁道建筑技术》发表"黄河特大桥拱上墩专项施工方案审查要点"一文。